입문자를 위한

진동 및 제어론

C F BEARDS, Ph.D. 著

Consultant in Dynamics, Noise and Vibration
Former Professor in University of London

이 진호, Ph.D. 譯

NODE MEDIA
노드미디어

◆ 역자 머리말

이 책은 Beard 박사의 “Engineering Vibration Analysis with Application to Control Systems"를 번역한 것이다. 원서는 기계공학 전공자들을 대상으로 집필한 것으로 여겨진다. 그러나 건축 및 토목공학 분야에서 지진에 대한 진동제어를 능동적으로 처리하는 경우에도 유용하게 쓰일 수 있는 서적이라 판단되어 번역하게 되었다.

이 책은 일반적으로 진동만 다루는 동력학 서적이나 제어분야만 다루는 자동제어 서적과는 달리, 진동공학과 제어공학을 한 권 안에서 체계적으로 간결하게 설명하고 있다. 진동 및 제어를 각기 장시간 공부하기에 시간이 부족한 독자에게 적합한 책으로 판단된다.

이 책을 대하기 전에 사전에 알아야 할 지식은 미분방정식과 라플라스 변환 정도라 본다. 건축을 전공하고 있는 독자나 실무자는 근궤적, 나이퀴스트 및 보드선도를 다루는 제어시스템의 안정도 부분에서는 제어공학 서적(예; Norman S. Nise의 ‘Control Systems Engineering’ <Addison Wesley Co. 출판>)을 참고 할 필요가 있다.

번역을 함에 있어 꼼꼼하게 내용을 전달하려 노력했으며, 제어부분에는 역자의 설명도 직접 서술해서 이해를 돕고자 했다.

이 책으로 새로운 가능성으로 주목받는 지진동의 능동제어에 대한 이해의 폭을 넓힐 수 있는 계기가 마련되길 바란다.

이 진호

| 목차 |

CONTENTS

1

도 입

기계, 차량, 구조물, 건물 및 동적시스템에 발생하는 진동은 바람직한 현상이라 볼 수 없다. 이런 진동은 불쾌감을 주고 구조물에 동적응력을 발생시켜 피로 파괴를 유발하며, 에너지 손실을 초래하여 기계의 성능을 저하시키는 원인이 되기도 한다. 또한 진동으로 인해 발생하는 소음도 간과할 수 없는 문제로 대두된다. 소음이란, 듣기 원치 않는 소리라고 정의할 수 있으며, 그 발생근원은 어떤 형태의 거동 또는 공기나 기타 매질을 통해 전달되는 진동이다. 따라서 진동 제어는 소음감쇠에 있어서 중요한 이슈가 된다. 진동과 소음을 제어하려면 구조물 및 기계에 대한 진동해석이 반드시 선행되어야만 한다.

금세기에 들어 육중한 보, 목재 및 석재가 보다 빈번히 사용됨에 따라 구조물 및 기계류의 질량이 증가하고 감쇠도 증대되는 추세이다. 일반적으로 진동을 유발하는 소스(source)의 크기는 그다지 크지 않기 때문에 이들 고감쇠 기계류의 동적 응답의 크기도 그다지 높지 않은 편이다. 그러나, 경량 재료의 발달과 재료 특성 및 하중에 대한 지식 수준의 향상, 더불어 놀라울 정도로 발전된 해석 및 설계 기법으로 말미암아 구조물과 이들 기계류의 질량은 감소되고 있다. 또한, 기계의 운전 속도와 효율이 증대됨에 따라 가진력이 증가하여 시스템에 강렬한 소음과 진동을 촉발시키는 큰 에너지원이 형성되고 있다. 이처럼 질량과 감쇠는 줄고 가진력은 증폭되는 과정에서, 구조물 혹은 기계류의 동적 성능을 적정 수준으로 확보하려면 반드시 진동해석을 수행해야 한다. 사실, 동적인 성능을 제한하는 기준은 항상 강화되기 때문에 이런 해석에 대한 요구도 필연적으로 증가하고 있다.

그러나, 동적 성능기준에 부합하지 못하는 시스템을 흔치않게 찾아볼 수 있는데, 이들의 주된 원인은 공명, 피로 및 특정 부위의 과다 진동 등이다. 이러한 진동은 시스템에 심각한 영향을 미칠 수 있기 때문에, 이를 해결하기 위해 설계 초기단계부터 진동해석을 반드시 수행해야만 한다. 이미 사용 중인 기계의 경우, 초기 설계의 오류와 환경의 변화 또는 성능조건의 변경 및 소음규정의 개정 따위로 인해 진동해석을 수행해야 할 때가 있다. 따라서 진동 해석기법은 설계 단계에서도 적용 가능하고 기존 시스템에 대해서도 적용 가능해야 한다. 이런 진동 해석은 진동과 소음에 대한 문제를 해결하는 열쇠이며 설계 단계에 적용하는 경우와 기존 구조물 및 기계에 적용하는 경우에 따라 달라진다.

시스템에 발생하는 진동의 진폭과 주파수를 결정짓는 요인으로 두 가지가 있는데, 하나는 가진력의 특성이며 다른 하나는 시스템의 동특성이다. 가진력의 특성이나 시스템의 동특성 중에 어느 하나만 변화를 주어도 시스템의 응답은 바뀐다.

가진력은 외부에서 시스템에 전해지는 하중으로 주기적, 조화적 혹은 불규칙적 특성을 띤다. 그리고 쇼크 및 충격하중 형태의 것들도 있다.

요약하면, 근래에 들어 기계 및 구조물은 강렬한 진동을 수반하는 경향을 갖고 있다. 특히, 발달된 현대 시공법으로 인해 구조물의 질량은 감소되고 감쇠도 줄어드는 추세에 있다. 이 때문에 바람직하지 않은 동적 거동이나 공진 따위를 피하기 위해 설계 및 해석 단계에서 세심한 주의를 기울여야 할 것이다.

한편, 자동 제어에 대한 수요도 증가 일로에 있다. 시스템은 대규모화 되고 복잡해지고 있는 반면에 응답시간 및 응답에러를 줄여야 하는 등, 성능 조건은 더욱 엄격해지고 있다. 공장의 난방을 제어하는 데부터 인공위성의 궤적을 추적하는 데까지 그리고, 엔진의 연료 공급을 제어하는 데부터 압연 강판의 두께를 제어하는 데까지 시스템의 목적이 무엇이 됐든지 시스템의 가격을 낮추고 높은 효율을 지니면서 크기를 최소화시키되 고성능화시키려는 노력은 끊임없이 지속될 것이다. 현재, 마이크로프로세스를 손쉽게 쓸 수 있게 됨에 따라 이러한 노력의 결과는 가시화되고 있다. 새로운 형태의 시스템에 대한 응답을 결정하고, 기존 시스템에 대한 응답을 수정하려면 동적 제어 시스템을 상대적으로 정확히 분석할 수 있어만 한다. 뿐만 아니라, 시스템이 성능조건에 부합하는 거동을 할 수 있도록 조정하기 위해서도 제어 시스템을 상대적으로 정확히 분석해야 한다.

동적 해석을 공부할 때 진동 해석과 제어 시스템을 함께 하면 얻을 수 있는 이점 두 가지에 대해 언급하고자 한다. 첫째, 제어 시스템을 전기공학의 한 특정 분야로 취급하는 경우보다, 쉽게 기계공학과 연계시켜 다룰 수 있는 점이다. 둘째, 진동과 제어 시스템의 기본 방정식은 서로 동일하다는 점이다. 방정식에 대한 해의 형태가 달라 강조하는 부분이 차이나는 경우도 있지만 모두 동적 시스템이라는 테두리 내에서 동일한 것이다. 서로 쓰이는 기법이 다른 해법에 도움이 되는, 상호보완적이라 보면 된다.

동적 해석을 수행할 때 다음 세 단계를 밟아 나가면 편리하다.

제1단계, 해석 대상의 시스템에 대해 수학적 또는 물리적 모델을 설정한다.
제2단계, 모델에 대한 운동방정식을 세운다.
제3단계, 가진력을 부여하여 시스템 응답을 구한다.

이제, 각 단계 별 상세한 논의를 해보자.

제1단계_ 수학적 모델

동적 시스템을 있는 그대로 완전하게 해석하려 한다면 가능할 수야 있겠지만 대단히 복잡해진다. 그리고 딱히 쓸모도 없는 정보들도 많이 얻게 된다. 따라서, 시스템을 간단히 수학적으로 모델링하여 용인할 수 있는 범위내의 정확도를 갖되 반드시 필요한 정보만 얻어내도록 한다. 그런데 실제 시스템의 동특성을 잘 반영하는 수학적 모델을 간결하게 구축하는 일은 쉬운 작업이 아니다.

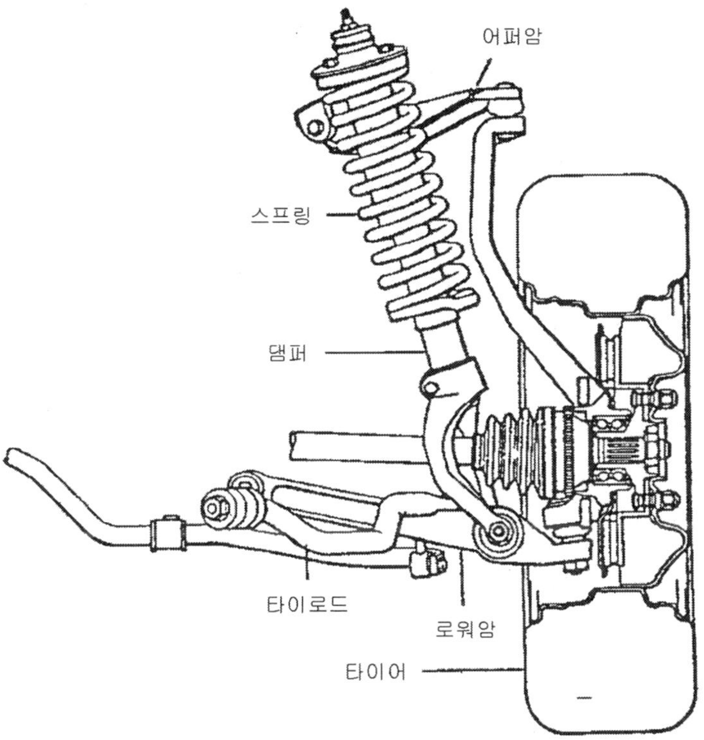

그림 1.1 Rover 800 전륜 서스펜션

실제의 시스템을 간단한 수학적 모델로 변환시킬 때 종종 이용하는 가정들에 대해 생각해보자. 예를 들면, 시스템에 균등하게 분포된 질량을 집중 질량으로 치환하는 일이 그것이다. 또한 공진 주파수만 필요하거가 공진 주파수에서 멀리 떨어진 곳의 응답만 필요한 경우에는 시스템의 감쇠 효과를 경우도 있다. 또 다른 예로, 비선형 스프링을 특정 영역 내에서 선형 거동한다고 가정하는 경우를 생각할 수 있다. 그리고 특정 부재가 전체 시스템의 거동에 끼치는 영향이 미미하거나 힘의 크기가 아주 작은 경우에는 이들의 효과를 아예 무시하는 경우도 있다. 질량이 움직이는 방향을 해석 목적상 부합되도록 특정 방향으로만 거동시키는 방법도 한 예가 된다.

결국, 모델이란 해석하긴 수월하지만 부정확한 것과, 복잡해서 해석하기 힘들지만 정확한 정보를 제공하는 것 사이에서 선택해야 하는 어떠한 것이다. 그림 1.1에 보인 서스펜션 시스템의 진동 해석을 일예로 생각해보자. 자동차가 울퉁불퉁한 노면을 지날 때, 바퀴는 노면의 지형을 따라 상하 운동을 하며 이 운동은 차체 내부에 회전 가능하도록 고정된 어퍼 및 로워 아암(upper and lower arms)으로 전달된다. 이로 말미암아 코일 스프링이 신축하게 된다.

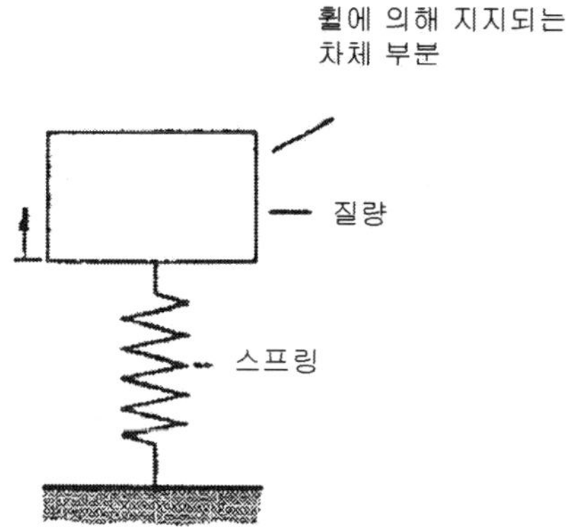

그림 1.2(a) 가장 단순한 모델 - 수직방향의 거동만 해석할 경우

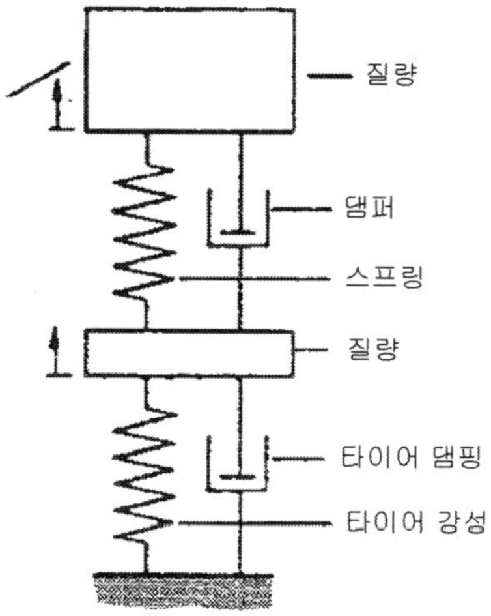

그림 1.2(b) 수직방향의 거동만 해석할 경우

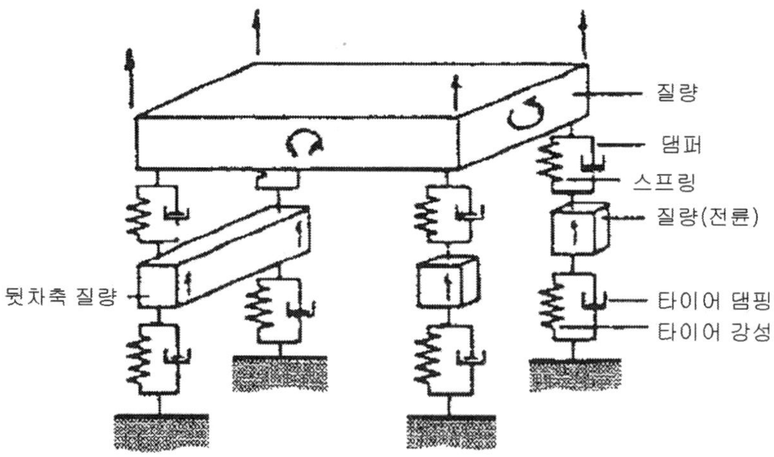

그림 1.2(c) 수직방향, 롤 및 피치의 거동까지 해석할 경우

즉, 코일 스프링과 진동 및 쇼크를 흡수하는 쇼크업소버로써 바퀴의 움직임을 차체로부터 격리시킬 수 있게 된다. 한편, 타이로드(tie rod)는 서스펜션 시스템의 종방향 거동을 제한하는 역할을 한다.

그림 1.2(a)는 가장 단순하게 모델링한 모습으로 수직방향의 거동만 고려할 수 있다. 이 경우, 해석은 간단하게 마칠 수 있지만 유용한 정보를 얻기엔 역부족이다. 그림 1.2(b)는 1.2(a) 보다 더 공들여 구축한 모델이다. 이 경우, 해석상 시간과 노력이 좀 더 필요하며 약간의 유용한 정보를 얻을 수 있으나 수직방향의 거동만 파악 가능하다는 흠이 있다. 이에 반해 그림 1.2(c)에 나타낸 모델은 차체 전체를 고려한 것으로, 병진운동 및 회전 거동을 전체적으로 파악할 수 있다. 한편, 차체 전부를 강체로 모델링하는 것이 매우 부정확하다고 판단되면 유한요소법을 적용해서 해결한다. 즉, 이 방법을 적용해서 질량이 부가된 무수한 요소로 차체를 모델링한다.

선반과 같은 공작기계의 진동은 그림 1.3과 같이 두 개의 자유도만 지닌 모델로 해석하면 된다. 가장 단순한 모델의 경우, 선반의 베드(bed)를 질량과 관성만 갖는 강체로 취급하고 주축대와 심압대를 집중 질량으로 처리한다. 선반의 베드는 그림과 같이 선반의 양단부에서 스프링으로 지지되는 모델로 표현된다. 이 모델은 단순하지만 기본 고유주파수를 파악하는 데는 별 무리가 없다. 그리고 상세 설계를 할 때 베드를 강체로 취급하기에 무리가 있다면 집중 질량으로 구성된 유연한 보로 취급하면 된다.

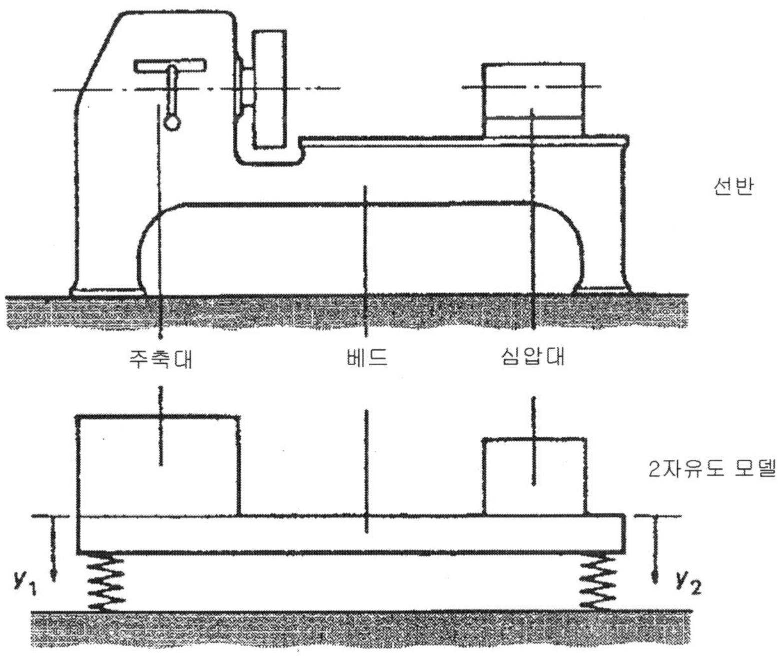

그림 1.3 선반의 진동해석을 위한 모델

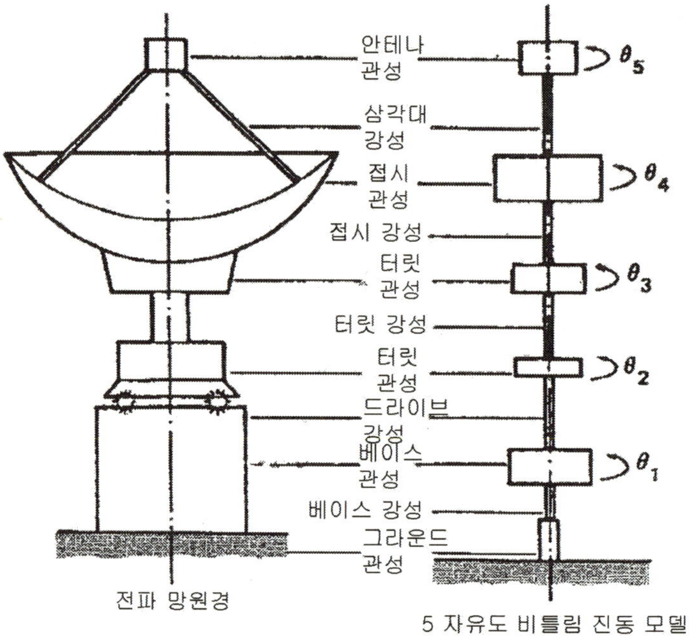

그림 1.4 전파망원경의 진동해석을 위한 모델

한편, 전파망원경의 비틀림 진동해석을 하려면 그림 1.4와 같이 수직으로 세운 5자유도의 모델을 구축하면 된다. 이때, 설계단계에서 각 부분의 질량과 관성을 어느 정도 정확히 추정하긴 쉽지만 강성을 평가하기란 그리 쉽지 않다. 다행히 고유주파수는 강성의 제곱근에 비례하므로 크게 우려하지 않아도 좋을 듯하다. 이미 시공되어 있는 경우라면 강성 파라메타를 측정해서 구하면 된다. 여기서, 터릿(turret)의 관성을 제로로 간주하면 3자유도만 남게 되어 더욱 간결한 모델을 구축할 수 있다. 물론, 정확한 값의 강성과 관성만 적용한다면 이 모델만으로도 전체 시스템에 대한 비틀림 진동의 기본 고유 주파수를 정확히 구해낼 수 있다. 단, 모델 자체가 아주 간단하기 때문에 기본 모드 이외의 다른 모드에 대한 해석을 수행할 수는 없다. 그래도 대부분의 경우에 있어, 기본 모드에서 발생하는 응력도에 견딜 수 있는 구조물은 기타 모드에서도 견딜 수 있기 때문에 기본 고유주파수에 대한 정보만 필요하다.

이상으로 예를 든 모델에는 감쇠 효과가 모두 빠져있다. 거의 모든 구조물에 있어 감쇠는 그다지 큰 편이 아니므로 비감쇠 고유주파수와 감쇠 고유주파수 사이의 차이는 무시해도 괜찮을 정도이다. 다만, 공진 주파수 근방에서 특정 가진력에 대한 응답을 구할 때는 모델에 감쇠 효과를 반영시켜야 한다.

한편, 제어시스템을 해석할 때는 일반적으로 블록선도 모델을 이용한다. 예로써, 그림 1.5와 같이 턴테이블의 회전과 위치를 제어하는 시스템을 생각해보자.

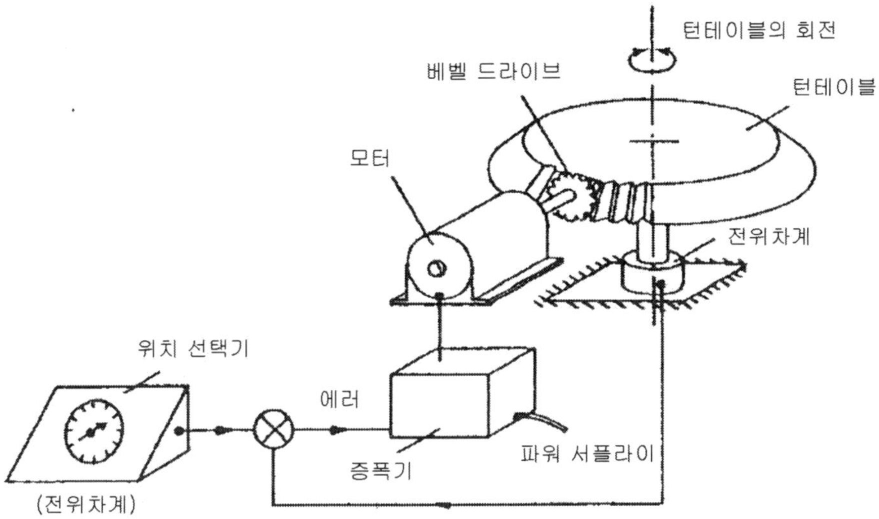

그림 1.5. 턴테이블의 위치 제어 시스템

이런 턴테이블은 망원경 및 기계류에 있어 가공소재를 장착시키는데 적용될 수 있으며, 해석을 수행하기 위해 블록선도를 작성하면 그림 1.6과 같다.

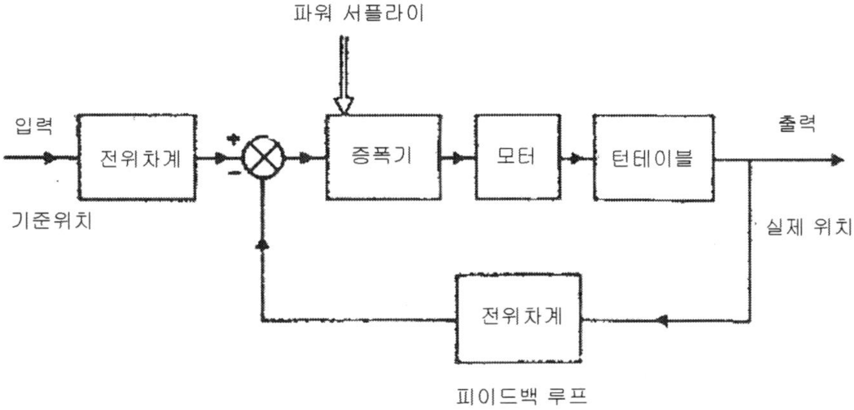

그림 1.6. 턴테이블의 위치 제어 시스템: 블록선도 모델

이때, 피이드백 루프를 이용하여 입력과 출력된 위치를 서로 비교하고 에러가 생기면, 이 에러 신호가 제로가 될 때까지 모터를 가동시켜 실제 위치와 원하는 위치가 같아지도록 제어한다.

모델 파라메타

모델이란 것이 원래 근사 형태이므로 미미한 효과는 무시되고 각 파라메타를 상수로 보며 선형 관계가 성립한다고 가정한다. 즉, 해석을 간단히 수행하기 위해 운동방정식의 각 계수를 상수로 간주하고 선형방정식으로 다룬다. 예를 들면, 분포질량 시스템을 집중질량 시스템으로 처리하여 편미분으로 표현된 운동방정식을 상미분방정식으로 대치시킨다. 일반적으로 파라메타들의 수치적인 값은 해석 대상의 모델로부터 직접 구할 수 있지만, 간혹 이렇게 직접적인 방법으로 결정할 수 없는 경우가 있다. 이런 경우에는 공학적인 근거를 바탕으로 경험으로써 판단한다.

시스템을 해석하기 위해 수학적 모델을 구축하는 일은 결코 쉬운 일이 아니지만 해석 제2단계를 진행하기 전에 반드시 끝내야 한다. 향후 다루게 될 내용의 대부분이 해석 제2단계 및 제3단계를 위한 것이지만 이 내용을 잘 이해하면 수학적 모델을 구축하는데 큰 도움이 될 것이다.

제2단계. 운동방정식

수학적 모델을 통해 운동방정식을 구할 수 있는 방법은 몇 가지 있으며, 선택은 대상 모델의 특성과 개인의 취향에 따라 달라진다. 일반적으로 모델 각부에 대한 자유 물체도를 그려 분석하면 비교적 손쉽게 운동방정식을 얻을 수 있다. 어떤 경우에는 라그랑주 방정식과 같이 에너지법을 적용하는 편이 더 유리할 수도 있다.

일단 운동방정식이 결정되면 이를 이용하여 특성방정식을 세우고 고유주파수, 진동 모드, 응답 및 안정도를 구한다.

제3단계. 가진력에 대한 응답

해석 제2단계를 거치면 고유주파수, 응답 및 안정도 따위와 같이 유용한 정보를 구하게 되지만 특정 가진력에 대한 실제 시스템의 응답은 얻지 못한다. 그런데 조화형태, 스텝 및 램프형태의 가진력에 대해 실제 시스템이 어떻게 응답하는지 알아야만 동적 응력도, 소음, 출력 위치 또는 정상상태 에러 등을 구할 수 있다. 따라서 이 단계에서 가진력을 운동방정식에 함수로 포함시켜 푼다.

기억할 사항 :

제1단계. 모델
제2단계. 방정식
제3단계. 가진력

이상으로 몇 가지 예를 들어 실제 시스템을 수학적으로 어떻게 모델링하는지 설명했다. 시스템 모델을 잘 해석하려면 제2장에서 서술하는 감쇠 및 비감쇠 단자유계의 자유진동과 강제진동에 대한 해석을 우선 공부해야 한다. 이는 다양한 형태의 문제를 해석하기 위한 능력을 배양할 목적도 있고, 앞으로 제2장에서 다루게 될 다자유도계의 해석에 있어 필수적인 지식 쌓기 위함이기도 하다. 한편, 보와 같이 분포 질량으로 이루어진 시스템을 제4장에서 논의할 것이며, 제5장에서는 안정도 및 주파수 응답등과 같은 이슈를 통해 자동제어 시스템의 일면을 다룰 것이다. 각 장마다 예제를 들어 이론과 기법을 적용하는 방법을 이해하는데 도움이 되도록 했다.

2

단자유계의 진동

실제 시스템은 무수히 많은 질량 요소가 탄성적으로 연결된 형태이므로 자유도의 수도 무한하다. 이런 시스템의 거동을 사실적으로 표현하려면 무수히 많은 좌표가 필요하게 된다. 운동방정식을 세우는 작업에도 엄청난 공을 들여야 하며, 푸는 일도 결코 만만치 않다. 그러나 시스템의 거동을 포착하기 위해 절대적으로 필요한 좌표의 수는 사실 그리 많지 않다. 이는, 구속되었거나 전혀 가진되지 않아 변위가 발생하지 않는 좌표 및 변위의 크기가 작아 무시할 수 있을 정도인 좌표들이 다수 존재하기 때문이다. 일반적으로 많은 자유도를 갖는 시스템을 해석할 때 보다 자유도가 적은 시스템을 해석하는 일이 손쉽기 때문에 가장 단순한 수학적 모델을 해석해 보는 것은 매우 유익하다. 이런 모델로부터 얻을 수 있는 정보는 지극히 제한적이지만 그런 정보만으로 충분히 목적을 이룰 수 있다면 훌륭히 그 역할을 수행한 셈이다. 사실, 상세하고 정확한 결과를 낳는 복잡한 모델과, 제한적인 결과지만 해석하기 쉽고 시간이 절약되는 단순한 모델 사이에서 절충안을 모색해야 하는 경우가 종종 있지만, 단순한 모델만 해석해도 시스템 거동을 충분히 파악할 수 있은 경우도 드물지 않다.

자유도가 단 하나인 단자유도계(거동을 나타내기 위해 필요한 좌표는 단 하나)를 해석하면 어떻게 시스템이 동적으로 거동하는 지 이해하기 쉽다. 여기서 단 하나의 좌표로 표현된 거동외의 다른 움직임들은 무시해도 좋을 정도로 작은 값이라 간주한다.

단자유도계는 단 하나의 좌표로 시스템의 거동을 완전히 표현한다는 뜻이므로 해석 모델 가운데 가장 간단한 형태이다. 시계추의 움직임처럼, 좌표 하나만으로 시스템이 진동하는 양상을 표현할 수 있다면 이를 단자유계로 취급할 수 있다. 또한, 복잡한 시스템을 두고 특정한 진동 모드만 해석하려 할 때도 단자유도 모델을 이용한다.

2.1 비감쇠자유진동

2.1.1 병진진동

그림 2.1은 질량 m이 수평면을 따라 자유롭게 움직이고 있는 모습을 나타낸 것이다. 그림에서 보듯이, 강성 k를 갖는 스프링이 한쪽 끝은 질량에 붙어있고 다른 쪽은 고정지지되어 있다. 질량을 평형상태에서 오른편으로 움직이면 스프링에 의한 복원력은 왼편으로 작용하게 된다. 이 힘을 해제하면 질량은 왼편으로 가속하게 된다. 질량이 평형위치에 다다르면 스프링 복원력이 제로가 되지만 질량에 붙은 속도로 인해 왼편으로 더 이동하며, 이때 스프링의 복원력이 오른편으로 작용하여 질량의 움직임이 둔화된다. 그리고 오른편으로 작용하는 복원력으로 인해 질량은 정지한 후, 오른편으로 움직여서 평형위치를 지나 초기 변위위치에 이르게 된다. 실제 시스템에서서는 감쇠로 인해 진동하면서 에너지가 소산되므로 초기 변위위치에 질량이 도달하지는 못한다. 다만, 감쇠의 영향이 미미하다는 가정 하에 이를 무시할 수 있다.

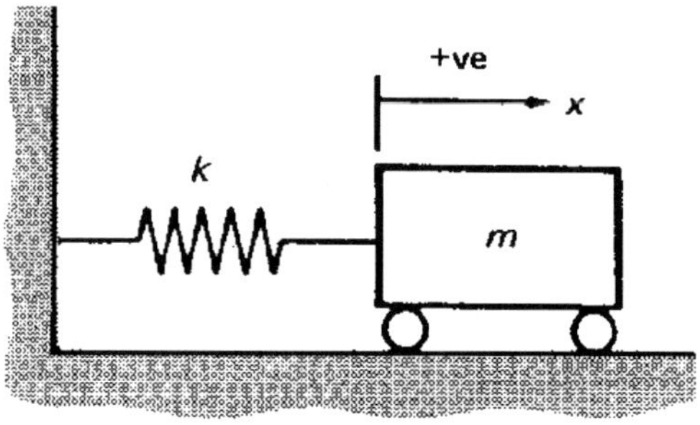

그림 2.2. (a) 작용력; (b) 유효힘

그림에서 유효힘(또는 효과)의 방향은 언제나 플러스이며 질량의 움직임이 둔화될 때 $\ddot{x}$는 마이너스로 계산된다. 자신에 적재된 연료를 태우고 나는 로켓과 같은 경우를 제외하고, 대부분의 경우에 질량은 상수로 다룬다. 그리고 스프링 강성 k도 일정 범위이내에서 상수로 간주한다(2.1.3절 참조). 스프링 자체 질량은 물체의 질량에 비해 아주 작은 값이므로 무시한다(4.3.1절 참조). 자유물체도를 이용하여 시스템의 운동방정식을 세우면 다음과 같다.

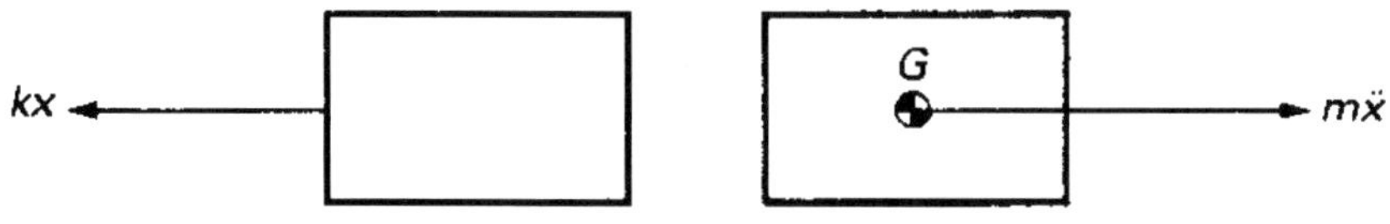

그림 2.1 단자유도 모델 - 병진방향의 진동

질량을 오른편으로 x_o만큼 이동시킨 다음 풀어주면, 그림 2.2(a)와 (b)에 나타낸 것과 같이 일반좌표 x에 대한 자유물체도가 성립한다.

$$m\ddot{x} = -kx \qquad \text{또는} \qquad \ddot{x} + (k/m)x = 0 \tag{2.1}$$

이 식은 단순조화운동에 대한 방정식임을 알 수 있다. 이 식에 대한 해는 다음 형태로 주어진다.

$$x = A\cos\omega t + A\sin\omega t \tag{2.2}$$

여기서 A와 B는 초기 조건을 이용하여 구하는 상수이며, ω는 각주파수를 나타낸다. 식 (2.2)를 (2.1)에 대입하면 다음 식을 얻는다.

$$-\omega^2(A\cos\omega t + B\sin\omega t) + (k/m)(A\cos\omega t + B\sin\omega t) = 0$$

그런데 $(A\cos\omega t + B\sin\omega t) \neq 0$ 이므로,

$$\omega = \sqrt{(k/m)} \ \text{rad/s.}$$

그리고

$$x = A\cos\sqrt{(k/m)}\,t + A\sin\sqrt{(k/m)}\,t$$

이제, 다음의 초기 조건을 적용한다.

$$x = x_0, \quad @\ t = 0$$

따라서

$$x_0 = A\cos 0 + B\sin 0 \qquad \therefore x_0 = A$$

또한

$$\dot{x} = 0, \quad @\ t = 0$$

그러므로

$$0 = -A\sqrt{(k/m)}\,sin 0 + B\sqrt{(k/m)}\,cos 0 \qquad \therefore B = 0$$

즉,

$$x = x_0\cos\sqrt{(k/m)}\,t \tag{2.3}$$

여기서, ω와 운동 형태는 시스템 파라메타에 의해 결정되지만 진폭 x_o는 초기조건에 의해 결정됨을 알 수 있다. 무게와는 달리 질량은 지역에 따라 달라지는 중력가속도와 무관한 값이므로 ω도 중력가속도와 무관한 값이다.

한편, 진동 주파수 f는 다음과 같이 주어진다.

$$f = \frac{\omega}{2\pi} \qquad \text{또는} \qquad f = \frac{1}{2\pi}\sqrt{(k/m)}\ \text{Hz.} \tag{2.4}$$

그림 2.3에 운동하는 모습을 나타내보았다.

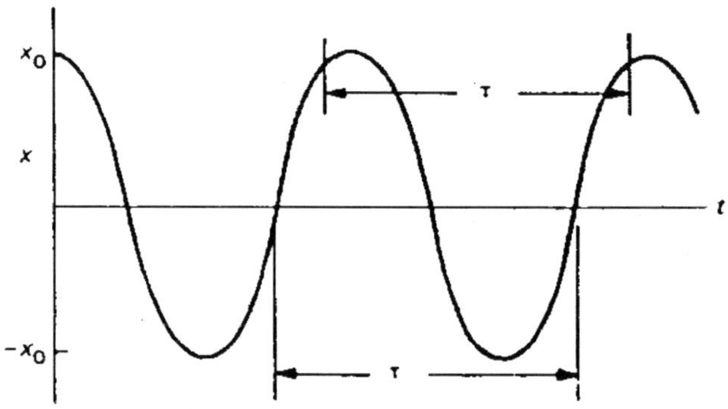

그림 2.3 단순 조화운동

진동 주기, τ는 한 싸이클(cycle)을 도는데 걸리는 시간을 뜻하며 다음과 같이 주어진다.

$$\tau = \frac{1}{f} = 2\pi\sqrt{(k/m)}\ \text{sec.} \tag{2.5}$$

수직, y방향으로만 진동하는 시스템의 경우도 앞서 설명한 해법을 그대로 적용하여 해석하면 된다. 그림 2.4에 대표적인 예를 들어보았다.

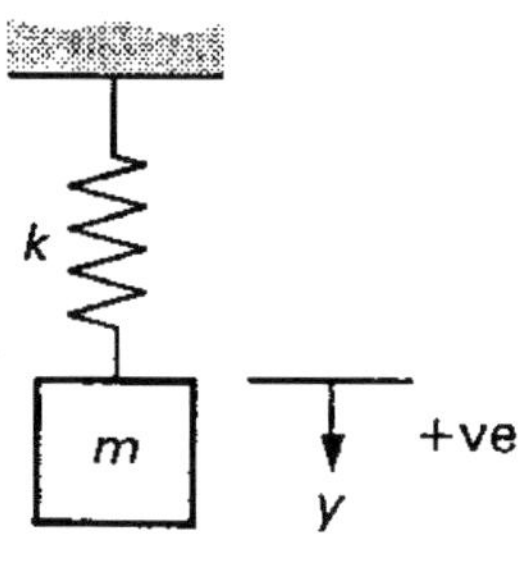

2.4 수직운동

물체를 스프링에 매달았을 때 늘어난 길이가 δ이며 $k\delta = mg$가 된다. 물체를 당겨 추가변위 y_o를 주고 풀어줄 때 일반좌표 y에 대한 자유물체도는 그림 2.5와 같다.

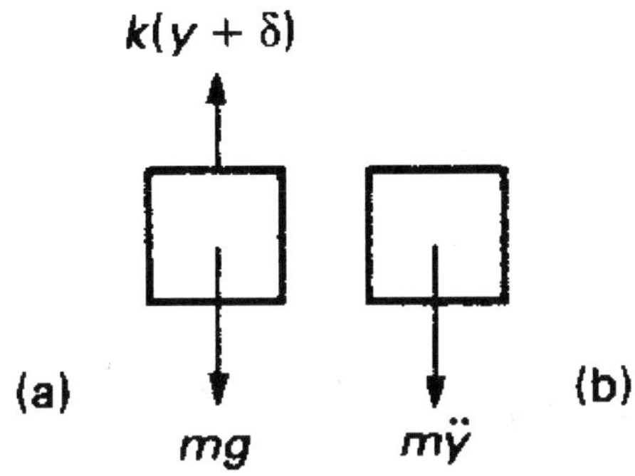

그림 2.5. (a) 작용력; (b) 유효힘

이 경우, 운동방정식은 다음과 같이 주어진다.

$$\begin{aligned} m\ddot{y} &= mg - k(y+\delta) \\ &= mg - ky - k\delta = -ky \qquad \because\ mg = k\delta \end{aligned}$$

즉,

$$\ddot{y} + (k/m)y = 0 \tag{2.6}$$

식 (2.6)은 앞서 구한 (2.1)과 유사하므로 일반해는 다음과 같이 주어진다.

$$y = A\cos\sqrt{(k/m)}\,t + A\sin\sqrt{(k/m)}\,t \tag{2.7}$$

이때, $k\delta = mg$이므로 $\sqrt{(k/m)} = \sqrt{(g/\delta)}$가 된다. 즉, δ가 주어지면 진동 주파수를 계산할 수 있다.

초기조건은 $t=0$일 때 $y=y_0$, 그리고 $t=0$일 때 $\dot{y}=0$이므로 다음과 같은 해를 얻는다.

$$y = y_0\cos\sqrt{(k/m)}\,t \tag{2.8}$$

식 (2.8)을 (2.3)과 비교하면, 물체가 수평방향으로 진동하건 수직방향으로 진동하건 진동주파수는 동일하다는 것을 알 수 있다.

이번에는 두 개 이상의 스프링을 포함하는 진동계를 생각해보자. 스프링 요소는 일정한 강성을 갖는 탄성체로, 실제로는 다양한 형태로 적용된다. 예를 들면 코일 스프링, 고무 블록, 보 및 에어백 등이 모두 스프링 요소이다. 여러 개의 스프링이 결합된 경우에는 단일 스프링에 등가강성을 부여하여 해석의 편의를 도모한다.

(1) 직렬 연결된 스프링

세 개의 스프링이 직렬로 연결된 경우, 그림 2.6(a)와 같이 등가강성을 부여한 단일스프링으로 대체할 수 있다.

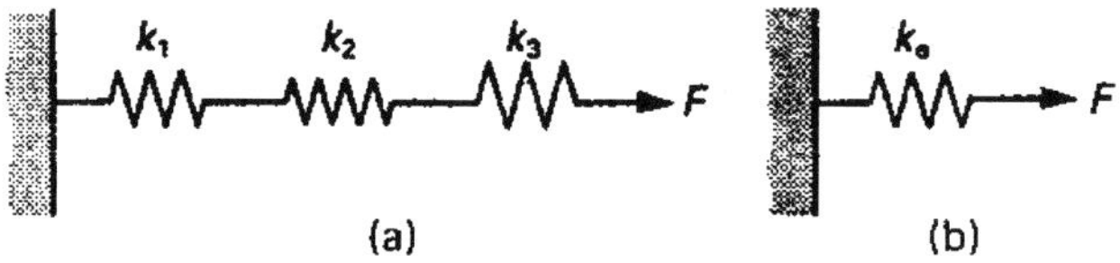

그림 2.6 직렬 연결된 스프링 시스템

만일, 하중 F를 자유단에 가하고 여기에 발생하는 변위를 계산하면 두 경우 동일한 값을 얻는다.

$$\delta = F/k_e = F/k_1 + F/k_2 + F/k_3$$

따라서

$$1/k_e = \sum_{i=1}^{3} 1/k_i$$

즉, 직렬 연결된 스프링계의 등가강성에 대한 역수는 각 스프링 강성의 역수를 모두 합한 값으로 주어진다.

(2) 병렬 연결된 스프링

세 개의 스프링이 병렬로 연결된 경우, 그림 2.7(a)와 같이 등가강성을 부여한 단일스프링으로 대체할 수 있다.

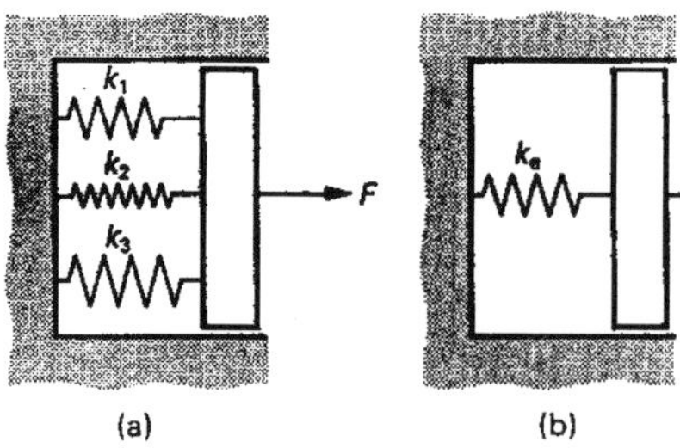

그림 2.7 병렬 연결된 스프링 시스템

병렬로 연결된 경우, 각 스프링에 걸리는 힘의 합이 등가 스프링에 걸리는 힘과 같으므로,

$$F = k_1\delta + k_2\delta + k_3\delta = k_e\delta$$

따라서

$$k_e = \sum_{i=1}^{3} k_i$$

즉, 병렬 연결된 스프링계의 등가강성은 각 스프링 강성을 모두 합한 값으로 주어진다.

2.1.2 비틀림진동

그림 2.8에 나타낸 시스템을 고려해보자.

그림에서 물체의 회전축에 관한 질량관성모멘트는 I이며, 이 물체는 비틀림강성 k_T인 막대 끝에 붙어있다. 만일, 막대를 θ_0만큼 회전시켜 비틀었다 풀어주면 물체가 비틀림진동을 하기 시작한다. 이때, 막대의 회전중심에 대한 막대 자신의 질량관성모멘트는 I에 비해 작은 값이므로 무시한다.

이 경우, 일반좌표 θ에 관한 자유물체도를 작성하면 그림 2.9(a)와 2.9(b)와 같다. 따라서 운동방정식은 다음과 같다.

$$I\ddot{\theta} = -k_T\theta$$

또는

$$\ddot{\theta} + \left(\frac{k_T}{I}\right)\theta = 0$$

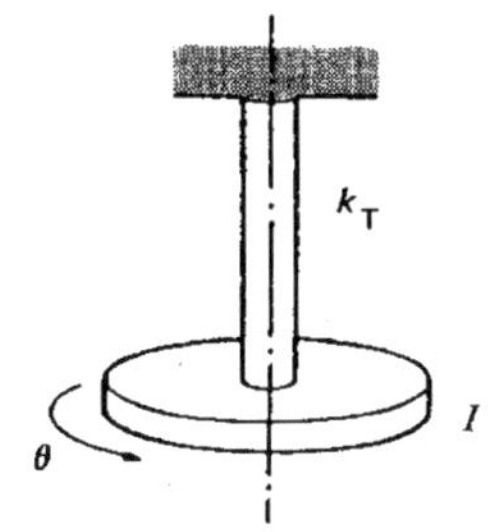

그림 2.8 단자유계 - 비틀림진동

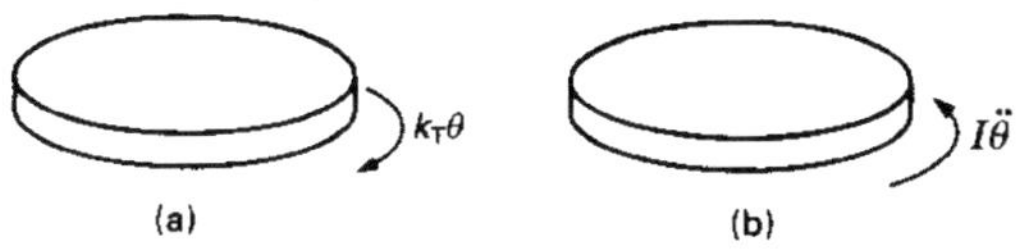

그림 2.9 (a) 작용 토크(torque); (b) 유효힘

이 식은 앞서 유도한 식 (2.1)과 같은 형태임을 알 수 있다.
그러므로 이 물체는 주파수 $1/2\pi \sqrt{(k_T/I)}$ Hz로 단순조화운동을 하게 된다.
샤프트의 비틀림강성 k_T는 가한 토크를 비틀림 각으로 나눈 값이며, 다음과 같이 주어진다.

$$k_T = \frac{GJ}{l} \quad \text{(원형 단면의 샤프트)}$$

여기서, G = 샤프트의 전단탄성계수
J = 회전축에 대한 단면2차모멘트
l = 샤프트 길이

따라서

$$f = \frac{\omega}{2\pi} = \frac{1}{2\pi}\sqrt{(GJ/Il)} \text{ Hz.}$$

그리고

$$\theta = \theta_0 \cos \sqrt{(GJ/Il)}\, t$$

여기서 초기조건은

$$\theta = \theta_0, \quad \dot{\theta} = 0 \qquad @\, t = 0$$

한편, 샤프트의 직경이 일정하지 않으면 길이를 달리하되 강성은 동일하고 직경이 일정한 등가 샤프트로 치환해서 해석한다.
예를 들어, 직경 d_1에 길이 l_1 그리고 직경 d_2에 길이 l_2로 이루어진 하나의 원형단면 샤프트를 해석한다면, 직경 d_1에 길이 l_1 및 직경 d_1에 길이 l인 등가 샤프트로 대체할 수 있다. 이때 동일한 강성을 갖게 하므로,

$$(GJ/l)_{\text{길이 } l_2/\text{직경 } d_2} = (GJ/l)_{\text{길이 } l/\text{직경 } d_1}$$

즉, $d_2^4/l_2 = d_1^4/l$ 이 된다.
결국 직경 d_1으로써 일정한 샤프트로 대체할 때 등가 길이를 산정하면 다음과 같다.

$$l_e = l_1 + (d_1/d_2)^4 l_2$$

이와 같이 비틀림진동에 대한 해석은 병진 방향의 진동 해석과 유사한 것을 알 수 있다.

기어 시스템의 비틀림 진동

그림 2.10에 표현된 기어 시스템을 생각해보자. 샤프트 및 기어 자체가 갖는 회전축에 대한 질량 관성모멘트는 모두 무시하는 것으로 가정한다.

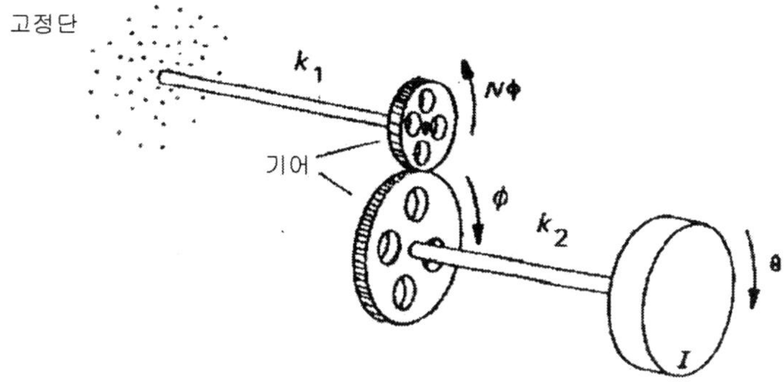

그림 2.10. 기어 시스템

그림에 표현하지 않았지만, 왼편 샤프트는 단부의 베어링에 의해 지지되고 있으며 기어비는 $N:1$이다.

자유물체도에 의해 오른편 샤프트에 걸리는 토크는 $T_2 = k_2(\theta - \phi) = -I\ddot{\theta}$이고 왼편 샤프트에 걸리는 토크는 $T_1 = k_1 N\phi$이다. 여기서 $NT_1 = T_2$, $T_2 = k_1 N^2 \phi$ 이며 $\phi = k_2\theta/(k_2 + k_1 N^2)$이 된다.

결국, 운동 방정식은 다음과 같이 주어진다.

$$I\ddot{\theta} + \left(\frac{k_2 k_1 N^2}{k_2 + k_1 N^2}\right)\theta = 0$$

그리고

$$f = \frac{1}{2\pi}\sqrt{\frac{[(k_2 k_1 N^2)/(k_2 + k_1 N^2)]}{I}}\ \text{Hz.}$$

즉, 오른편 샤프트의 등가강성 k_{eq}는 $(k_2 k_1 N^2)/(k_2 + k_1 N^2)$ 또는 $1/k_{eq} = 1/k_2 + 1/(k_1 N^2)$ 이 된다.

2.1.3 비선형 스프링요소

어떤 스프링을 막론하고 힘과 변위 사이의 선형관계는 특정 범위이내에서만 성립한다. 이런 스프링의 힘-변위 관계를 잘 보여주는 예가 그림 2.11이다.

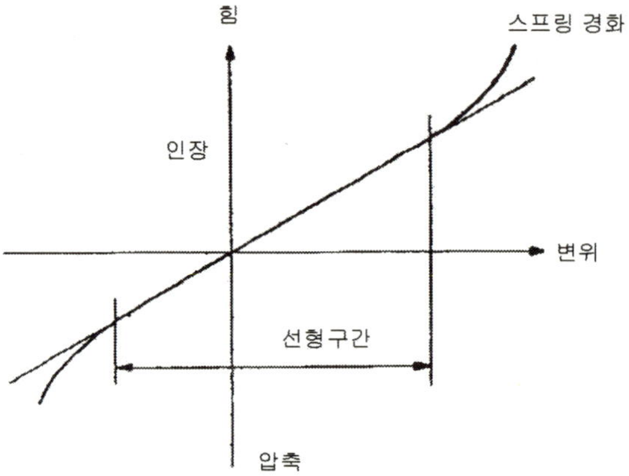

그림 2.11. 비선형 스프링

스프링의 비선형적 특성은, 스프링이 지나치게 압축되어 코일이 서로 닿아 눌린 경우와 스프링이 지나치게 인장되어 재료가 항복한 경우에 나타난다. 한편, 그림 1.12(a)처럼 스프링이 동시에 모두 작용하지 않는 시스템도 있고 스프링이 그림 2.12(b)와 (c)처럼 비선형 거동하도록 고안된 시스템도 있다.

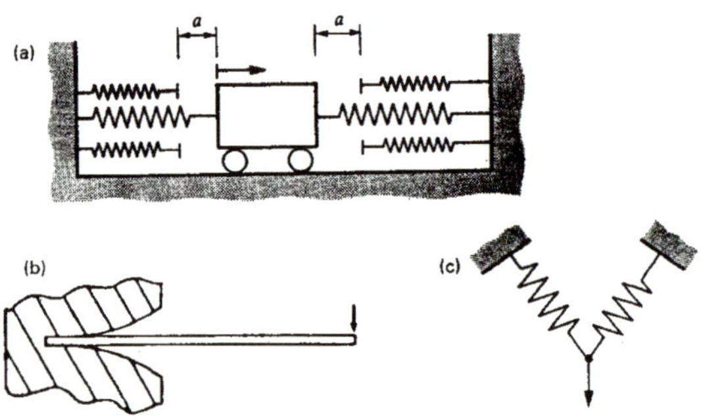

그림 2.12 비선형 스프링 시스템

그림 2.12(a)의 시스템의 경우, 물체가 거리 a만큼 이동할 때 거리와 속도를 구하고 이것을 초기조건으로 삼아 보조스프링들이 운동을 개시한다고 해석한다. 한편, 물체가 보조스프링에서 이탈하는 경우도 같은 방법으로 해석한다. 예제 4를 참조하면 이해하기 쉬울 것이다.

2.1.4 에너지 법

시스템이 비감쇠 자유진동을 할 때 전체 에너지는 항상 일정한 값을 갖는다. 그러므로 최대 위치 에너지 $V_{\max}$는 최대 운동에너지 $T_{\max}$가 발생하는 시점은 다르지만 그 크기는 같다. 시스템 전체 에너지가 항상 일정하므로,

$$T + V = \text{constant}$$

즉,

$$\frac{d}{dt}(T + V) = 0$$

이 식을 앞서 다루었던 예에 적용해보자. 질량이 m, 강성이 k인 질량-스프링 시스템에 평형상태로 부터 x만큼 변위를 주면,

$$\text{스프링의 변형에너지(SE)} = \frac{1}{2}kx^2$$

$$\text{물체의 운동에너지(KE)} = \frac{1}{2}m\dot{x}^2$$

따라서

$$V = \frac{1}{2}kx^2$$

또한,

$$T = \frac{1}{2}m\dot{x}^2$$

그러므로

$$\frac{d}{dt}\left(\frac{1}{2}kx^2 + \frac{1}{2}m\dot{x}^2\right) = 0$$

즉,

$$m\ddot{x}\dot{x} + k\dot{x}x = 0$$

정리하면,

$$\ddot{x} + \left(\frac{k}{m}\right)x = 0$$

이 식은 앞서 구한 식 (2.1)과 동일한 것을 알 수 있다. 이 방법은 뉴턴의 운동법칙을 적용하기 힘든 문제에 적용하기 편리한 방법이다.
여기서 $x = x_0 \cos \omega t$로 단순조화운동을 한다고 가정하면,

최대 SE, $V_{\max} = \frac{1}{2} k x_0^2$

또한 최대 KE, $T_{\max} = \frac{1}{2} m (x_0 \omega)^2$

$T_{\max} = V_{\max}$ 이므로,

$$\frac{1}{2} k x_0^2 = \frac{1}{2} m (x_0 \omega)^2$$

그러므로 $\omega = \sqrt{(k/m)}$ rad/s.

《 예제 1 》

길이 0.3m이고 단면이 일정한 막대 형태의 링크(link) AB를 생각해보자. 이 링크의 질량은 10kg이고 단부 B에 7kg짜리 집중질량이 붙어있다. 이 링크는 A점에서 힌지로 지지되어 있으며 중간에 스프링이 달려있다. 이 스프링의 강성은 2kN/m이다. 시스템의 개요는 다음 그림과 같으며, 시스템의 진동 주파수를 구하여라.

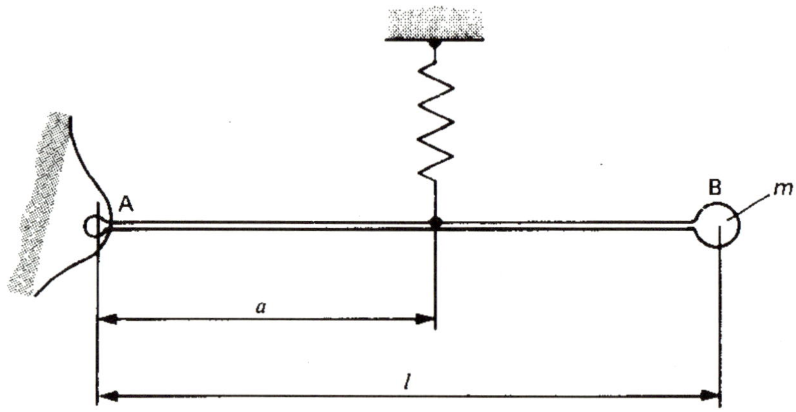

먼저, A점에 대한 회전 운동방정식을 세워보자.

$$I_A \ddot{\theta} = -k a^2 \theta$$

그러므로

$$\ddot{\theta} + (k a^2 / I_A) \theta = 0$$

따라서 시스템은 단순조화운동을 하며 주파수는

$$\frac{1}{2\pi}\sqrt{(ka^2/I_A)}\ \text{Hz}.$$

이 문제에서

$$a = 0.15\text{m},\quad l = 0.3\text{m},\quad k = 2000\,\text{N/m}$$

그리고

$$I_A = 7(0.3)^2 + \frac{1}{3}\times 10(0.3)^2 = 0.93\,\text{kg m}^2$$

주파수는 다음과 같이 계산된다.

$$\frac{1}{2\pi}\sqrt{\left(\frac{2000(0.15)^2}{0.93}\right)} = 1.1\,\text{Hz}.$$

《 예제 2 》

이번에는 소형 터보발전기에 관한 문제이다. 이 발전기의 터빈 디스크는 질량 20kg, 회전반경 0.15m이며, 직경 0.05m이고 길이 0.4m인 강봉을 통해 질량 30kg 및 회전반경 0.1m인 회전자(armature)를 추진한다. 이 강봉의 전단탄성계수는 $86\times10^9\,\text{N}/m^2$이다. 이 시스템의 비틀림진동 고유주파수와 노드(node)의 위치를 구하여라. 그림에 표현되지 않았으나 샤프트는 베어링으로 지지되고 있다.

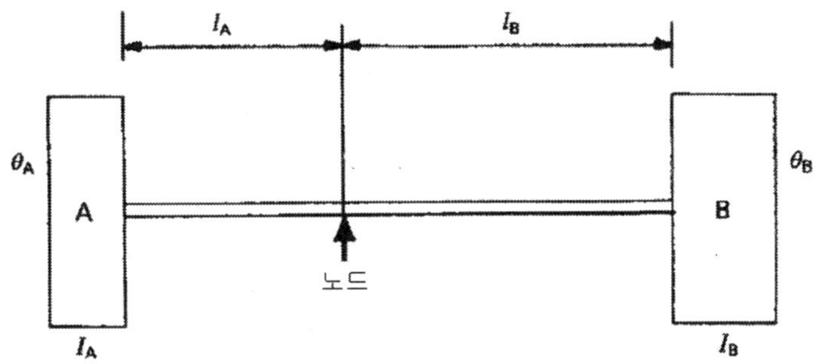

이 발전기의 회전자는 서로 반대 방향으로 비틀리고 있다. 그러므로 샤프트의 어느 한 점에서 반드시 비틀림이 제로가 되는 부분이 존재하며 이곳을 노드라 부른다. 각 회전자의 진동주파수는 같고 노드에서 비틀림이 제로가 되므로,

$$f = \frac{1}{2\pi}\sqrt{\frac{GJ}{I_A l_A}} = \frac{1}{2\pi}\sqrt{\frac{GJ}{I_B l_B}}$$

따라서

$$I_A l_A = I_B l_B$$

이제 상수를 계산해보자.

$$I_A = 20(0.15)^2 = 0.45\,\text{Kg m}^2, \quad I_B = 30(0.1)^2 = 0.3\,\text{Kg m}^2$$

그러므로

$$l_A = (0.3/0.45)\,l_B$$

그런데 $l_A + l_B = 0.4\,\text{m}, \qquad \therefore\ l_A = 0.16\,\text{m}$

따라서 노드의 위치는 터빈 디스크에서 0.16m 떨어진 곳에 위치한다. 고유주파수를 계산하면 다음과 같다.

$$f = \frac{1}{2\pi}\sqrt{\left(\frac{86\times10^9\,\pi(0.05)^4}{0.45\times0.16\times32}\right)} = 136\,\text{Hz}\ \ (= 136\times60 = 8160\ \ \text{rev/min})$$

이 발전기를 8160 rev/min 근방에서 작동하면 공진으로 인해 커다란 동적 응력이 발생하고 샤프트의 노드에서 피로 파괴가 일어날 수 있다.

《 예제 3 》

그림과 같이 질량이 m인 실린더를 평형상태에서 각 θ_0만큼 돌린 다음 풀어준다고 가정해보자. 이 경우, 운동방정식과 자유 진동 주파수를 구하여라. 단, 실린더가 구를 때 미끄러짐은 발생하지 않는다.

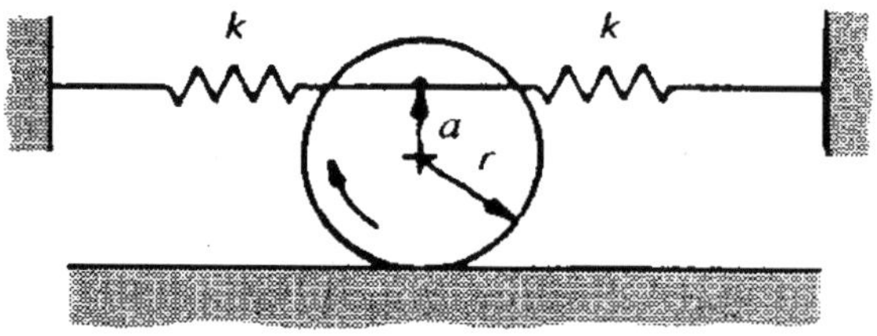

실린더의 축이 움직여 거리 x만큼 이동할 때 회전한 각도가 θ라면, $x=r\theta$가 된다. 따라서

$$\mathrm{KE}=\frac{1}{2}m\dot{x}+\frac{1}{2}I\dot{\theta}^2, \quad 이때\ I=\frac{1}{2}mr^2$$

즉,

$$\mathrm{KE}=\frac{3}{4}mr^2\dot{\theta}^2$$

$$\mathrm{SE}=2\times\frac{1}{2}\times k[(r+a)\theta]^2=k(r+a)^2\theta^2$$

에너지 보존법칙에 따라, $(\frac{3}{4}mr^2\dot{\theta}^2+k(r+a)^2\theta^2)$이 일정하므로

$$\frac{d}{dt}(\frac{3}{4}mr^2\dot{\theta}^2+k(r+a)^2\theta^2)=0$$

이 식을 미분하여 정리하면 다음과 같다.

$$mr^2 2\dot{\theta}\ddot{\theta}+k(r+a)^2 2\theta\dot{\theta}=0$$

그러므로 운동방정식은 다음과 같이 주어진다.

$$\ddot{\theta}+\frac{k(r+a)^2\theta}{(3/4)mr^2}=0$$

그리고 고유주파수는 다음과 같다.

$$\frac{1}{2\pi}\sqrt{\frac{4k(r+a)^2}{3mr^2}}\ \mathrm{Hz.}$$

《 예제 4 》

그림 2.12(a)의 시스템에 대해 생각해보자. 그림의 물체를 평형위치에서 x_0만큼 이동시켰다가 풀어줄 때 자유진동주기를 구하여라. 단, 거리 x_0는 a보다 큰 값이며, 각 스프링의 강성은 k로 가정한다. 시스템의 감쇠는 무시하기로 한다.

초기에 물체는 스프링 네 개의 영향을 받아 움직이므로 다음과 같은 운동방정식이 성립한다.

$$m\ddot{x} = -2kx - 2k(x-a)$$

이 식을 정리하면,

$$m\ddot{x} + 4kx = 2ka$$

이 운동방정식의 해는 다음과 같이 일반해와 특수해의 합으로 결정된다.

$$x = A\cos\omega t + B\sin\omega t + \frac{a}{2}$$

초기조건은 $t=0$일 때 $x=x_0$, 그리고 $t=0$일 때 $\dot{x}=0$이므로 다음과 같은 해를 얻는다.

$$x = (x_0 - \frac{a}{2})\cos\omega t + \frac{a}{2}, \quad \text{여기서 } \omega = \sqrt{\frac{4k}{m}} \text{ rad/s.}$$

그리고 $x=a$일 때 $t=t_1$이라면,

$$a = (x_0 - \frac{a}{2})\cos\omega t_1 + \frac{a}{2}$$

따라서

$$t_1 = \sqrt{\frac{m}{4k}}\cos^{-1}\frac{a}{2(x_0 - a/2)}$$

t_1은 물체가 $x=x_0$에서 $x=a$까지 움직이는데 걸리는 시간을 의미한다. 만일 초기변위 $x_0=2a$로 가정하면,

$$x = \frac{3a}{2}\cos\omega t + \frac{a}{2} \quad \text{그리고} \quad t_1 = \sqrt{\frac{m}{4k}}\cos^{-1}(\frac{1}{3})$$

물체가 a에 이르면$(x=a)$,

$$\dot{x} = -\frac{3a}{2}\omega\sin\omega t_1 = -a\sqrt{\frac{8k}{m}}$$

그러므로 물체가 $x=a$에서 $x=0$로 움직일 때 작용하는 스프링은 두 개로서 다음 초

기조건을 만족해야 한다.

$$x_0 = a \qquad \text{그리고} \qquad \dot{x} = -a\sqrt{\frac{8k}{m}}$$

이 구간에서 운동방정식은 $m\ddot{x} + 2kx = 0$로 주어지며

일반해는 $x = C\cos\Omega t + D\sin\Omega t$ 이다. 단, $\Omega = \sqrt{\frac{2k}{m}}$ rad/s로 정의된다.

그러므로 초기조건 $t = 0$에서 $x_0 = a$를 적용하면 $C = a$가 구해진다. 한편, 또 하나의 초기초건은 다음과 같다.

$$\dot{x} = -a\sqrt{\frac{8k}{m}} \qquad @\, t = 0$$

이 초기조건을 적용하기 위해 일반해를 미분하면,

$$\dot{x} = -C\Omega\sin\Omega t + D\Omega\cos\Omega t$$

따라서 $D = -2a$가 되므로 일반해는 다음과 같다.

$$x = a\cos\Omega t - 2a\sin\Omega t$$

$x = 0$일 때 $t = t_2$라면 $\cos\Omega t_2 = 2\sin\Omega t_2$가 된다. 즉, $\tan\Omega t_2 = \frac{1}{2}$이므로 t_2는 다음과 같다.

$$t_2 = \sqrt{\frac{m}{2k}}\tan^{-1}\left(\frac{1}{2}\right)$$

이 시스템이 $\frac{1}{4}$사이클 이루는데 걸리는 시간은 $(t_1 + t_2)$이므로 1사이클 도는데 걸리는 시간, 즉 자유 진동주기는 $x_0 = 2a$일 때 $4(t_1 + t_2)$이므로,

$$4\left[\sqrt{\frac{m}{4k}}\cos^{-1}\left(\frac{1}{3}\right) + \sqrt{\frac{m}{2k}}\tan^{-1}\left(\frac{1}{2}\right)\right]$$

《 예제 5 》

반경 R인 바퀴가 미끄러지지 않고 경사면을 따라 구른다. 이 바퀴 중심에는 반경 r인 드럼이 고정되어 있으며 줄(string) 한쪽 끝이 이 드럼에 감겨있다. 이 줄의 다른 쪽은 그림과 같이 고정지지된 스프링에 연결되어 있다. 이때 스프링 강성은 k로 주어지며 줄과 스프링 모두 경사면과 평행을 이룬다. 이와 같은 바퀴/드럼 시스템 전체의 질량은 m이고 회전중심 O에 대한 관성모멘트는 I라 한다. 바퀴를 돌려 작은 변위를 주고 놓아줄 때 운동방정식을 구하고 진동주파수를 계산해보자. 단, 감쇠는 무시한다.

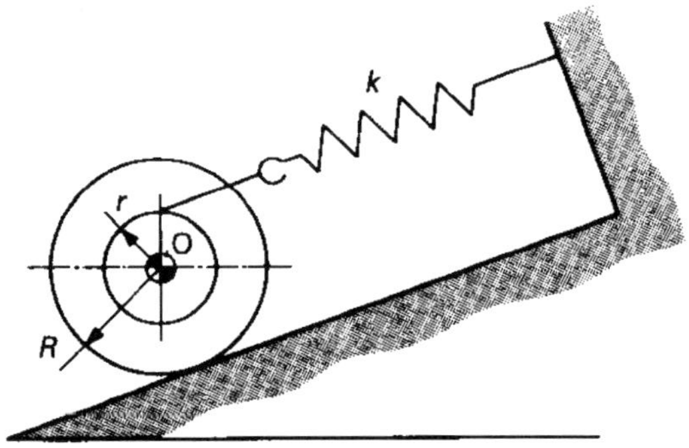

여기서, 바퀴를 반시계방향으로 θ만큼 돌려 변위를 주면 스프링은 $(R+r)\theta$만큼 늘어나고 여기에 걸리는 힘은 $k(R+r)\theta$가 된다.
자유물체도를 그리면 다음과 같다.

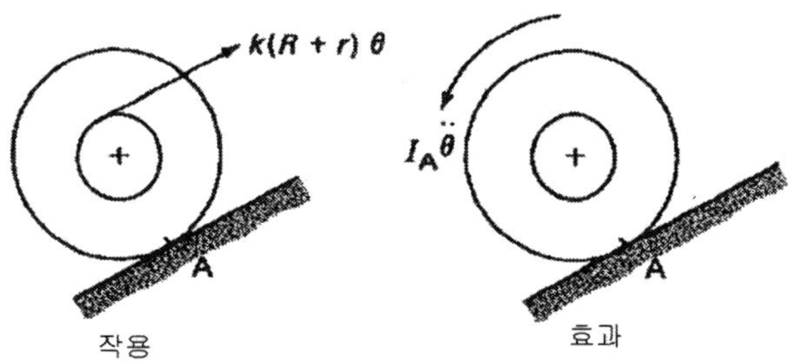

순간적으로 접지점 A에 대해 회전하므로 이 점에 대한 모멘트를 취해 다음과 같은 운동방정식을 구한다.

$$I_A\ddot{\theta} = -k(R+r)^2\theta$$

(중량으로 인한 모멘트는 스프링의 초기 인장력에 의한 모멘트와 상쇄된다.)

관성모멘트 $I_A = I + mR^2$이므로

$$\ddot{\theta} + \left(\frac{k(R+r)^2}{I+mR^2}\right)\theta = 0$$

그리고 주파수는 다음과 같다.

$$\frac{1}{2\pi}\sqrt{\frac{k(R+r)^2}{I+mR^2}} \text{ Hz}$$

한편, 시스템의 에너지 관계를 고려해도 주파수를 다음과 같이 구할 수 있다.

$$\text{SE,} \quad V = \frac{1}{2}k(R+r)^2\theta^2$$

$$\text{KE,} \quad T = \frac{1}{2}I_A\dot{\theta}^2$$

(중량과 스프링의 초기 인장력의 영향은 상쇄된다.)

즉, $T + V = \frac{1}{2}I_A\dot{\theta}^2 + \frac{1}{2}k(R+r)^2\theta^2$

그러므로 다음식이 성립한다.

$$\frac{d}{dt}(T+V) = \frac{1}{2}I_A 2\dot{\theta}\ddot{\theta} + \frac{1}{2}k(R+r)^2 2\dot{\theta}\theta = 0$$

위의 식을 정리하면,

$$I_A\ddot{\theta} + k(R+r)^2\theta = 0$$

이것이 시스템의 운동방정식이다.

한편 $\theta = \theta_0 \sin \omega t$로 가정하고 $V_{max} = T_{max}$를 적용하면,

$$\frac{1}{2}k(R+r)^2\theta^2 = \frac{1}{2}I_A\omega^2\theta_0^2$$

따라서 각주파수는 다음과 같다.

$$\omega = \sqrt{\frac{k(R+r)^2}{I_A}} \text{ rad/s.}$$

여기서,

$$I_A = I + mr^2 \quad \text{및} \quad f = (\omega/2\pi)\text{Hz}$$

《 예제 6 》

탄성(elastic)의 지반위에 시공되어 있는 높이 $2h$, 질량 m 및 밑면 크기가 $a\times b$인 건물을 생각해보자. 이 지반의 강성은 k이며 단위 변형을 유발하기 위해 필요한 단위 면적당 힘을 나타낸다.

건물이 좌우로 흔들리는 경우에 이 구조물이 갖는 기본고유주파수는 얼마인지 산정하여라.

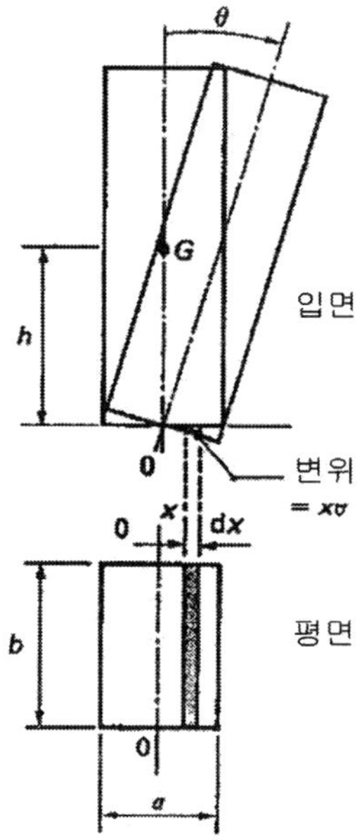

밑면을 등분할하는 O－O축에 대한 이 건물의 기본고유주파수를 구하기 위해 단변(a 측)으로 진동하는 경우를 고려한다.

I_0는 O－O축에 대한 이 건물의 질량관성모멘트이다. 먼저, 다음과 같은 자유물체도를 생각해보자.

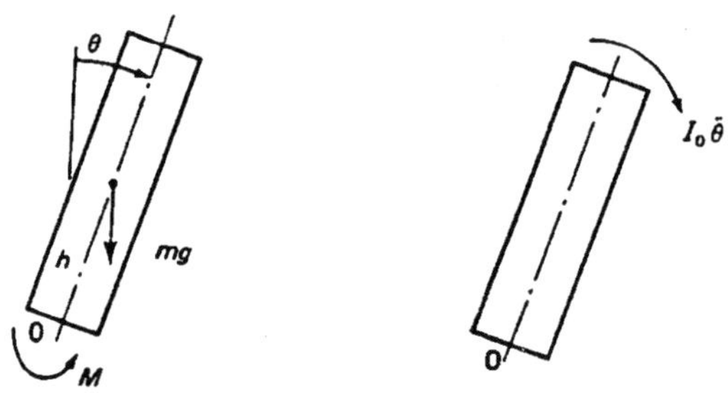

여기서 미소 θ에 대한 운동방정식을 세우면 다음과 같다.

$$I_o\ddot{\theta}= mgh\theta - M$$

이 식에서 M은 지반 의한 탄성 복원모멘트를 가리킨다.

지반의 경우, $k =$ 힘/(면적×변위)이므로 위의 그림에서 미소요소에 작용하는 힘1 $= kb\ dx \times x\theta$가 되며 O − O축에 대한 이 힘의 모멘트$= kb\ dx \times\ x\theta \times x$. 따라서 총 복원모멘트 M은 다음 식으로 주어진다.

$$M = 2\int_0^{a/2} kbx^2\theta\ dx$$
$$= 2kb\theta\frac{(a/2)^3}{3} = \frac{ka^3b}{12}\theta$$

따라서 운동방정식은 다음과 같다.

$$I_o\ddot{\theta} + (\frac{ka^3b}{12} - mgh)\theta = 0$$

운동방정식에서 알 수 있듯이 시스템은 단순조화 응답을 하며 다음의 주파수를 갖는다.

$$f = \frac{1}{2\pi}\sqrt{\frac{ka^3b/12 - mgh}{I_o}}\ \text{Hz}$$

물론 다음처럼 에너지 관계를 이용해서 문제를 풀어도 동일한 결과를 얻을 수 있다.

$$T = \frac{1}{2}I_o\dot{\theta}^2$$

그리고

$$V = \frac{1}{2}2\int_0^{a/2} kb\ dx \times x\theta \times x\theta - \frac{mgh\theta^2}{2}$$

여기서 건물 자중의 위치에너지 손실은 θ값이 작은 경우에, $\cos\theta \simeq 1 - \theta^2/2$가 성립하므로 $mgh(1 - \cos\ \theta) \simeq mgh\theta^2/2$이 된다. 따라서

$$V = (\frac{ka^3b}{24} - \frac{mgh}{2})\theta^2$$

시스템이 단순조화 응답한다고 가정하고 $V_{\max} = T_{\max}$를 적용하면,

$$\omega^2 = (\frac{ka^3b/12 - mgh}{I_o})$$

한편, $\omega > 0$ 이므로

$$(\frac{ka^3b}{12} - mgh) > 0$$

즉, $ka^3b > 12mgh$ 이며 안정적인 진동을 하기위한 최소 지반 강성 k의 조건을 나타낸다. 지반 강성 k값이 $12mgh/ka^3b$ 보다 작은 경우에 가진시키면 이 건물은 넘어진다.

2.2 감쇠자유진동

모든 시스템을 실제로 가진시키면 에너지가 소산된다. 소산되는 에너지의 양이 미소한 경우라면 비감쇠진동 해석을 수행해도 문제되지 않겠지만 감쇠되는 양이 큰 경우에는 그 영향을 반영해서 해석해야 한다. 특히, 진폭에 대한 정보가 필요한 경우에는 그 영향을 반드시 고려해야 한다. 에너지는 부재간의 접합부에서 발생하는 마찰 및 변형된 부재들의 내부 마찰 등의 형태로 소산된다. 그런데 시스템에는 여러 형태의 메커니즘이 작용하기 때문에 감쇠를 모델링에 정확히 반영하기란 매우 어렵다. 그러나 각 형태별 감쇠에 대한 해석은 가능하기 때문에, 시스템에 일반적으로 우세한 감쇠가 어떤 형태인지 판별되면 비교적 정확히 시스템을 해석할 수 있다.
가장 일반적인 형태로써 점성감쇠, 마찰감쇠 및 이력감쇠(hysteretic damping)가 있다. 이력감쇠는 재료의 이력손실에 때문에 구조물의 부재에서 발생하는 감쇠이다. 감쇠의 형태와 그 크기는 동적 응답에 커다란 영향을 준다.

2.2.1 점성감쇠진동

점성감쇠는 공학적 시스템에 널리 적용되는 형태로서 쇼크업소버(shock absorber)가 대표적인 예이다. 이 경우에 감쇠력은 감쇠기를 지나는 속도에 비례하며 운동방향과 언제나 반대방향으로 작용한다. 즉, 감쇠력은 속도에 대한 선형 연속함수로 주어진다. 이런 점성감쇠는 수학적으로 간단히 모델링해서 취급할 수 있기 때문에 복잡한 형태의 감쇠시스템을 근사 해석하는 경우에도 흔히 이용된다.
그림 2.13과 같이 점성감쇠를 갖는 단자유계를 생각해보자.

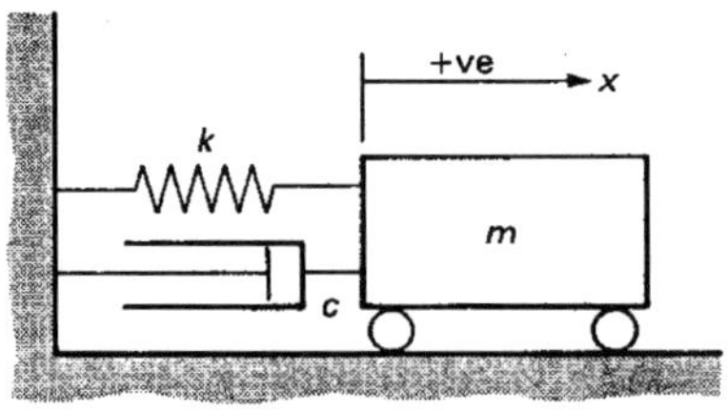

그림 2.13 점성감쇠를 갖는 단자유계

이 시스템은 앞서 언급한 단자유계에서 감쇠계수 c를 갖는 점성감쇠기만 추가된 형태이다. 이 경우, 물체를 속도 $\dot{x}$로 움직이기 위해 필요한 감쇠력이 $c\dot{x}$가 된다.
그림에 표시된 방향으로 물체가 움직인다고 가정하고 자유물체도를 그리면 다음과 같다.

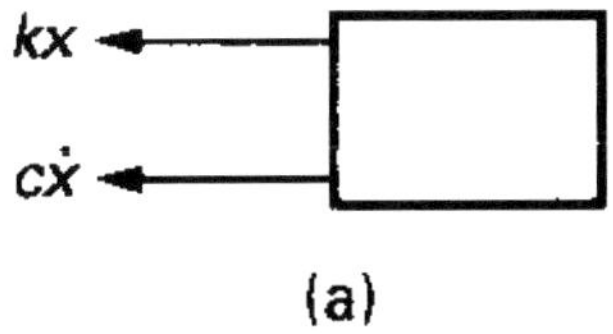

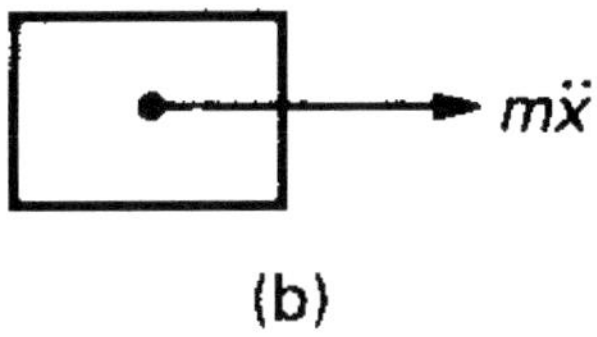

그림 2.14 (a) 주어진 힘 (b) 유효 힘

그림 2.14(a)와 (b)에 의해 다음과 같은 운동방정식을 세울 수 있다.

$$m\ddot{x}+c\dot{x}+kx=0 \tag{2.9}$$

이 운동방정식은 사이클 전체에 대해 성립한다. (Note: 평형위치에서 왼편으로 향하는 변위가 마이너스이며 속도와 가속도도 오른편에서 왼편으로 진행할 때 마이너스로 정의한다). 식 (2.9)는 2계 선형미분방정식으로 $x=Xe^{st}$로 해를 가정하고 풀 수 있다. 이 식을 식 (2.9)에 대입하고 정리하면 다음과 같다.

$$(ms^2+cs+k)Xe^{st}=0$$

여기서 $Xe^{st}\neq 0$이므로 $ms^2+cs+k=0$이 성립해야 한다.
따라서

$$s_{1,2}=-\frac{c}{2m}\pm\frac{\sqrt{c^2-4mk}}{2m}$$

그러므로

$$x=X_1e^{s_1 t}+X_2e^{s_2 t}$$

여기서 X_1과 X_2는 초기조건을 적용해서 구하는 상수를 가리킨다. 또한, c값의 부호 및 c^2이 $4mk$보다 클 때, 작을 때 또는 같을 때 별로 각기 시스템의 응답이 달라진다.
시스템의 동적 응답이 루트안의 값에 따라 변하므로, 이것을 제로로 만드는 c값을 임계감쇠 c_c로 정의하면 임계감쇠는 다음과 같다.

$$c_c = 2\sqrt{km}$$

따라서 비감쇠 고유주파수와 다음 관계가 성립한다.

$$c_c/2m = \sqrt{\frac{k}{m}} = \omega$$

$$c_c = 2\sqrt{km} = 2m\omega$$

일반적으로 시스템의 실제 감쇠를 나타낼 때는 c_c에 의한 감쇠비 ζ를 이용하며 다음 식으로 정의한다.

$$\zeta = c/c_c$$

그리고

$$s_{1,2} = [-\zeta \pm \sqrt{\zeta^2 - 1}]\omega \tag{2.10}$$

이 식에 의해 c값의 부호에 따라 응답이 변하는 것을 명확히 알 수 있다. 즉, 감쇠비 ζ가 1보다 큰 경우, 작은 경우 및 같은 경우 별로 각기 응답이 달라진다. 다만, c는 일반적으로 양수 값을 갖는다.

1. $\zeta < 1$인 경우

시스템의 감쇠가 임계감쇠보다 작은 경우를 말한다.
식 (2.10)으로부터

$$s_{1,2} = -\zeta\omega \pm j\sqrt{(1-\zeta^2)}\,\omega \qquad \text{단, } j = \sqrt{-1}$$

따라서

$$x = e^{-\zeta\omega t}[X_1 e^{j\sqrt{(1-\zeta^2)}\,\omega t} + X_2 e^{-j\sqrt{(1-\zeta^2)}\,\omega t}]$$

그리고

$$x = Xe^{-\zeta\omega t}\sin(\sqrt{(1-\zeta^2)}\,\omega t + \phi)$$

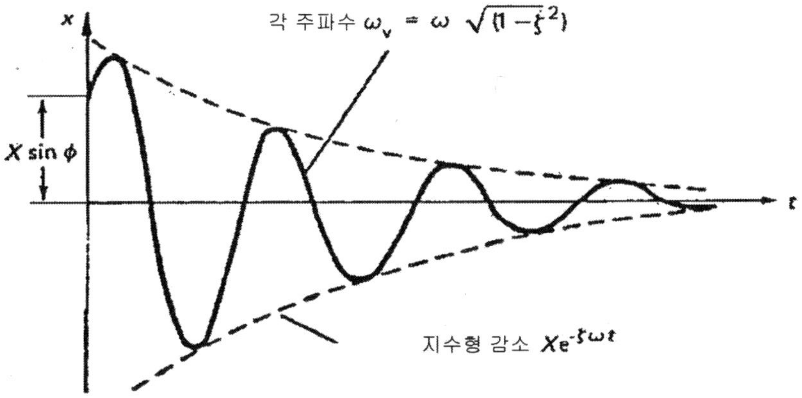

그림 2.15. $\zeta < 1$일 때 시스템 진폭의 변화

그러므로 물체는 각주파수 $\omega_v = \omega\sqrt{1-\zeta^2}$ 으로 그림 2.15처럼 시간이 지남에 따라 진폭이 지수형으로 줄어드는 진동한다.

감쇠각주파수 $\omega_v = \omega\sqrt{1-\zeta^2}$ 는 시스템의 감쇠작용으로 인해 다소 줄어든 주파수를 가리킨다. 실제로 ζ는 작은 값으로 주어지므로 감소되는 주파수의 크기는 미미하다. 공학에서 취급하는 구조물의 대부분 ζ값이 0.02를 넘는 경우는 매우 드물다. 설령 $\zeta = 0.2$이라 해도 $\omega_v = 0.98\omega$ 밖에 되지 않는다. 물론, 자동차에 부착된 쇼크 옵서버(일반적으로 $\zeta = 0.7$)와 같이 ζ값이 큰 경우는 예외이다.

2. $\zeta = 1$인 경우

시스템이 임계감쇠를 갖는 경우를 말하며 s 중근이 $-\omega$이다. 다만, 운동방정식 (2.9)의 해는 두 개의 상수를 가지므로 $x = (A + Bt)e^{-\omega t}$로 가정한다.

임계감쇠란 물체가 주기적인 거동을 하는 한계점을 의미하므로, 물체는 유발된 변위로부터 가장 빠른 시간 내에 진동 또는 오버슈트 없이 평형위치로 회복한다. 특히, 전기제품에 이런 특성을 살려 임계감쇠를 이용하는 경우가 많다.

3. $\zeta > 1$인 경우

시스템 감쇠가 임계감쇠보다 큰 경우를 가리킨다.

이 경우 s가 서로 다른 두 실수이므로 $x = X_1 e^{s_1 t} + X_2 e^{s_2 t}$가 된다.

그런데 s가 음수이므로 물체의 거동은 그림 2.16처럼 지수 형태로 감소하는 두 곡선의 합으로 주어진다.

대수감쇠 Λ (Logarithmic decrement)

시스템의 감쇠를 결정하기 위해 진폭이 감소하는 비를 측정하는 방법이 있다. 그런데 이 방법은 $\zeta > 0.2$이 아니면 ω나 ω_v를 계측하기에 적당한 방법이 아니다.

대수감쇠 Λ는 그림 2.17처럼 연속의 두 진폭 비에 자연대수를 취한 값으로 정의된다.

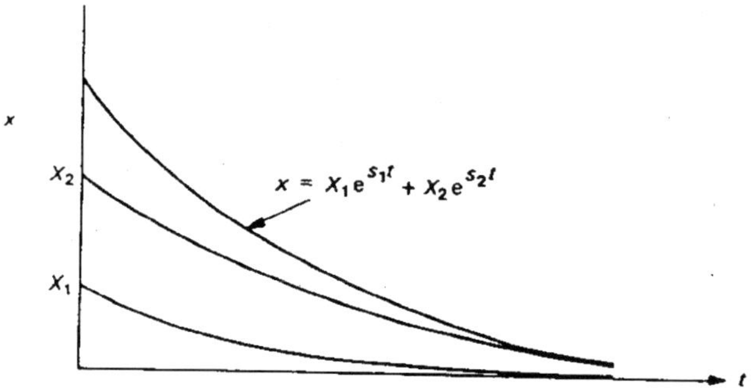

그림 2.16 $\zeta > 1$인 시스템의 쇠퇴

$$\Lambda = \ln \frac{X_1}{X_{11}}$$

그런데

$$x = Xe^{-\zeta\omega t}\sin(\omega_v t + \phi)$$

여기서

$$X_1 = Xe^{-\zeta\omega t}, \qquad X_{11} = Xe^{-\zeta\omega(t+\tau_v)} \text{ 라 하고}$$

이때 τ_v는 감쇠주기를 가리킨다.

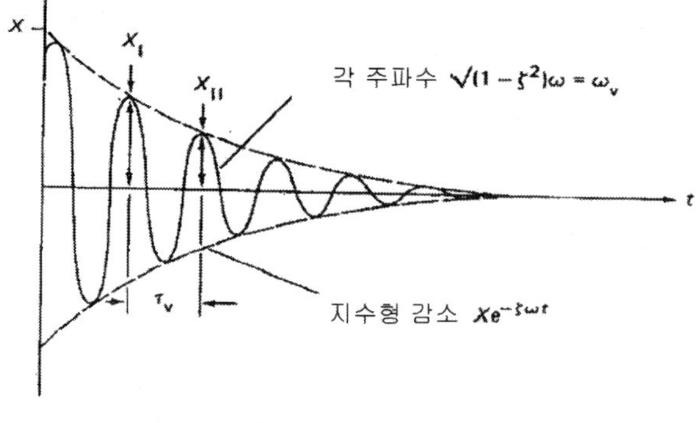

그림 2.17 진동의 쇠퇴

따라서

$$\Lambda = \ln \frac{\mathrm{X}e^{-\zeta\omega t}}{Xe^{-\zeta\omega(t+\tau_v)}} = \zeta\omega\tau_v$$

한편

$$\tau_v = \frac{2\pi}{\omega_v} = \frac{2\pi}{\omega\sqrt{1-\zeta^2}}$$

$$\Lambda = \frac{2\pi\zeta}{\sqrt{1-\zeta^2}} = \ln\frac{X_1}{X_{11}}$$

따라서 감쇠비 ζ값이 작은 경우에는 $\Lambda \simeq 2\pi\zeta$ 이다. 다만, 각 사이클의 최대 변위점이 곡선 $Xe^{-\zeta\omega t}$의 포락선 상에 위치한다고 가정했다. 물론, 최대 변위점과 포락선이 정확하게 접하지 않지만 감쇠가 큰 경우가 아니라면 그 차가 근소하므로 이러한 가정은 타당하다.

감쇠비가 작은 경우는, 진폭의 차이를 쉽게 측정할 수 있도록 몇 사이클 떨어진 곳의 진폭을 선택하는 것이 좋다.

이런 경우, $\dfrac{X_1}{X_{11}} = \dfrac{X_{11}}{X_{111}}$ 이 성립하므로

$$\Lambda = \ln\frac{X_1}{X_{11}} = \frac{1}{N} \times \ln\left(\frac{X_1}{X_{N+1}}\right)$$

《 예제 7 》

교량의 진동을 생각해보자. 기본주파수를 구하기 위해 전체 시스템을 단자유계로 취급한다. 이 교량의 중앙부에 변위를 가하고 신속히 놓을 때 진폭은 지수형으로 감소되어 3 사이클 만에 10mm에서 5.8mm로 줄었고 이때 주파수는 1.62Hz이었다. 한편, 질량이 40,000kg인 차량을 중앙에 위치시키고 측정한 경우에는 자유진동주파수가 1.54Hz 이었다.

이 시스템의 유효질량, 유효강성 및 감쇠비를 산정해보자. 먼저, m을 유효질량, 그리고 k를 유효강성이라 하자. 그러면 고유주파수는 다음과 같이 식을 세울 수 있다.

$$f_1 = 1.62 = \frac{1}{2\pi}\sqrt{\frac{k}{m}}\ \mathrm{Hz}$$

그리고

$$f_2 = 1.54 = \frac{1}{2\pi}\sqrt{\frac{k}{m+40\times 10^3}}\ \text{Hz}$$

만일 ζ값이 충분히 작아 $f_v \simeq f$라 하면

$$(\frac{1.62}{1.54})^2 = \frac{m+40\times 10^3}{m}$$

그러므로

$$m = 375\times 10^3\,\text{kg}.$$

그런데

$$k = (2\pi f_1)^2 m$$

$$k = 38850\,\text{kN/m}$$

대수감쇠는 다음과 같이 구할 수 있다.

$$\Lambda = \ln\frac{X_1}{X_{11}} = \frac{1}{3}\ln\frac{X_1}{X_{IV}} = \frac{1}{3}\ln(\frac{10}{5.8})$$

$$= 0.182$$

따라서 다음과 같이 쓸 수 있다.

$$\Lambda = \frac{2\pi\zeta}{\sqrt{1-\zeta^2}} = 0.182$$

그러므로 $\zeta = 0.029$가 된다. (여기서 주철 자체의 ζ이 0.002 정도 되며 나머지는 감쇠는 주로 구조물의 접합부에서 발생한다.)

《 예제 8 》

길이가 L인 경량의 로드(rod)가 있다. 이 로드의 왼편 끝단 O는 핀 지지 되어 있으며 오른편 끝단에는 집중 질량 m이 붙어있다. 이 시스템에는 한 개의 스프링이 점성감쇠기와 병렬로, 왼편 지지점에서 a만큼 떨어진 곳에서 로드와 연결되어 있다. 전체 시스템은 그림과 같

이 수평면과 일치하게 놓여있다.
이 시스템에 설치된 감쇠기가 임계감쇠를 갖는다고 가정하고, 로드를 작은 각 θ_0 만큼 회전시켰다 놓아주면 이 로드가 어떻게 응답하는지 주어진 조건에 따라 해석하려 한다. 주어진 조건은 $\theta_0 = 2°$, 시스템의 비감쇠주파수가 3 rad/s 일 때 회전을 풀어준 1초 이후의 변위를 계산하여라.
그리고 시스템의 감쇠가 임계감쇠의 80%라 가정할 때 대수감쇠는 얼마인지 계산하라.

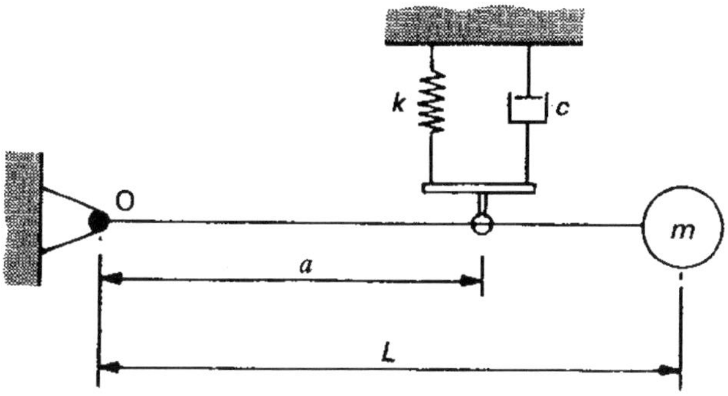

먼저, 로드를 평형위치에서 θ만큼 회전시켜보자. 이때 시스템의 자유물체도를 그리면 다음과 같다.

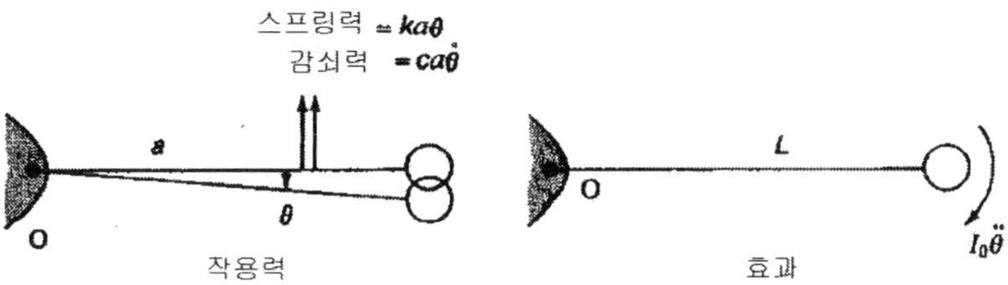

지점 O에 대한 모멘트를 취해 보자.

$$I_o\ddot{\theta} = -ca^2\dot{\theta} - ka^2\theta$$

이 식에서 $I_o = mL^2$이므로 다음과 같은 방정식을 얻는다.

$$mL^2\ddot{\theta} + ca^2\dot{\theta} + ka^2\theta = 0$$

시스템이 임계감쇠를 가지므로 $\zeta = 1$이다.

그러므로 이 운동방정식의 해를 다음 형태로 가정한다.

$$\theta = (A + Bt)e^{-\omega t}$$

초기 조건은 $t = 0$일 때 $\theta = \theta_o$ 및 $t = 0$일 때 $d\theta/dt = 0$ 이므로

$$\theta_o = A$$

그리고

$$0 = Be^{-\omega t} + (A + Bt)(-\omega)e^{-\omega t}$$

따라서

$$B = \theta_o \omega.$$

그러므로 다음과 같은 해를 얻는다.

$$\theta = \theta_o(1 + \omega)e^{-\omega t}$$

만일 $\omega = 3$rad/s 이고 $t = 1$ 및 $\theta_o = 2^\circ$ 라면

$$\theta = 2(1 + 3)e^{-3} = 0.4^\circ$$

대수감쇠는

$$\Lambda = \ln\frac{X_1}{X_{11}} = \frac{2\pi\zeta}{\sqrt{1 - \zeta^2}}$$

따라서 $\zeta = 0.8$일 때 대수감쇠는 다음과 같다.

$$\Lambda = \frac{5.027}{0.6} = 8.38$$

감쇠의 근궤적

ζ값을 0부터 점차 증가시킬 때 식 (2.10)의 근이 어떻게 변화하는지 조사해보자. 이 방정식의 근은 다음과 같이 주어진다.

$0 < \zeta < 1$ 일 때 $\qquad s_{1,2}/\omega = -\zeta \pm j\sqrt{(1-\zeta^2)}$

그리고

$\zeta > 1$ 일 때 $\qquad s_{1,2}/\omega = -\zeta \pm \sqrt{(\zeta^2 - 1)}$.

각 ζ에 대해 두 개의 s/ω가 존재하므로 이들을 실수부(s/ω) 대비 허수부(s/ω)로 플로팅하면 근들이 그림 2.18처럼 두 개의 궤적을 이룬다. (s/ω)평면상의 근의 위치는 시스템의 주파수(Im (s/ω)축)와 진폭의 증감률(Re (s/ω)축)을 나타낸다.

Re (s/ω)이 음수이면 Im (s/ω)축의 왼편을 가리키며 여기에 위치하는 모든 근들은 진폭이 감소되어가므로 안정한 시스템이다. 반대로 Im (s/ω)축의 오른편에 위치하는 근을 갖는 시스템은 진폭이 증가하므로 불안정하다.

근궤적을 고찰하면 감쇠비에 따른 시스템 응답의 변화를 한눈에 파악할 수 있어 시스템 설계에 유용하게 쓰인다. 물론 동적 시스템의 제어기 설계에도 요긴하게 사용된다. 한편, 그림 2.18에서 감쇠비 ζ는 $\cos\theta$임을 알 수 있다.

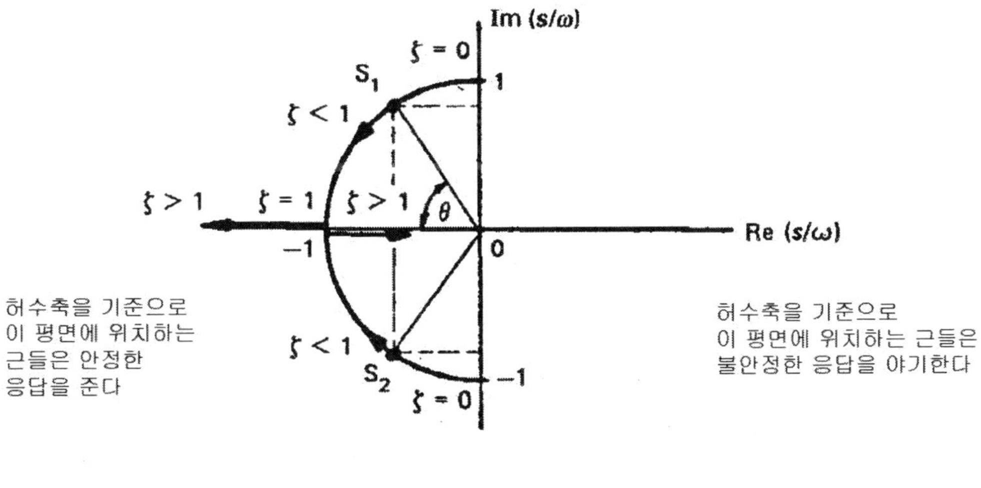

그림 2.18 근궤적

2.2.2 쿨롱(마찰)감쇠진동

마찰력은 접한 두 물체의 상대 운동에 의해 발생하며 그 힘은 진폭과 주파수와 무관하다. 마찰력은 운동방향과 반대로 작용하며 그 크기는 일정하다고 본다. 일반적으로 마찰은 여러 감쇠 메커니즘 중에 하나로 취급되지만 어떤 시스템 경우에는 이것이 시스템 감쇠의 주된 감쇠가 되기도 한다. 그림 2.19에 이런 시스템을 나타내보았다.

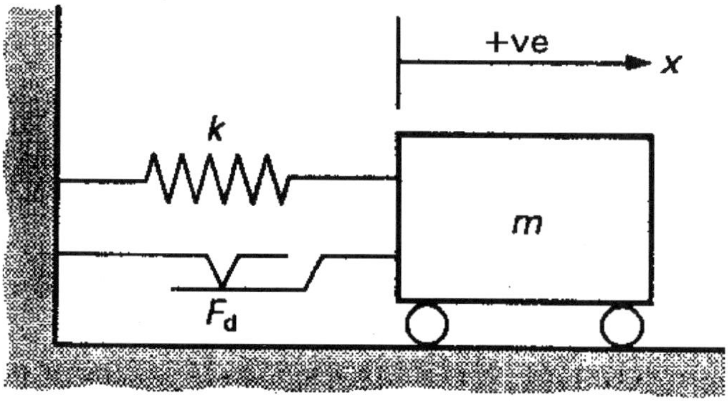

그림 2.19 쿨롱감쇠 시스템

일정한 크기의 마찰력 $F_{\rm d}$는 물체의 운동방향과 항상 반대로 작용하므로, 물체에 x_0만큼 오른편으로 초기변위를 주었다가 놓으면 왼편으로 운동하며 다음 식이 성립한다.

$$m\ddot{x} = F_{\rm d} - kx$$

정리하면

$$m\ddot{x} + kx = F_{\rm d} \tag{2.11}$$

이 미분방정식에 대한 해는 다음과 같이 주어진다.

$$x = A\sin\omega t + B\cos\omega t + \frac{F_{\rm d}}{k} \tag{2.12}$$

이때 $\omega = \sqrt{\dfrac{k}{m}}$ rad/s 이다.

초기조건은 $t=0$일 때 $x = x_0$, 그리고 $t=0$일 때 $\dot{x} = 0$이므로 식 (2.12)에 대입하면

$$A = 0 \quad \text{그리고} \quad B = x_0 - \frac{F_{\rm d}}{k}$$

그러므로

$$x = \left(x_0 - \frac{F_{\rm d}}{k}\right)\cos\omega t + \frac{F_{\rm d}}{k}$$

오른편에서 왼편으로 운동하는 사이클의 종점, $\omega t = \pi$에서 변위는 다음과 같이 주어진다.

$$x_{(t=\pi/\omega)} = -x_0 + \frac{2F_d}{k}$$

이것은 반(half) 싸이클에 진폭이 $\frac{2F_d}{k}$ 만큼씩 감소됨을 나타낸다.

대칭성을 이용해서 왼편에서 오른편으로 움직이는 운동을 구해보자. 이 경우, 마찰력의 방향은 위의 경우와 반대방향이며 초기변위가 $(x_0 - 2F_d/k)$이다. 따라서 최종변위는 $(x_0 - 4F_d/k)$이며, 매 사이클마다 진폭이 $\frac{4F_d}{k}$ 만큼씩 감소됨을 알 수 있다. 이런 형태의 진동은 진폭이 작아져서 최대 스프링력이 마찰력 F_d를 극복할 수 없을 때까지 이어진다. 즉, 진폭이 $\le \pm(F_d/k)$일 때 까지 진행되며 그림 2.20에 나타내보았다. 진동은 $|x| \le F_d/k$에서 멈추게 되며 $x = \pm F_d/k$를 사각지대(dead zone)라 한다.

이제 식 (2.11)을 다음과 같이 변형시켜 주파수를 산정해보자.

$$m\ddot{x} + k(x - (F_d/k)) = 0\,.$$

여기서 $x' = x - (F_d/k)$로 치환하면 $\ddot{x}' = \ddot{x}$이므로 위 식은 $m\ddot{x}' + kx' = 0$이다. 그러므로 주파수는 $(1/2\pi)\sqrt{k/m}$ Hz가 된다. 진동주파수가 쿨롱마찰과 무관함을 알 수 있다.

《 예제 9 》

하나의 환봉과 여기에 연결된 보가 그림과 같이 비틀림 시스템을 이루고 있다. 이 환봉의 강성은 $10\,\mathrm{kN}$ m/rad이며 보의 회전 중심에 대한 관성모멘트는 $50\,\mathrm{kg\,m^2}$이라 한다. 한편, 바닥에 위치한 가이드에 의해 $10\,\mathrm{N\,m}$의 토크 마찰력이 전해지고 있다.

보를 평형상태에서 0.05 rad 만큼 회전시켰다가 놓아줄 때 진동주파수, 정지할 때까지 소요된 사이클 및 이때 보의 위치를 각각 구하여라.

먼저, 고유 각주파수를 구하면 다음과 같다.

$$\omega = \sqrt{\frac{k_T}{I}} = \sqrt{\frac{10\times10^3}{50}} = 14.14\,\mathrm{rad/s}.$$

따라서

$$f = \frac{14.14}{2\pi} = 2.25\,\mathrm{Hz}.$$

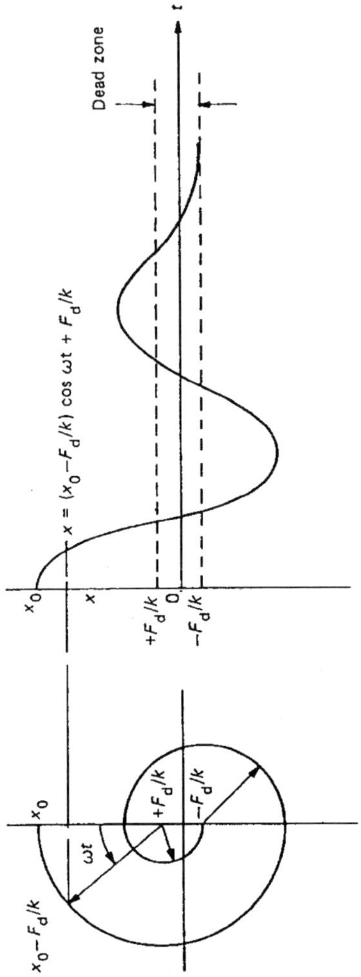

그림 2.20. 쿨롱감쇠를 갖는 시스템의 거동

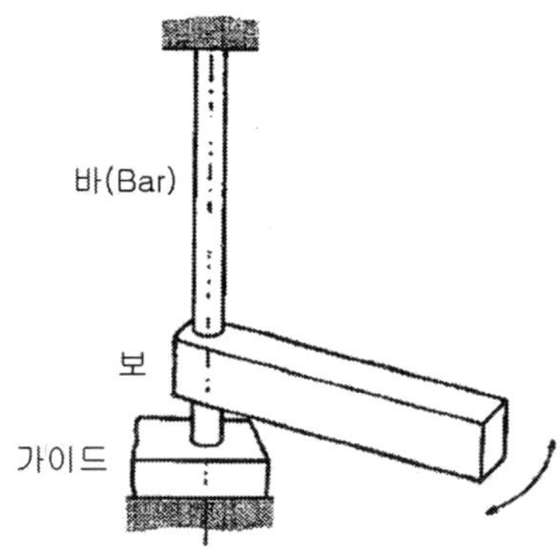

$$\text{한 사이클마다 감소되는 진폭} = \frac{4F_{\rm d}}{k} = \frac{4\times 10}{10^4}\ \text{rad}$$
$$= 0.004\ \text{rad.}$$

$$\text{정지할 때까지 소요된 사이클} = \frac{0.05}{0.004} = 12\frac{1}{2}$$

그리고 운동이 멈출 때 보는 원래의 평형위치로 돌아온다.

2.2.3 점성감쇠와 쿨롱감쇠를 조합한 진동

점성감쇠를 갖는 시스템의 진동은 응답이 지수형으로 감소되는 특징이 있다. 반면에 쿨롱감쇠의 경우, 시스템의 응답이 선형으로 감소한다. 실제 시스템은 이 두 감쇠의 복합적인 형태로 주어지므로 지수형과 선형의 조합으로 응답이 감소한다.
두 감쇠의 거동은 진폭에 의존하는 경우가 있어, 초기 응답은 지수형으로 감소하다가 종국에 다다르면 선형으로 감소한다. 이런 경우를 해석할 때는 전체 감쇠에서 쿨롱감쇠의 영향을 분리시키고 점성감쇠만 남긴다. 점성감쇠로 인한 지수형 감소 응답을 체크하려면 대수-선형축(logarithmic-linear axis) 상에 진폭을 그려 이것이 선형으로 감소하는 형태가 되는지 확인하면 된다. 이런 방법으로 쿨롱감쇠와 점성감쇠를 분리할 수 없을 때는 시행오차법으로 실험 데이터와 일치하는 감소함수를 찾아야 한다.

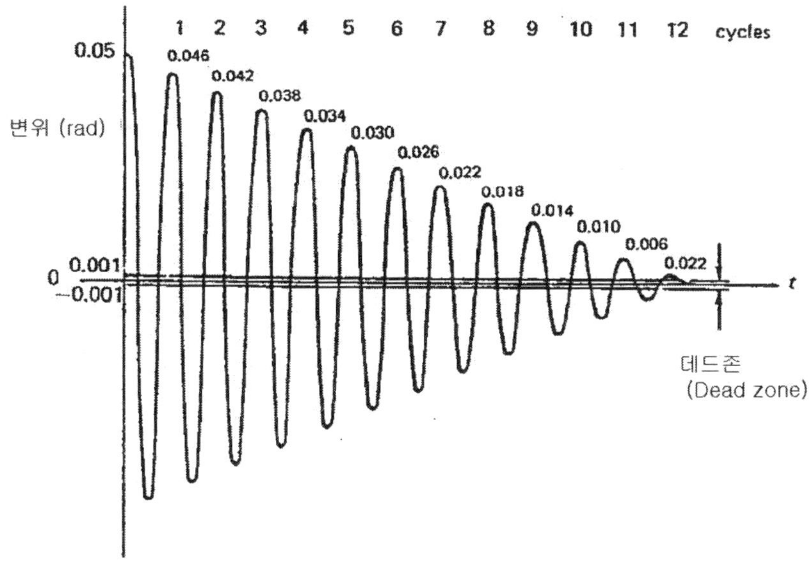

2.2.4 이력(hysteretic)감쇠진동

고체의 재료 및 구조물에 반복응력을 가할 때 나타나는 감쇠를 실험하면 감쇠력이 주파수와 무관한 것을 알 수 있다. 이런 내적 감쇠를 이력감쇠라 부른다. 그런데 점성감쇠력 $c\dot{x}$는 진동주파수와 유관하므로 재료 및 구조물의 내적 감쇠를 이렇게 모델링하는 것은 적절한 방법이라 할 수 없다. 이런 경우에는 감쇠력 $c\dot{x}$를 각주파수 ω로 나누어 주어야 하며, 운동방정식은 $m\ddot{x}+(c/\omega)\dot{x}+kx=0$가 된다.

그러나 무수한 재료 및 구조물에 조화가진력을 가해보는 실험을 통해 응력도가 일정한 각 α만큼 변형도를 앞선다는 사실을 알게 되었다.

그러므로 ν를 가진주파수라 할 때 변형도가 $\epsilon=\epsilon_0\sin\nu t$이면 응력도는 $\sigma=\sigma_0\sin(\nu t+\alpha)$로 나타낼 수 있다. 따라서

$$\sigma=\sigma_0\cos\alpha\ \sin\nu t+\sigma_0\sin\alpha\ \cos\nu t$$

$$=\sigma_0\cos\alpha\ \sin\nu t+\sigma_0\sin\alpha\sin(\nu t+\frac{\pi}{2})$$

이 식에서 첫째 항은 응력도 ϵ과 동조하며 둘째 항은 응력도에 $\pi/2$만큼 선행하는 것을 나타낸다. 여기서 $\mathrm{j}=\sqrt{-1}$를 이용하면,

$$\sigma=\sigma_0\cos\alpha\ \sin\nu t+\mathrm{j}\,\sigma_0\sin\alpha\ \sin\nu t$$

이제, 복소탄성계수(complex modulus) E^*를 다음과 같이 정의한다.

$$E^*=\frac{\sigma}{\epsilon}=\frac{\sigma_0}{\epsilon_0}\cos\alpha+\mathrm{j}\,\frac{\sigma_0}{\epsilon_0}\sin\alpha$$

$$=E'+jE''$$

이 식에서 E'은 저장탄성계수, E''을 손실탄성계수라 한다.

구조물의 이력감쇠를 재는 척도로 손실률 η을 이용한다. 이 손실률은 E''/E'으로 정의되며 값은 $\tan\alpha$이다.

구조물의 이력감쇠를 통해 강성을 분리해 내는 것이 불가능한 경우도 있기 때문에 수학적 모델상에서 이것들을 함께 고려해야 한다. 복소강성 k^*는 $k^*=k(1+\mathrm{j}\,\eta)$로 정의되는 값으로서 k

는 구조물의 정적 강성이며 η는 이력감쇠 손실계수를 나타낸다.
따라서 이력감쇠를 갖는 단자유계의 운동방정식은 $m\ddot{x}+k^{*}x=0$이다. 그림 2.21은 이력감쇠계수 c_{H}를 갖는 단자유계를 모델링한 모습이다.

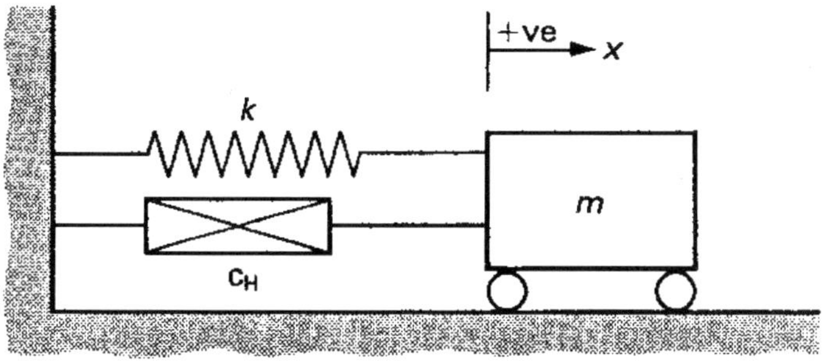

그림 2.21. 이력감쇠를 갖는 단자유계

운동방정식을 세우면 다음과 같다.

$$m\ddot{x}+(c_{\mathrm{H}}/\omega)\dot{x}+kx=0$$

여기서 $x=Xe^{\mathrm{j}\omega t}$ 이면,

$$\dot{x}=\mathrm{j}\omega x \qquad \text{그리고} \qquad (\frac{c_{\mathrm{H}}}{\omega})\dot{x}=\mathrm{j}c_{\mathrm{H}}x$$

그러므로 다음과 같은 운동방정식을 얻을 수 있다.

$$m\ddot{x}+(k+jc_{\mathrm{H}})x=0$$

한편,

$$k+\mathrm{j}c_{\mathrm{H}}=k(1+\frac{\mathrm{j}c_{\mathrm{H}}}{k})=k(1+\mathrm{j}\eta)=k^{*}$$

따라서 다음과 같이 운동방정식을 정리할 수 있다.

$$m\ddot{x}+k^{*}x=0$$

이와 같이 물체의 운동에 대한 탄성 및 이력 저항력의 복합효과를 복소강성 k^*로서 나타낼 수 있다.
공학에 쓰이는 일반 재료들의 η값을 다음 표에 정리해보았다. 재료의 감쇠 메커니즘에 대해 보다 상세한 정보를 얻으려면 *B. J. Lazan*의 *Damping of Materials and Members in Structural Mechanics (Pergamon, 1968)*을 참고하라.

재료명	손실률 η
순수 알루미늄	0.00002-0.002
두랄루민	0.0004-0.001
철	0.001-0.008
납	0.008-0.014
주철	0.003-0.03
망간 구리 합금	0.05-0.1
천연고무	0.1-0.3
경화고무	1.0
유리	0.0006-0.002
콘크리트	0.01-0.06

2.2.5 감쇠에 의한 에너지 소산

단자유계에 존재하는 점성감쇠에 의해 매 사이클마다 소산되는 에너지의 대략적인 크기는 다음과 같이 주어진다.

$$4\int_0^{\mathrm{x}} c\dot{x}dx$$

여기서 완전한 한 사이클을 $x = X\sin\omega t$ 로 가정한다. 그러면 소산된 에너지는

$$4\int_0^{\pi/2} cX^2\omega^2\cos\omega t\,dt = \pi c\omega X^2$$

쿨롱감쇠에 의해 매 사이클마다 소산되는 에너지는 대략 $4F_{\mathrm{d}}X$이다. 따라서 쿨롱감쇠에 대한

등가점성감쇠계수 c_d는 다음과 같이 구할 수 있다.

$$\pi c_d \omega X^2 = 4F_d X$$

그러므로

$$c_d = \frac{4F_d}{\pi \omega X}$$

이력감쇠를 갖는 시스템에 작용하는 힘 F에 의해 매 사이클마다 소산되는 에너지는 $\int F\,dx$이며, 여기서 $F = k^* x = k(1+j\eta)x$, 그리고 x는 변위를 가리킨다.
조화운동의 경우에 $x = X\sin\omega t$ 이므로

$$\begin{aligned} F &= kX\sin\omega t + j\eta kX\sin\omega t \\ &= kX\sin\omega t + \eta kX\cos\omega t \end{aligned}$$

그런데

$$\sin\omega t = \frac{x}{X} \qquad \text{따라서} \qquad \cos\omega t = \frac{\sqrt{X^2 - x^2}}{X}$$

그러므로

$$F = kx \pm \eta k\sqrt{X^2 - x^2}$$

위의 식을 플로팅하면 그림 2.22.처럼 타원이 된다. 이 그림에서 타원의 면적이 바로 시스템이 소산시킨 에너지이다.

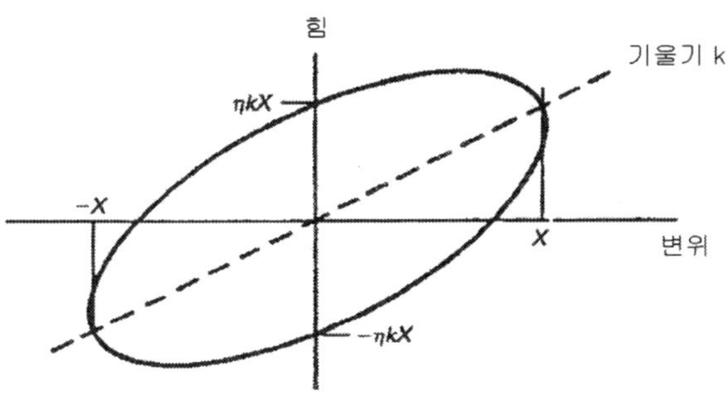

그림 2.22. 이력감쇠를 갖는 시스템의 타원형태 힘-변위 상관관계

그러므로

$$\int F\,dx = \int_0^x (kx \pm \eta k\sqrt{X^2 - x^2})dx$$
$$= \pi X^2 \eta k$$

등가점성감쇠계수 c_H는 다음과 같이 산정된다.

$$\pi c_H \omega X^2 = \pi X^2 \eta k$$

그러므로

$$c_H = \frac{\eta k}{\omega}$$

그리고 $c = c_H/\omega$이다.

《 예제 10 》

점성감쇠를 갖는 단자유계의 감쇠비 $\zeta = 0.02$라 한다. 이 시스템에 각 사이클이 시작되는 시점에서 한 사이클 당 소산되는 에너지의 크기를 산정하여라. 또한, 3번째 사이클의 진폭이 1.8mm라 할 때 12번째 사이클의 진폭은 얼마가 되는지 구하라.

$\zeta \ll 1$이므로 대수감쇠는 $\ln(X_1/X_2) = 2\pi\zeta = 0.126$이다.

따라서

$$X_1/X_2 = e^{0.126} = 1.134$$

사이클 시점에 스프링에 저장된 에너지= $\frac{1}{2}kX_1^2$

사이클 종점에 스프링에 저장된 에너지= $\frac{1}{2}kX_2^2$

$$\frac{\text{사이클에서 소산된 에너지}}{\text{사이클 시점의 에너지}}$$
$$= \frac{\frac{1}{2}kX_1^2 - \frac{1}{2}kX_2^2}{\frac{1}{2}kX_1^2} = 1 - (X_2/X_1)^2 = 1 - 0.7773 = 0.223$$

따라서 한 사이클에 소산되는 에너지는 그 사이클 시점 에너지의 22.3% 정도 된다. 그리고

$$X_1/X_2 = 1.134,\ X_2/X_3 = 1.134 \ldots (X_{n-1})/X_n = 1.134$$

그러므로

$$X_3/X_{12} = (1.134)^9 = 3.107$$

따라서 $X_{12} = \dfrac{1.8}{3.107} = 0.579\text{mm}$ 이다.

《 예제 11 》

대포를 격발하면 스프링에 의해 포신이 반동되어 돌아온다. 반동운동이 끝날 즈음에 점성감쇠를 작용시켜 포신이 오버슈트 없이 최대로 빨리 원위치 될 수 있도록 설계한다. 이때, 필요한 포의 스프링 상수와 감쇠계수를 구하여라. 단, 포신의 질량은 500 kg이며 반동의 초기 속도가 30m/s, 그리고 반동거리는 1.6m라 가정한다. 포신의 초기위치에서 0.1m되는 지점까지 포신이 돌아오는데 걸리는 시간도 구하여라.

포신의 초기 운동에너지가 스프링의 최대 위치에너지와 같아야 하므로 다음 식이 성립한다.

$$\frac{1}{2}k1.6^2 = \frac{1}{2}500(30)^2$$

그러므로 $k = 175\text{kN/m}$이다.

시스템이 임계감쇠를 갖아야 하므로 소요감쇠계수는

$$2\sqrt{500 \times 175 \times 10^3} = 187000\text{Ns/m}$$

한편, 시스템이 임계감쇠를 가질 때 해는 다음 형태로 주어진다.

$$x = (A + Bt)e^{-\omega t}$$

여기에 초기조건 $t = 0$일 때 $x = x_0$, 그리고 $t = 0$일 때 $\dot{x} = 0$를 적용하면 다음 해를 얻는다.

$$x = x_0(1 + \omega t)e^{-\omega t}$$

한편, 고유 각주파수를 구하면 $\omega = \sqrt{175 \times 10^3 / 500} = 18.7\text{rad/s}$가 된다. 이제, 이 ω값과 $x = 0.1\text{m}$를 위의 해에 대입하면 $0.1 = 1.6(1+18.7t)e^{-18.7t}$가 된다. 이 식은 시행착오법이나 도해법 등을 이용하여 풀 수 있으며 그 결과, $t = 0.24\text{s}$가 된다.

2.3 강제진동

실제로 우리가 아는 시스템의 경우, 주기적인 형태의 가진력을 받는 경우가 흔하다. 이런 가진력이 발생하는 원인으로 불균형 회전자, 왕복 운동을 하는 기계부품 또는 지반의 흔들림 등을 꼽을 수 있을 것이다.

진동피이더(vibratory feeder)나 다짐기처럼 진동체가 커다란 진폭으로 거동하도록 설계하는 경우를 제외하고, 일반적으로 광역의 주파수와 가진력에 대해 매우 작은 진폭으로 거동하도록 설계하는 경우가 대부분이다. 주기적 형태의 대표적인 가진력은 조화(harmonic)가진력인데 설령 조화가진력이라도 퓨리에변환법을 이용하면 일련의 조화형태로 나타낼 수 있다. 이런 이유 때문에 조화가진력을 받는 시스템의 응답을 반드시 이해해야만 한다.

2.3.1 단순조화가진(excitation)에 대한 점성감쇠계의 응답

그림 2.2.3처럼 질량 m인 물체가 스프링과 점성감쇠기에 연결되어 고정지지되어 있다. 이 시스템에 각주파수 ν 및 진폭 F인 조화기진력이 작용하고 있다면 다음과 같은 운동방정식을 세울 수 있다.

$$m\ddot{x} + c\dot{x} + kx = F\sin\nu t \tag{2.14}$$

앞서 기술한 $m\ddot{x} + c\dot{x} + kx = 0$의 해는 위의 운동방정식의 제차해에 해당된다(초기 진동으로서 단기간에 사라져버린다). 비제차해는 지속되는 시스템의 거동을 나타내는 부분이며, $x = X\sin(\nu t + \phi)$로 가정해 볼 수 있을 것이다. 즉, 시스템의 응답은 가진주파수와 동일한 각주파수 υ로서 단순조화운동을 하며 가진력 벡터와 ϕ만큼 뒤지는(lag) 변위벡터를 갖는다. 여기서 뒤진다는 것은 입력이 가해진 후 얼마 지나서 시스템에 운동이 시작된다는 뜻이다.

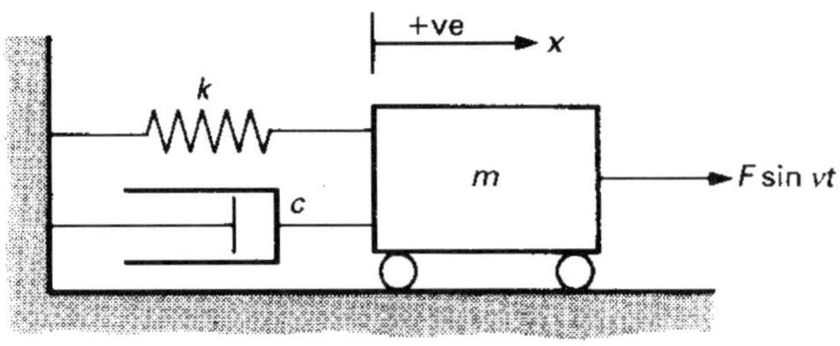

그림 2.23

이제, 해를 $x = X\sin(\nu t+\phi)$라고 하면

$$\dot{x}= X\nu\cos(\nu t-\phi) = X\nu\sin(\nu t-\phi+\frac{\pi}{2})$$

그리고

$$\ddot{x}= -X\nu^2\sin(\nu t-\phi) = X\nu^2\sin(\nu t-\phi+\pi)$$

따라서 식 (2.14)는 다음과 같이 정리된다.

$$mX\nu^2\sin(\nu t-\phi+\pi)+cX\nu\sin(\nu t-\phi+\pi/2)+kX\sin(\nu t-\phi)$$

$$=F\sin\nu t$$

이들 벡터를 다이어그램으로 나타내면 그림 2.2.4와 같다.

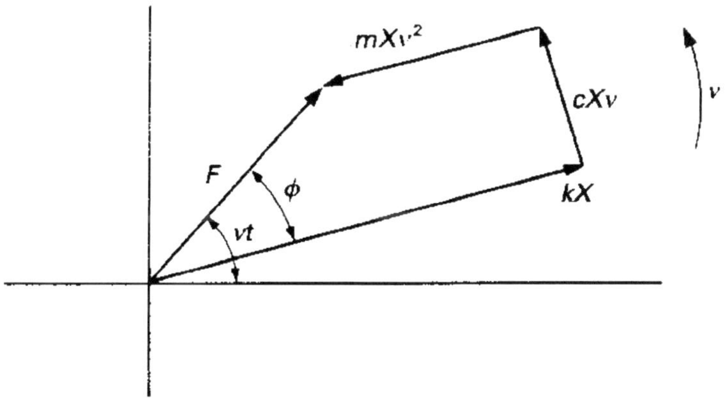

그림 2.24 벡터 다이어그램

이 다이어그램을 보면 다음 식이 성립함을 알 수 있다.

$$F^2 = (kX-mX\nu^2)^2 + (cX\nu)^2$$

그러므로

$$X = F/\sqrt{(k-m\nu^2)^2+(c\nu)^2} \tag{2.15}$$

또한

$$\tan\phi = cX\nu/(kX-mX\nu^2)$$

따라서 식 (2.14)에 대한 정상상태 해(비제차 해)는 다음과 같다.

$$x = \frac{F}{\sqrt{(k - m\nu^2)^2 + (c\nu)^2}} \sin(\nu t - \phi)$$

여기서

$$\phi = \tan^{-1}\left(\frac{c\nu}{k - m\nu^2}\right)$$

그리고 일반 해(complete solution)는 다음과 같이 주어지는 과도 응답을 포함시켜야 한다.

$$x = Ae^{-\zeta\omega t}\sin(\omega\sqrt{(1-\zeta^2)}\,t + \alpha)$$

그림 2.2.5에 이들 두 응답을 합성한 모습을 나타내보았다.

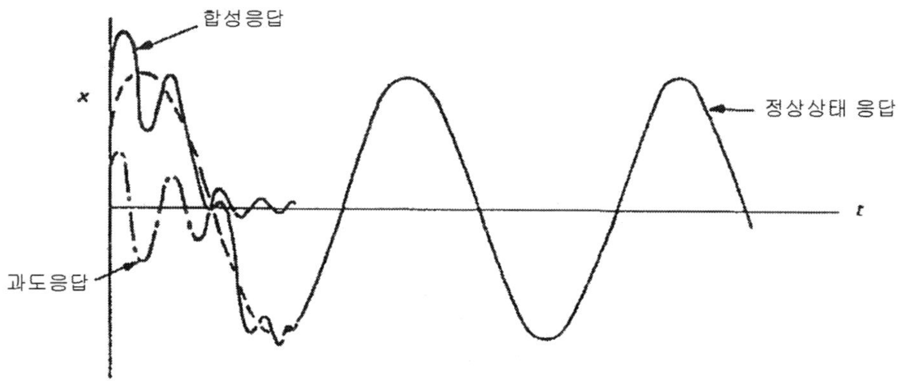

그림 2.25. 강제진동의 합성 응답

다음 관계식을 이용해서 식 (2.15)를 보다 유용한 형태로 나타내보자.

$$\omega = \sqrt{\frac{k}{m}} \text{ rad/s} \qquad \text{그리고} \qquad X_s = \frac{F}{k}$$

따라서

$$\frac{X}{X_s} = \frac{1}{\sqrt{\left[1 - (\frac{\nu}{\omega})^2\right]^2 + \left[2\zeta\frac{\nu}{\omega}\right]^2}} \tag{2.16}$$

그리고

$$\phi = \tan^{-1}\left[\frac{2\zeta(\nu/\omega)}{1-(\nu/\omega)^2}\right]$$

X/X_s는 동적증폭계수(dynamic magnification factor, DMF)라 불리는 값이다. 여기서 X_s는 하중 F에 의한 시스템의 정적 변위이며 X는 동적응답의 진폭이다.
각 ζ에 대해 주파수 비 ν/ω의 값을 바꿔가며 X/X_s과 ϕ를 플로팅하면 그림 2.26과 2.27과 같다.

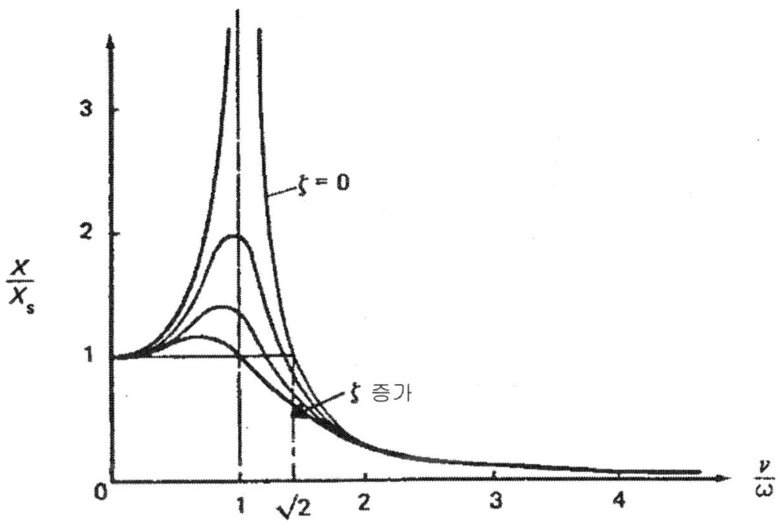

그림 2.26. 그림 2.23의 시스템에 대한 진폭-주파수 응답

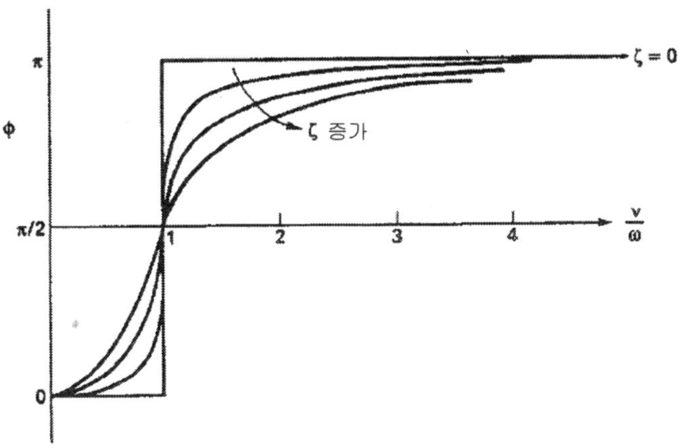

그림 2.27. 그림 2.23의 시스템에 대한 위상-주파수 응답

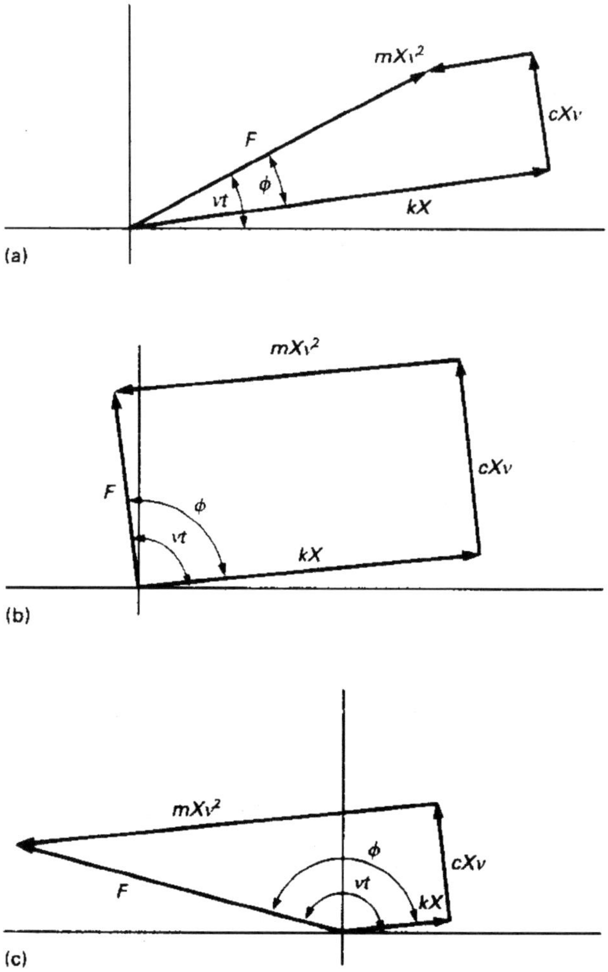

그림 2.28. 강제진동 벡터 다이어그램: (a) $\nu/\omega \ll 1$ 가진력이 스프링 완력과 거의 같다; (b) $\nu/\omega = 1$ 가진력이 감쇠력과 같고 관성력이 스프링 완력과 같다; (c) $\nu/\omega \gg 1$ 가진력이 관성력과 거의 같다.

그림 2.28.을 보면 주파수 비가 벡터 다이어그램에 미치는 영향을 쉽게 파악할 수 있다. 기계에 발생하는 진동문제 중 중요한 점 하나는 ν/ω이 1일 때 X/X_s이 매우 큰 값이 된다는 것이다. 즉, 작은 크기의 조화가진력으로 커다란 진폭을 이루는 진동을 유발시킬 수도 있다는 의미이다. 이런 현상을 공진이라 부르며 가진주파수가 고유주파수와 같을 때, 즉 $\nu/\omega = 1$일 때 발생한다. 엄밀히 말해서 X/X_s의 실제 최대값은 ν/ω이 1보다 작을 때 발생한다. 이때의 값을 구하려면 식 (2.16)을 ν/ω에 관해 미분한다.

ζ값이 작은 경우, $$(\nu/\omega)_{(X/X_S)_{\max}} = \sqrt{1-2\zeta^2} \simeq 1$$

그리고

$$(X/X_S)_{\max} = 1/(2\zeta\sqrt{1-\zeta^2})$$

ζ이 작은 경우에 $(X/X_S)_{\max} \simeq 1/2\zeta$이 되며 $\nu/\omega = 1$일 때의 값과 거의 동일하다. Q계수라 부르는 $1/2\zeta$이 시스템 감쇠의 척도가 된다.

참고. 운동방정식을 달리 풀 수 있는 방법에 대해 생각해보자.

가진력 $F\sin\nu t = \mathrm{Im}(Fe^{\mathrm{j}\nu t})$로 대치해보자.

이제 운동방정식은 $m\ddot{x} + c\dot{x} + kx = \mathrm{Im}(Fe^{\mathrm{j}\nu t})$로 바뀌며, 이에 대한 해를 $x = Xe^{\mathrm{j}\nu t}$로 가정할 수 있다.

그러므로 $(k - m\nu^2)X + \mathrm{j}c\nu X = F$, $\quad X = \dfrac{F}{(k-m\nu^2)+\mathrm{j}c\nu}$

따라서 $X = \dfrac{F}{\sqrt{(k-m\nu^2)^2 + (c\nu)^2}}$ 이므로 식 (2.15)와 같은 결과가 된다.

시스템에 왕복운동을 하는 물체 또는 불균형 회전체가 있으면 가진력이 발생하는데 이 가진력의 진폭은 가진주파수의 제곱에 비례한다.

불균형 회전체의 질량 m_r, 유효반경 r 및 각속도 ν라면 가진력은 $m_r r\nu^2$가 된다. 이 가진력을 그림 2.23과 같은 단자유계에 가할 때, 운동방향 성분의 힘의 크기는 $m_r r\nu^2 \sin\nu t$이다. 이때 진폭은 다음과 같이 산정된다(식 2.16 참조).

$$X = \frac{(m_r/m)r(\nu/\omega)^2}{\sqrt{\left[1-(\nu/\omega)^2\right]^2 + (2\zeta\nu/\omega)^2}} \tag{2.17}$$

X가 최대가 되는 ν/ω을 구하려면 식 (2.17)을 미분하면 된다.

$$(\nu/\omega)_{X\max} = 1/\sqrt{1-2\zeta^2}$$

즉, 응답곡선 상에서 최대점은 $\nu > \omega$에서 나타나며 그림 2.29를 보면 명확히 이해될 것이다. 이때 $X_{\max}$는 다음과 같다.

$$X_{\max} = (m_r/m)r/2\zeta\sqrt{1-\zeta^2}$$

그림 2.29에서 볼 수 있듯이 공진이 일어나는 영역($\nu/\omega = 1$)에서 멀어지면 감쇠가 시스템 응답에 미치는 영향이 현저히 줄어든다. 기계시스템 대부분이 작은 감쇠값($\zeta < 0.1$)을 갖기 때문에 최대 진폭이 발생하는 주파수를 구하는 경우, 혹은 공진에서 벗어난 영역에서 진폭-주파수 응답을 구할 때는 감쇠를 무시해도 무방하다.

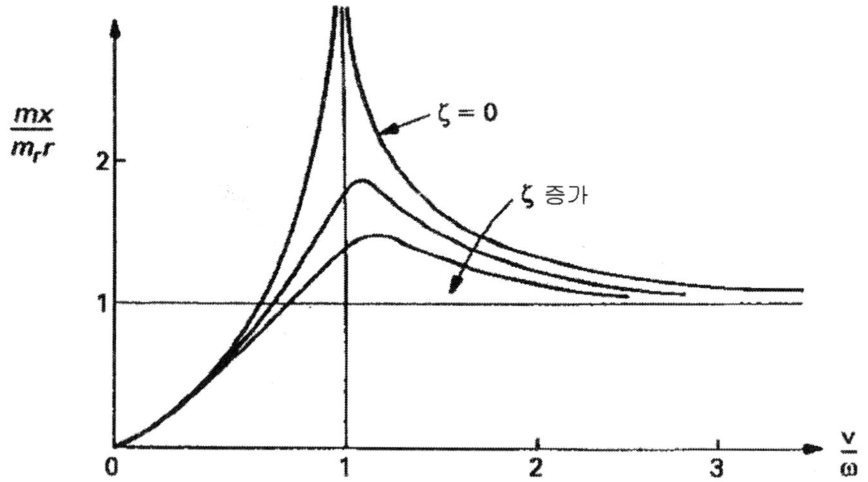

그림 2.29. 불균형 회전체에 의해 가진되는 시스템의 진폭-주파수 응답

《 예제 12 》

터보과급기 회전체(turbo-charger rotor)에 대한 문제를 생각해보자. 이 회전체에 직경 10mm짜리 강제(steel) 샤프트가 베어링에 의해 간격 100mm 사이를 두고 단순지지되어 있다. 그리고 질량이 0.2kg인 회전날개가 이 샤프트의 중간에 위치하고 있다. 감쇠는 무시하기로 한다. 회전체는 균형을 이루도록 세심하게 설계되었으나 다소 불균형이 발생하며 크기가 10^{-5}kg m이라 한다. 그간 이 터보과급기를 적용한 사례에 의하면 35000rev/min 및 55000rev/min에서 잘 작동했다고 한다. 이런 속도로 작동할 때 이 과급기의 강제 샤프트 중앙에 발생하는 처짐의 진폭과 불균형 가진 사이의 위상을 구하라. 그리고 이 과급기를 새로운 시스템에 적용하여 45000rev/min에서 작동시키고자 한다면 어떠한지 서술해보라.

샤프트의 중앙에서 이 샤프트가 갖는 강성 k는 $48EI/l^3$이다. 이때 $E = 2 \times 10^{11}$N/m2, $I = \pi(0.01)^4 4/64$, 그리고 $l = 0.1$ m이다. 따라서 강성을 계산하면 다음과 같다.

$$k = \frac{48 \times 2 \times 10^{11}}{0.1^3}\left[\frac{\pi(0.01)^4}{64}\right] = 4.71 \times 10^6 \text{ N/m}$$

시스템의 유효질량 m_{eff}은 다음과 같이 회전날개 질량과 샤프트 질량의 반을 합한 값으로 본다.

$$m_{eff} = 0.2 + \frac{1}{2} \times 7850 \times 0.1 \frac{\pi(0.01)^2}{4} = 0.231\text{kg}$$

이제 시스템 고유주파수를 계산하면 다음과 같다.

$$\sqrt{\frac{4.71 \times 10^6}{0.231}} = 4515\text{rad/s}$$

이 주파수는 결국 43100rev/min과 같다.
샤프트의 처짐 진폭을 다음처럼 구해보자.

$$\frac{F}{k\left(1 - \left(\frac{\nu}{\omega}\right)^2\right)}$$

여기서 $F = mr\nu^2$, $\nu = 2\pi \times 35000/60 = 3663\text{rad/s}$. 그러므로

$$F = 10^{-5} \times 3663^2 = 134.2\text{N} \qquad \text{또한} \qquad \frac{\nu}{\omega} = \frac{3663}{4515} = 0.811$$

그러므로 35000rev/min에서 진폭을 구하면 다음과 같다.

$$\frac{134.2}{4.71 \times 10^6 (1 - 0.811^2)} = 0.083\text{mm}$$

즉, 가진주파수가 공진주파수 아래에 위치하여 동위상(in phase)되므로 진폭은 플러스 값이 된다.
이제 55000rev/min에서 진폭을 구하면 다음과 같다.

$$\frac{331}{4.71 \times 10^6 (1 - 1.27^2)} = -0.112\text{mm}$$

따라서 가진력과 역위상(out of phase)이 된다.
이 터보과급기를 45000rev/min에서 작동시키면 공진이 발생하는 지점인 43100rev/min 과 거의 근접하므로 위험하다.

그림 2.26, 2.28 및 2.29에서 보는 바와 같이 낮은 주파수 영역($\ll \omega$)에서 시스템 응답은 강성에 지배를 받고 공진주파수 영역에서는 감쇠의 영향을 많이 받으며 높은 주파수 영역($\gg \omega$)에서는 시스템의 질량에 지배를 받는다는 사실을 알 수 있다. 시스템에 발생하는 진동을 줄이고자 하면 이런 중요한 사실을 잊어서는 안된다. 예를 들어 질량에 의해 응답이 지배를 받는 시스템처럼, 가진주파수와 고유주파수가 공진영역에서 서로 멀리 떨어진 상황에서 단지 시스템 감쇠를 증가시키려고 여러 가지 시도를 하는 일은 헛된 수고에 지나지 않는다.

구조물이나 기계류 등의 진동 수준을 낮추기 위해 감쇠를 증가시키기에 앞서, 시스템에 진동을 발생시키는 그 근원(source) 자체의 가진 진동 수준을 낮추는 데 먼저 최대한 노력해야 한다. 기계나 프로세스과정에는 대체로 모종의 진동이 발생한다. 이때 시스템을 교란시키는 주파수와 고유주파수가 근접하면 증폭되는 결과를 초래하여, 소음이 발생하고 동적 응력도가 증가하며 피로파괴에 이를 수도 있다. 시스템에 공진현상이 발생하면 대개 제 기능을 상실한다.

기계 시스템의 경우, 가진력을 줄이기 위해 진동이 발생하는 부품을 바꿔보는 방법을 쓰는데 일반적으로 이것은 설계 단계에서 적용하는 방법이다. 한편 기계를 지지부에 다시 앉혀보는 것도 어느정도 효과를 볼 수 있다. 반면에 지진동, 옆바람 혹은 인접 건물로 인한 난류풍으로 구조물에 발생하는 진동은 오로지 감쇠로써 제어할 수 있다.

한편 진동을 의도적으로 이용해야만 하는 기계류도 있다. 예를 들어 진동 컨베이어, 다짐기 및 초음파 용접기 등이 바로 그것이다. 당연히 이런 기계 근처에 있는 다른 기계들은 진동으로부터 방어되어야 할 것이다.

송풍기, 터빈 및 프로펠러 같이 회전하는 기계들은 각기 다른 여러 주파수의 기파력(disturbing force)을 발생시킨다. 컴프레서나 엔진과 같이 왕복동하는 기계는 완벽히 균형을 잡을 수가 없고 이로 인해 회전 속도의 가진력이 발생한다. 또한 가스나 액체가 파이프를 통과하는 경우, 압력파동 때문에 이를 지지하고 있는 구조물에 강한 진동이 발생할 수 있다.

구조물에 생기는 진동은 두 가지의 기본 형태로 구분이 된다; 첫째, 정상상태 진동이라 불리는 것으로서 구조물 내부 또는 인접 위치에 놓여있는 엔진, 에어컨 및 발전기 등과 같이 상시 작동하는 기계에 의해 촉발되는 진동을 말한다. 둘째, 과도 진동이라 불리는 것으로서 도로 또는 교량의 익스펜션 조인트 위를 통과하는 화물차 또는 기차처럼 단기간 구조물을 교란시킬 때 발생하는 진동이 그것이다.

정상상태 진동을 완화시키기 위한 방법으로, 가진력을 발생시키는 그 근원지의 위치를 바꿔 보는 방법이 있다. 예를 들어 건물의 경우, 기계 및 장비는 가급적 아래층에 두는 것이 유리하다. 선박의 경우, 추진기나 서비스 기기들을 지지부에 다시 앉혀보는 것도 효과적이다. 그러나 구조물의 일부를 보강하는 방법은 대개는 비효율적이며 그 이유는, 강성을 증가시키면 일반적으로 질량도 따라 증가하므로 $\sqrt{k/m}$ 에 미치는 변화가 미미하기 때문이다.

진동을 감소시키기 위해 진동부에 설계 변경을 시도하는 방법이 가끔씩 쓰인다. 예를 들어 기계운전시스템의 기어비를 바꾼다던지 선박에 장착할 프로펠러 날개를 4개에서 3개로 줄여보는 방법을 이용하면 가진주파수에 변화가 온다. 그러나 모터나 엔진의 운전속도가 전기 발전시스템의 일부로 제어되는 경우에는 가진주파수를 바꿀 수 없는 경우가 많다.
시스템 응답이 큰데도 진동을 적정수준까지 줄일 수 없을 때는 진동 격리법으로 대처할 필요가 있으며 다음 2.3.2.1절에서 이를 언급할 것이다.

2.3.2 조화가진 대한 기초지지 감성감쇠계의 응답

그림 2.30의 단자유계를 생각해보자. 기초가 조화진동을 하며 $A\sin\nu t$로 움직인다고 할 때 물체의 응답 x를 구하여라.

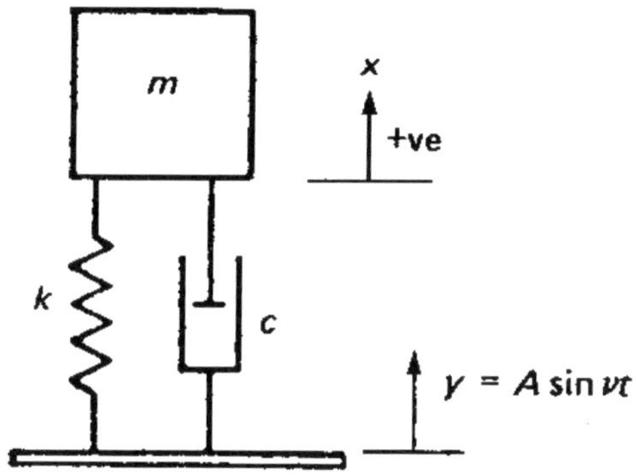

그림 2.30. 점성감쇠를 갖는 단자유계

운동방정식을 세우면 다음과 같다.

$$m\ddot{x} = c(\dot{y} - \dot{x}) + k(y - x) \tag{2.18}$$

식 (2.18)을 기초에 대한 물체의 상대변위 $u = x - y$로 바꿔 쓸 필요가 있으므로 다음과 같이 정리해보자.

$$m\ddot{u} + c\dot{u} + ku = -m\ddot{y} = m\nu^2 A\sin\nu t$$

이 식은 식 (2.18)과 유사한 형태이므로 다음과 같이 바로 해를 얻을 수 있다.

$$u = \frac{A(\nu/\omega)^2}{\sqrt{(1-(\nu/\omega)^2)^2 + (2\zeta\nu/\omega)^2}}\sin\left\{\nu t - \tan^{-1}\frac{2\zeta(\nu/\omega)}{1-(\nu/\omega)^2}\right\}$$

물체의 운동을 절대변위로 표현하려면 식 (2.18)을 다음과 같이 그대로 정리하면 된다.

$$\begin{aligned} m\ddot{x} + c\dot{x} + kx &= c\dot{y} + ky \\ &= cA\nu \cos \nu t + kA\nu \sin \nu t \\ &= A\sqrt{k^2 + (c\nu)^2}\ \sin(\nu t + \alpha) \end{aligned}$$

이때,

$$\alpha = \tan^{-1}\frac{c\nu}{k}$$

따라서 앞서 구한 결과에 의해 응답은 다음과 같다.

$$x = \frac{A\sqrt{k^2 + (c\nu)^2}}{\sqrt{(k - m\nu^2)^2 + (c\nu)^2}}\ \sin(\nu t - \phi + \alpha)$$

이제 운동전달율(motion transmissibility)를 정의해보자. 전달율은 다음과 같이 물체의 절대 진폭과 기초의 진폭 간의 비를 가리킨다.

$$\text{운동전달율} = \frac{X}{A}$$

$$= \frac{\sqrt{1 + \left(2\zeta\dfrac{\nu}{\omega}\right)^2}}{\sqrt{\left[1 - \left(\dfrac{\nu}{\omega}\right)^2\right]^2 + \left[2\zeta\dfrac{\nu}{\omega}\right]^2}}$$

2.3.2.1 진동격리(isolation)

기계가 작동하면서 일으키는 동적 하중의 규모가 상당히 큰 경우를 흔히 볼 수 있다. 그러나 적절한 성능을 지닌 유연한 장착시스템으로 고정하면 기초 또는 지지구조물에 전달되는 하중을 경감시킬 수 있다. 그리고 그림 2.31처럼 기계를 기초에 유연하게 잘 장착하면 기계를 기초 진동으로부터 격리시킬 수 있다.

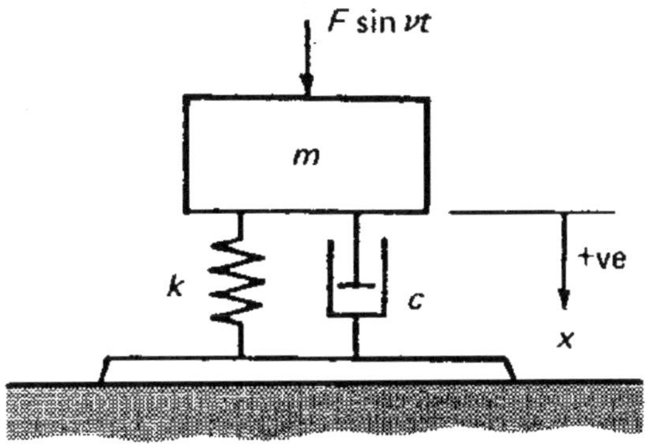

그림 2.31 기초에 지지된 단자유계

여기서 기초에 전달되는 힘은 스프링 완력과 감쇠력의 합이다. 즉, 전달하중$= kx + c\dot{x}$이며 이 힘의 진폭 F_{T}는 다음과 같이 주어진다.

$$F_{\mathrm{T}} = \sqrt{(kX)^2 + (c\nu X)^2}$$

그러므로 하중전달율 T_{R}은 다음과 같다.

$$T_{\mathrm{R}} = \frac{F_{\mathrm{T}}}{F} = \frac{X\sqrt{k^2 + (c\nu)^2}}{F}$$

그런데

$$X = \frac{F/k}{\sqrt{\left[1 - \left(\frac{\nu}{\omega}\right)^2\right]^2 + \left[2\zeta\frac{\nu}{\omega}\right]^2}}$$

$$T_{\mathrm{R}} = \frac{\sqrt{1 + \left(2\zeta\frac{\nu}{\omega}\right)^2}}{\sqrt{\left[1 - \left(\frac{\nu}{\omega}\right)^2\right]^2 + \left[2\zeta\frac{\nu}{\omega}\right]^2}}$$

결국 운동전달율과 하중전달율은 같은 값이다.

ν/ω이 T_{R}에 끼치는 영향을 그림 2.32를 보면 알 수 있다. 이 그림에서 확인할 수 있듯이

$\nu/\omega > \sqrt{2}$ 에서 양호한 격리효과를 보인다. 그러므로 ω이 작은 값을 갖아야 한다는 뜻이며 이 말은 강성이 작다는 의미와 같으므로, 결국 격리기(mounting)를 유연하게 설계해야 한다는 것이다. 다만, 실제 시스템의 작동조건을 만족시키기 위해 필요한 최소 응력도가 요구되는 경우에는 이런 개념을 적용할 수는 없다.

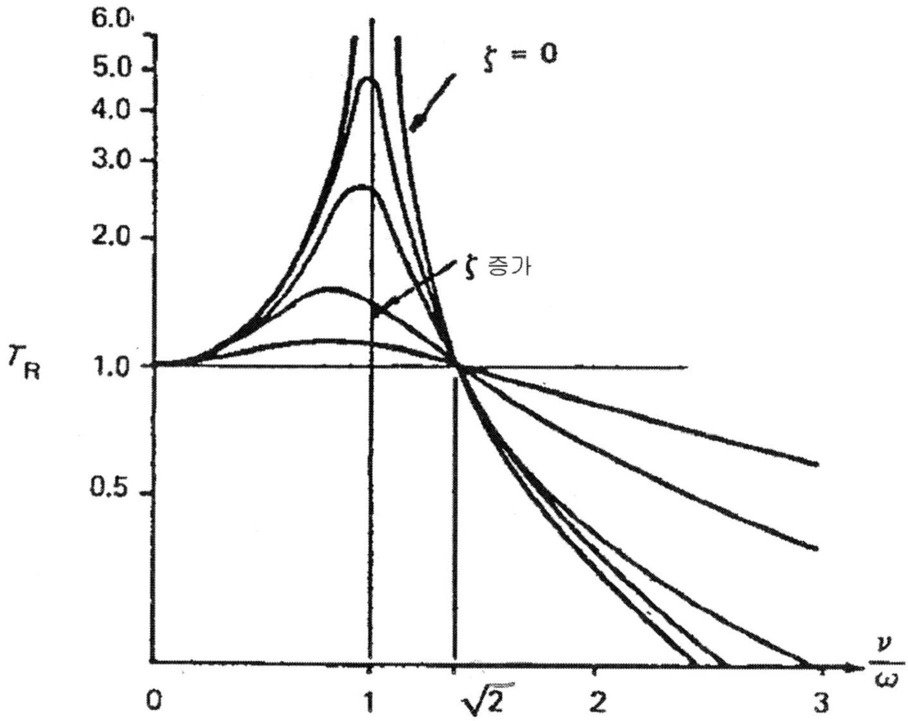

그림 2.32. 전달율-주파수비 응답

구조물의 경우, 진동의 근원지를 가능한 구조물과 격리시키는 것이 바람직하다. 구조물에 걸리는 진동은 쉽게 각부로 전파되며 이로 인해 심각한 소음문제가 발생한다. 이론상 격리장치의 강성은 낮은 고유주파수를 얻을 수 있게끔 유연 할수록 유리하지만 지나치면 구조물의 안정도에 문제가 생긴다. 보다 강성이 높은 격리기를 사용하려면 시스템을 커다란 블록에 강하게 부착해서 시스템의 유효질량을 증가시켜야 한다. 그리고 격리기가 장착된 전체시스템의 질량 중심을 가능한 낮은 위치에 두어 안정도를 향상시켜야 한다. 시스템의 응답을 개선하기위해 격리기를 설계할 때 큰 진폭은 제어하되 작은 진폭은 감쇠 효과가 거의 없도록 완충기와 함께 고려하면 좋다.

진동격리기 및 탄성마운트에 스프링 재료로서 일반적으로 쓰는 네 가지 종류는 공기, 금속, 고무 및 코르크이다. 저주파의 서스펜션에는 공기스프링을 쓰며 공진주파수를 낮게는 1Hz까지 맞

출 수 있다. 반면에 금속스프링은 공진주파수가 1.3Hz 이상 되는 곳에 적용한다. 금속스프링은 고주파를 잘 전달하며, 스프링 사이 그리고 구조물 간에 금속과 금속이 접촉되는 것을 방지하기 위해 고무나 펠트패드를 함께 사용한다. 한편 코일, 비틀림 및 캔틸레버 보들도 스프링 요소로 적용할 수 있다. 고무는 압축 및 전단력이 걸리는 곳에 적용하지만 인장력에 걸리는 곳에는 일반적으로 적용하지 않는다. 그리고 고무는 동적 강성이 정적 강성보다 훨씬 크기 때문에 이를 이용한 격리기를 만들 때 동적 강성을 확실하게 파악해야만 한다. 또한 고무는 태생부터 감쇠를 갖고 있으며 이 감쇠는 진폭, 주파수 및 온도 변화에 따라 바뀐다. 이것으로 5Hz 이상의 고유주파수를 얻을 수 있다. 코르크는 오래전부터 진동격리기에 쓰인 재료 중 하나이다. 주로 압축력이 걸리는 곳에만 쓰고 25Hz 이상의 고유주파수를 얻을 수 있다.

앞서 2.3.2절에서 서술한 바와 같이 효과적으로 진동 격리시키려면 진동을 발생시키는 시스템을 유연한 저주파 격리기 위에 지지시킨다. 이리하여 상당한 기파력이 생겨도 단지 조금만 지지 구조물에 전달되도록 한다. 마만 이 이론은, 격리기의 질량 중심을 통과하는 조화가진력으로 시스템을 교란한다고 가정(이래도 큰 무리는 없다고 본다)할 때 잘 들어맞는다. 실제 지지되는 기계 및 구조물은 비대칭인 경우가 많고 수준(leveling)을 잡기위해 형태가 다른 마운팅을 함께 쓰기도 하며, 질량 중심과 격리기 상부가 동일 평면상에 위치하지 않아 괴리가 있긴 하다.

수직방향의 가진력에 대해 훌륭한 격리효과를 보이는 마운팅이 수평방향의 가진력과 고유주파수가 비슷하여 과도한 수평방향의 변위를 초래하는 경우도 있다. 그리고 질량 중심과 떨어져 작용하는 제2차 가진력은 회전모드와 고유주파수가 근접한 경우에 커다란 회전진폭을 유발할 수 있다. 조화가진력과 모멘트를 유발시키는 기계 장착부(installation)의 움직임을 제한하려면 장착부의 질량과 관성력을 증가시켜야 한다. 이를 위해 장착부에 관성블록을 추가시키는 방안도 고려해볼 수 있다. 한편 비금속 재질의 격리기를 사용할 때는 작동 주파수 범위에서 이 격리기가 갖는 동적강성의 값을 잘 파악해야 하는데 통상적으로 동적실험을 직접 수행해서 구한다. 간혹 이상한 형태의 감쇠를 나타내는 경우가 있는데 이런 경우에는 앞서 2.2.4.절에서 언급한 복소강성의 개념을 써서 해석에 반영시켜야 한다.

에어백 또는 벨로우(bellow)는 아주 낮은 저주파수 격리기로 쓰이기도 하는데 이 경우에는 지지 시스템이 가로 방향으로 어느정도 큰 변위를 가져도 괜찮다고 전제한다. 그러나 이런 생각은, 관성블록과 기계류의 움직임이 커져서 각종 배관시설과 기타 서비스설비에 과도한 응력이 걸리는 결과를 초래하여 다른 부분에 피로파괴로 이어지는 경우가 있으니 신중히 고려해야 한다. 개략적으로 해석해보면 공기로 채운 벨로우로서 지지된 물체가 갖는 고유주파수는 벨로우의 체적의 제곱근과 반비례함을 알 수 있다. 따라서 고유주파수를 바꾸려면 벨로우의 체적만 변화 시키면 된다. 이를 구현하기위해 리시버를 추가 설치해서 벨로우와 개폐식밸브로 연결시키거나 벨로우에 액체를 주입하는 방식을 쓴다. 이 경우, 0.5Hz 이하의 고유주파수를 확보할 수 있다. 적절한 밸브로 공기를 공급하는 에어 서스펜션을 이용하면 시스템을 자동으로 레벨링(leveling)할 수 있는 장점이 있다. 이때 대기압의 5내지 10배 정도의 공기압을 주로 쓴다.

고주파의 가진력을 보다 효과적으로 감쇠시키기 위해 2단계 마운팅을 사용해 볼 수 있다. 이 경우, 기계는 관성블록위에 있는 유연한 마운팅 위에 세팅된다. 대체로 기존의 서브프레임이나 구조물 자체를 관성블록으로 이용할 수 있으므로 많은 비용이 소요되지는 않는다. 건물의 경우에 뜬바닥을 관성블록으로 이용할 때는 하부 공기층 때문에 추가로 얻는 강성에 대한 허용한도를 정해야 하며, 이를 위해 공진시험을 거쳐 동적 강성을 평가한다.

기계나 플랜트 등에서 발생하는 가진력을 차단시키는 장치 및 기법은 구조물에 파생되는 진동으로부터 보호해야 할 민감한 기기류에도 그대로 적용된다. 예를 들어, 선박에 장착된 민감한 전자장비는 선체진동으로부터 격리시키고 건물에 설치된 계측장비는 구조체의 진동으로부터 격리시킬 수 있다.

이상 설명한 격리시스템은 모두 수동형이며, 능동형의 격리시스템은 외부에서 반력이나 모멘트를 이용하여 진동을 감소시키는 형태를 말한다. 이 반력과 모멘트는 유압 액추에이터, 불균형 회전체 및 전자기적으로 발생시켜 얻는다. 정확히 위상과 진폭을 제어하여 반력이 언제나 가진력과 반대방향이되 같은 크기로 유지되어야 한다. 능동형의 격리시스템은 설치비가 비싼 것이 흠이지만 대단히 훌륭한 진동 격리 효과를 나타내어 지지구조물이 거의 정지된 상태를 유지한다.

기계 및 장비의 진동 차단에 대해 세심하게 고려해서 설계, 설치했음에도 불구하고 시스템에 적정수준을 초과하는 진동이 발생한다면 감쇠를 증가시켜야 한다. 지진, 바람 및 해류처럼 설계자가 제어할 수 없는 진동원(vibration source)으로부터 가진되는 경우에도 마찬가지다.

《 예제 13 》

그림처럼 굴곡이 진 노면을 따라 속도 v로 움직이는 스프링-감쇠 단자유도 시스템이 있다. 물체의 질량이 m이며 스프링 강성 k인 바퀴에 연결되어 있다. 시스템의 점성 감쇠계수는 c로 주어진다. 노면의 굴곡은 파장이 L이고 진폭이 그림과 같이 h라 한다.
이때 물체의 절대수직변위와 노면의 굴곡간의 진폭비를 구하여라.

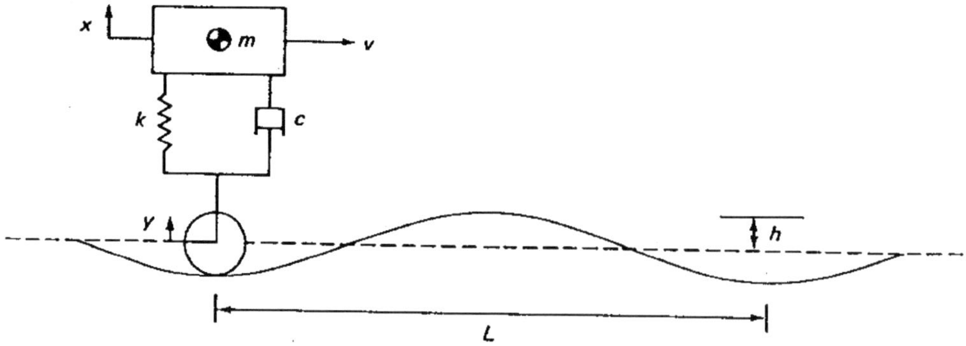

문제의 시스템에 다음과 같은 좌표를 설정해보자.

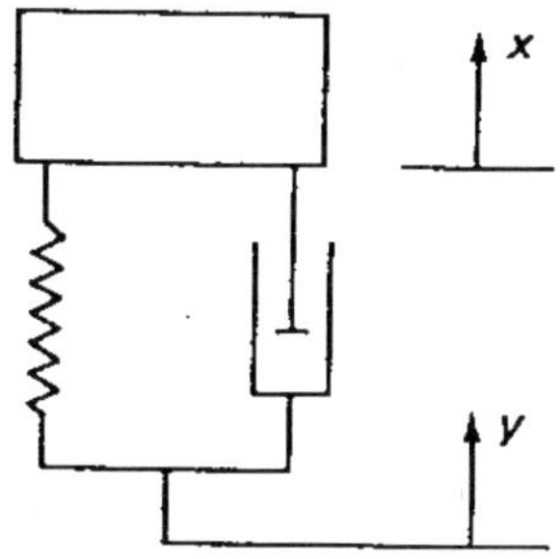

이때 $y = h\cos\dfrac{2\pi z}{L}$ 이며 $z = vt$ 이다.

그러므로 $y = h\cos\dfrac{2\pi v}{L}t = h\cos\nu t$. 단, $\nu = \dfrac{2\pi v}{L}$ 이다.

자유물체도를 그리면 다음과 같다.

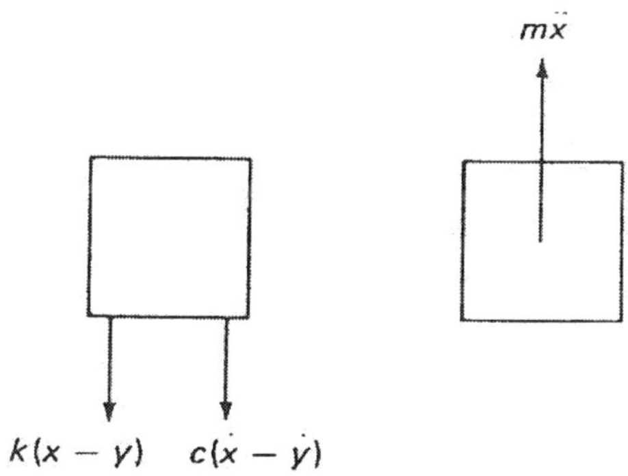

따라서 다음 운동방정식을 세울 수 있다.

$$m\ddot{x} = -k(x-y) - c(\dot{x}-\dot{y})$$

이 식을 정리하면 다음과 같다.

$$m\ddot{x} + c\dot{x} + kx = c\dot{y} + ky$$

그런데 $y = h\cos\nu t$ 이므로

$$m\ddot{x} + c\dot{x} + kx = \sqrt{k^2 + (c\nu)^2}\ h\sin(\nu t + \phi).$$

여기서

$$x = X_0 \sin(\nu t + \alpha) \text{ 이므로}$$

$$X_0 = \frac{h\sqrt{k^2 + (c\nu)^2}}{\sqrt{(k - m\nu^2)^2 + (c\nu)^2}}$$

따라서

$$\frac{X_0}{h} = \frac{\sqrt{k^2 + \left(\frac{2\pi v}{L}c\right)^2}}{\sqrt{\left(k - \left(\frac{2\pi v}{L}\right)^2 m\right)^2 + \left(\frac{2\pi v}{L}c\right)^2}}$$

《 예제 14 》

건물 바닥판이 주파수 $15 - 60$Hz 범위에서 단순조화진동을 한다고 가정해보자. 이 바닥 슬래브위에 진동에 민감한 장비를 설치하고지 한다. 슬래브에 3개의 스프링을 설치한 다음, 그 위에 플랫폼을 만들고 장비를 이 플랫폼에 긴결 시킨다. 각 스프링에 걸리는 하중은 동일하며, 전체 시스템은 오로지 수직방향의 거동만 한다. 장비와 플랫폼을 합한 질량이 40kg, 등가 점성 감쇠비는 0.2로 주어진다.
이때 주어진 주파수 범위에서 바닥 슬래브 진폭의 10% 미만인 진폭으로 전달될 때 스프링 강성의 최대값은 얼마가 되는지 산정하여라.

$$T_R = \frac{\sqrt{1 + \left(2\zeta\frac{\nu}{\omega}\right)^2}}{\sqrt{\left[1 - \left(\frac{\nu}{\omega}\right)^2\right]^2 + \left[2\zeta\frac{\nu}{\omega}\right]^2}}$$

주어진 조건에 의해 $T_R = 0.1$ 및 $\zeta = 0.2$이다.

따라서

$$\left[1 - \left(\frac{\nu}{\omega}\right)^2\right]^2 + \left[0.4\left(\frac{\nu}{\omega}\right)\right]^2 = 100\left[1 + \left(0.4\frac{\nu}{\omega}\right)^2\right]$$

이 식을 정리하면 다음과 같다.

$$\left(\frac{\nu}{\omega}\right)^4 - 17.84\left(\frac{\nu}{\omega}\right)^2 - 99 = 0$$

그러므로

$$\frac{\nu}{\omega} = 4.72$$

여기서 $\nu = 15(2\pi)\text{rad/s}$ 일 때 $\omega = 19.97\text{rad/s}$.
그러므로 강성은 다음과 같이 구할 수 있다.

$$\omega = \sqrt{\frac{k}{m}} \quad \text{및} \quad m = 40\text{kg}$$

$$\therefore \text{ total } k = 15935\text{N/m}$$

즉, 스프링 1개의 소요 강성은 $15935/3\text{N/m} = 5.3\text{kN/m}$
주파수 15Hz를 초과하는 영역에서 진폭은 10% 이하로 전달된다.

《 예제 15 》

질량이 m인 기계가 발생하는 기파력이 $F\sin\nu t$로 주어진다. 이 기계를 지지하고 있는 구조물에 전달되는 하중을 경감시키기 위해 강성이 k인 스프링과 감쇠기를 병렬로 연결시켜 그 위에 설치했다. 이러한 격리 시스템에 점성감쇠기와 이력감쇠기를 달았을 때 각 효율성에 대해 검토해보아라.

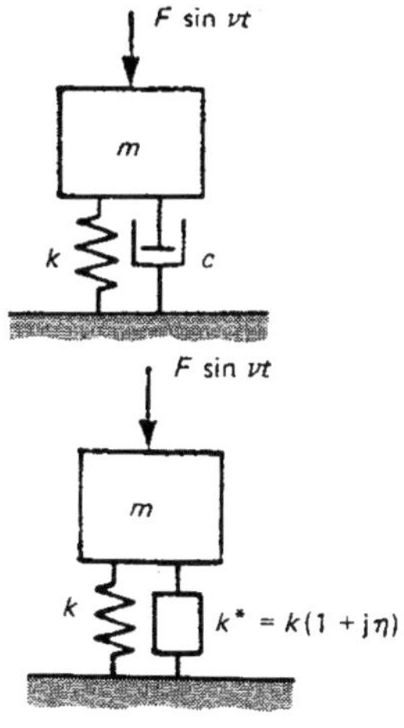

점성감쇠기의 경우: 2.3.2.1절에서 유도한 공식을 적용한다.

$$T_{\mathrm{R}} = \frac{F_{\mathrm{T}}}{F} = \frac{\sqrt{1+\left(2\zeta\frac{\nu}{\omega}\right)^2}}{\sqrt{\left[1-\left(\frac{\nu}{\omega}\right)^2\right]^2+\left[2\zeta\frac{\nu}{\omega}\right]^2}}$$

이력감쇠기의 경우: 2.2.5절에서 유도한 식을 다음과 같이 이용한다.

$$\eta = \frac{c\nu}{k} = 2\zeta\frac{\nu}{\omega}$$

$$T_{\mathrm{R}} = \frac{F_{\mathrm{T}}}{F} = \frac{\sqrt{1+\eta^2}}{\sqrt{\left[1-\left(\frac{\nu}{\omega}\right)^2\right]^2+\eta^2}}$$

각 격리기의 효과는 T_{R} 값을 다각도로 조사해서 알아볼 수 있으며, 다음 표에 그 결과를 정리해놓았다. 이 결과를 살펴보면 점성감쇠기나 이력감쇠기나 진동 격리효과는 서로 엇비슷한데 단지 주파수 비가 높은 영역에서 이력감쇠기가 더욱 효과적으로 T_{R}을 감쇠시키는 사실을 알 수 있다. 이 영역에서는 점성감쇠기 양단부에 작은 스프링을 붙여서 감쇠기를 차단하는 편이 낫다.

	점성감쇠 격리기	이력감쇠 격리기
$\nu=0$ 인 경우에 T_{R} 값	1	1
공진되는 주파수 비 ν/ω	1	1
공진에서 T_{R} 값	$\frac{\sqrt{1+(2\zeta)^2}}{2\zeta} \simeq \frac{1}{2\zeta}$	$\frac{\sqrt{1+\eta^2}}{\eta} \simeq \frac{1}{\eta}$
$\nu/\omega=\sqrt{2}$ 인 경우에 T_{R} 값	1	1
격리 주파수 비 ν/ω	$>\sqrt{2}$	$>\sqrt{2}$
고주파수 비, $\nu/\omega \gg 1$에서 T_{R}의 감쇠	$\frac{2\zeta}{\nu/\omega}$	$\frac{1}{(\nu/\omega)^2}$

《 예제 16 》

감쇠비가 매우 작은($\zeta < 0.1$) 단자유계를 생각해보자. 이 시스템에 주파수 ν 및 진폭 F인 조화가진력을 가할 경우, Q계수가 $1/2\zeta$과 같음을 보여라. 단, Q계수는 $(X/X_S)_{max}$이다. 그런데 F에 의해 물체가 갖는 정적변위 X_S는 매우 작은 값이므로 반력력점(half power points)에서 두 개의 주파수 p_1 및 p_2(공진주파수의 좌측 및 우측에 위치)를 구하는 방법을 쓰도록 한다.

이제 $Q = 1/2\zeta = \omega/(p_2 - p_1) = \omega/\Delta\omega$가 성립함을 보이자. (반적력점은 응답곡선에서 공진 진폭의 $1/\sqrt{2}$배되는 진폭을 갖는 두 점을 가리킨다).

앞서 구한 식 (2.16)에서

$$X = \frac{(F/k)}{\sqrt{\left[1-(\frac{\nu}{\omega})^2\right]^2 + \left[2\zeta\frac{\nu}{\omega}\right]^2}}$$

여기서 $\nu = 0$이면 $X_S = F/k$, 그리고 공진($\nu = \omega$)에서 최대 변위는 다음과 같다.

$$X_{max} = (F/k)/2\zeta = X_S/2\zeta$$

그러므로

$$Q = (X/X_{static})_{max} = 1/2\zeta$$

한편 X_S를 구할 수 없는 경우에 Q계수를 산정하려면 반적력점법을 쓴다. 이 방법을 쓰려면 공진주파수 근방의 진폭을 정확히 측정해야만 한다. 일단 X_{max}와 ω를 결정한 후에는 X_{max}를 $\sqrt{2}$로 나누어 반적력점 X_p를 구한다. 이때 반적력점에 대응되는 주파수는 공진주파수를 중심으로 좌, 우에 위치한 p_1과 p_2이다. 그리고 각 사이클이 돌때마다 소산되는 에너지는 X^2에 비례하므로 진폭이 $1/\sqrt{2}$만큼 줄어들면 소산되는 에너지는 50% 준다.

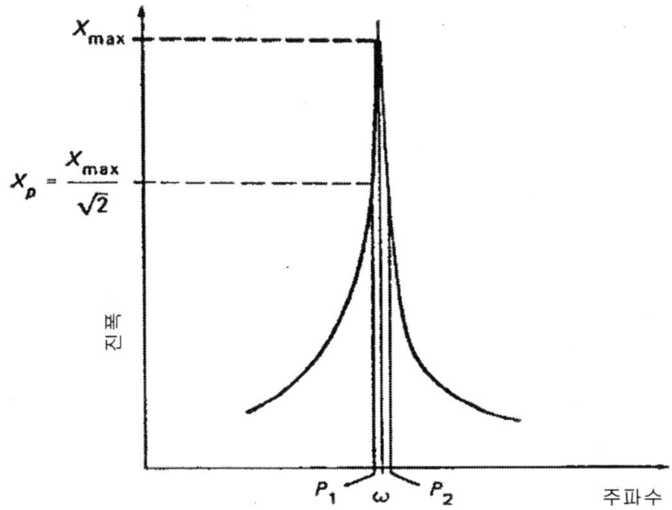

진폭-주파수 응답

앞서 구한 동적 변위응답을 다시 생각해보자.

$$X = \frac{F/k}{\sqrt{\left[1-(\frac{\nu}{\omega})^2\right]^2 + \left[2\zeta\frac{\nu}{\omega}\right]^2}}$$

그러므로

$$X_{max} = \frac{F/k}{2\zeta} \quad (\text{작은 값의 } \zeta\text{을 갖는 경우에는 } X_{max}\text{가 } \frac{\nu}{\omega} \simeq 1\text{일 때 발생한다.})$$

또한

$$X_p = \frac{X_{max}}{\sqrt{2}} = \frac{F/k}{2\zeta\sqrt{2}} = \frac{F/k}{\sqrt{\left[1-(\frac{p}{\omega})^2\right]^2 + \left[2\zeta\frac{p}{\omega}\right]^2}}$$

따라서

$$\left[1-(\frac{p}{\omega})^2\right]^2 + \left[2\zeta\frac{p}{\omega}\right]^2 = 8\zeta^2$$

그러므로

$$\left(\frac{p}{\omega}\right)^2 = (1-2\zeta^2) \pm 2\zeta\sqrt{1-\zeta^2}$$

따라서 ζ이 작은 값이면 다음 식이 성립한다.

$$\frac{p_2^2 - p_1^2}{\omega^2} = 4\zeta\sqrt{1-\zeta^2} \simeq 4\zeta$$

그런데 $(p_1 + p_2)/\omega = 2$이므로 다음과 같이 정리할 수 있다.

$$\frac{p_2^2 - p_1^2}{\omega^2} = \left(\frac{p_2 - p_1}{\omega}\right)\left(\frac{p_2 + p_1}{\omega}\right) = 2\left(\frac{p_2 - p_1}{\omega}\right)$$

즉, ζ이 작은 경우에는 응답 곡선의 모양을 대칭형으로 가정해도 무방하다는 의미이다.
따라서 다음 결론을 얻을 수 있다.

$$\frac{p_2 - p_1}{\omega} = 2\zeta = \frac{\Delta\omega}{\omega} = \frac{1}{Q}$$

여기서 $\Delta\omega$를 반적력점의 주파수 대역폭이라 한다.
그러므로 감쇠가 작은 경우, 어떤 진동모드에 대한 감쇠비 ζ과 Q계수는 공진 및 반적력점의 진폭을 알면 산정해 낼 수 있다. 여기서 주의할 점은 가진장치 자체가 시스템에 부하를 걸어 시스템의 주파수 응답과 감쇠에 변화를 초래해서는 안된다는 것이다. 그리고 $X_{\max}$를 정확히 측정하는 일이 힘든 경우가 종종 있다는 사실도 주지해야 한다.
실제 시스템 및 구조물에 있어서 저주파일 때 큰 Q계수를 갖는다거나 고주파에서 아주 작은 Q계수를 갖는 경우는 극히 드물다. 진폭을 구할 수 있더라도 고작 몇 Hz 밖에 안 되는 대역폭을 정확하게 측정하려 할 때는 측정 자체가 대단히 힘들다. 아래의 표는 주파수 변화에 따른 Q와 Δf 사이의 관계를 보여주고 있다.

Q계수	500	50
공진주파수 (Hz)	주파수 대역 (Hz)	
10	0.02	0.2
100	0.2	2
1000	2	20

Q계수를 보다 정확히 산정하려면 가진주파수 영역내의 진폭과 위상 응답을 측정해야 한다. 가진력이 $Fe^{j\nu t}$로 주어지는 단자유계를 생각해보자. 이 경우, 운동방정식은 다음과 같다.

$$m\ddot{x}+c\dot{x}+kx=Fe^{j\nu t}$$

이 운동방정식의 해를 $x=Xe^{j\nu t}$로 가정해보자. 이 해를 운동방정식에 대입하고 정리하면 다음과 같다.

$$-m\nu^2X+jc\nu X+kX=F$$

그러므로

$$\frac{X}{F}=\frac{1}{(k-m\nu^2)+jc\nu}$$

$$=\frac{k-m\nu^2}{(k-m\nu^2)^2+(c\nu)^2}-j\frac{c\nu}{(k-m\nu^2)^2+(c\nu)^2}$$

여기서 X/F는 $\mathrm{Re}(X/F)$와 $\mathrm{Im}(X/F)$의 두 벡디로 이루어진 것을 알 수 있다. c를 정하고 ν을 변화시킬 때 벡터 X/F의 종점이 그리는 궤적을 표현해보았다. 주파수를 바꿔가면서 X/F의 실수부와 허수부를 구하면 이 궤적을 그릴 수 있다.

물론 실험을 통해서도 이 궤적을 그릴 수 있다. 즉, 각 가진주파수에 대한 X/F의 진폭과 위상을 실제로 측정해서 플로팅하면 된다.

다음 관계식을 생각해보자.

$$\tan\phi=\frac{k-m\nu^2}{c\nu}$$

이때 $\phi=45°$ 및 $135°$ 이면

$$1=\frac{k-mp_1^2}{cp_1} \quad \text{그리고} \quad -1=\frac{k-mp_2^2}{cp_2}$$

따라서

$$mp_1^2+cp_1-k=0 \quad \text{및} \quad mp_2^2-cp_2-k=0$$

이 두 식의 차를 계산하면 $p_2-p_1=c/m$ 이며 다음 식이 성립한다.

$$\frac{p_2-p_1}{\omega}=\frac{\Delta\omega}{\omega}=2\zeta=\frac{1}{Q}$$

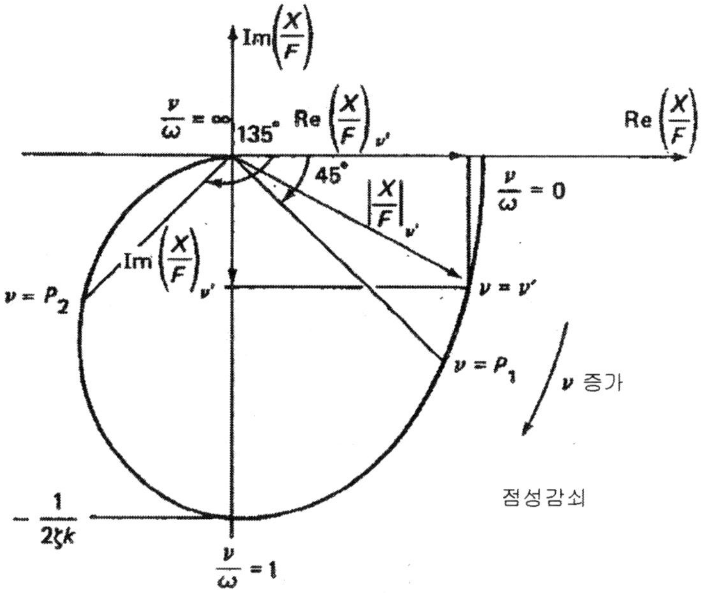

즉, 공진상태에서 X/F는 허수축 상에 존재하며 반적력점은 $\phi=45°$ 와 $135°$ 에서 생긴다. 따라서 실험결과를 플로팅 하여 곡선을 그리면 반적력점을 정확히 구할 수 있다.
다음과 같이 이력감쇠 시스템에 대해 이 방법을 적용해도 효과적이다.

$$\frac{X}{F}=\frac{1}{(k-m\nu^2)+\mathrm{j}\eta k}$$

따라서

$$\mathrm{Re}\left(\frac{X}{F}\right)=\frac{k-m\nu^2}{(k-m\nu^2)^2+(\eta k)^2} \qquad \text{그리고} \qquad \mathrm{Im}\left(\frac{X}{F}\right)=\frac{k-m\nu^2}{(k-m\nu^2)^2+(\eta k)^2}$$

그러므로

$$\left[\mathrm{Re}\left(\frac{X}{F}\right)\right]^2+\left[\mathrm{Im}\left(\frac{X}{F}\right)\right]^2=\frac{1}{(k-m\nu^2)^2+(\eta k)^2}$$

또는

$$\left[\mathrm{Re}\left(\frac{X}{F}\right)\right]^2+\left[\mathrm{Im}\left(\frac{X}{F}\right)-\frac{1}{2\eta k}\right]^2=\left(\frac{1}{2\eta k}\right)^2$$

위의 식에서 알 수 있듯이 (X/F)의 궤적은 다음 그림과 같이 중심 $(0, -1/2\eta k)$ 및 반경이 $1/2\eta k$인 원이 된다.

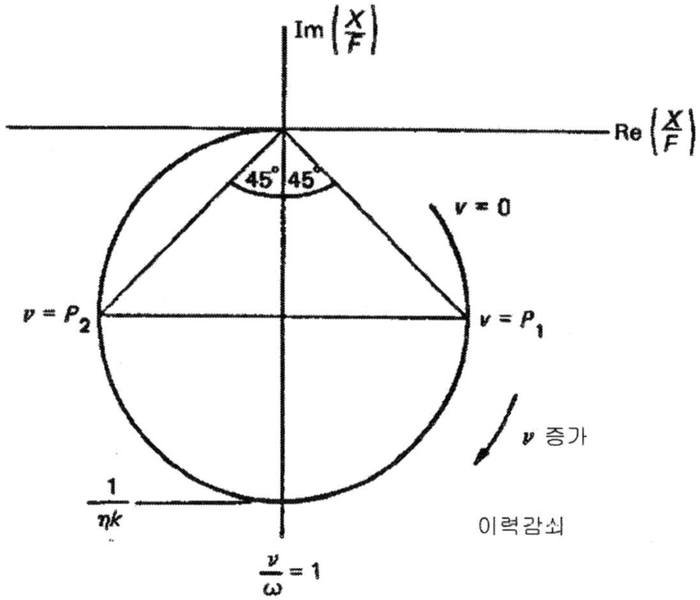

특히, 이 경우는 몇 차례 실험만 시행하면 반적력점을 쉽게 구할 수 있다. 반적력점 p_1, p_2는 원의 직경을 수평으로 작도하여 원과 만나는 점이 된다.

주파수 궤적 선도로 알려진 이 그림을 나이키스트 선도(Nyquist plot)라 칭한다.

한편, 시스템 감쇠의 평가 결과는 단지 근사치라는 사실을 인식해야 한다. 이것은 감쇠 산정을 위한 실험 결과가 특히 공진 영역에서 부정확하고 신뢰도가 그다지 높지 않기 때문이며, 실제 시스템을 점성감쇠로 간주했는지 혹은 이력 감쇠로 가정했는지 그 결과에 따라 해석에도 차이가 생긴다. 어떤 시스템은 비선형적인 특징을 보이기도 한다. 이런 영향으로 말미암아 주파수 궤적 선도는 $\mathrm{Re}(X/F)$와 $\mathrm{Im}(X/F)$ 평면상에서 회전하고 이동하게 된다. 이럴 때는 주파수와 함께 위상이 가장 크게 변하는 부분에서 공진 주파수를 찾으면 된다.

《 예제 17 》

질량 550kg인 기계가 고무 마운팅 위에 유연하게 지지되어 있다. 이 마운팅은 210kN/m의 탄성계수와 미지의 감쇠를 갖고 있다. 기계에 의한 가진력은 $R\nu^2 \cos \nu t$의 형태로 주어지며 여기서 R은 상수를 의미한다. 고속으로 회전할 때 측정한 진폭은 0.25mm이고, 속도를 0에서부터 서서히 올려서 얻은 진폭은 최대 2mm이다. 이제 상수 R과 감쇠비를 구해보자.

앞서 구한 식을 이용하면 진폭은 다음과 같다.

$$X = R\nu^2 / \sqrt{(k - m\nu^2)^2 + c^2\nu^2}$$

ν이 클 경우,

$$X \rightarrow R\nu^2 / \sqrt{m^2\nu^4} = R/m$$

그러므로

$$R = mX = (550 \times 0.25)/1000 = 0.1375\text{kg m}$$

최대 진폭을 구하기 위해 $dX/d\nu = 0$를 계산하면 $\nu^2 = 2k^2/(2mk - c^2)$.
따라서 최대 진폭은 다음과 같다.

$$X_{\max} = \frac{R/2m}{\zeta\sqrt{1-\zeta^2}}$$

그러므로

$$\zeta\sqrt{1-\zeta^2} = R/(2mX_{\max}) = 0.1375/(2 \times 550 \times 2 \times 10^{-3})$$

$$= 0.062$$

따라서

$$\zeta = 0.062$$

2.3.3 단순조화가진에 대한 쿨롱감쇠계의 응답

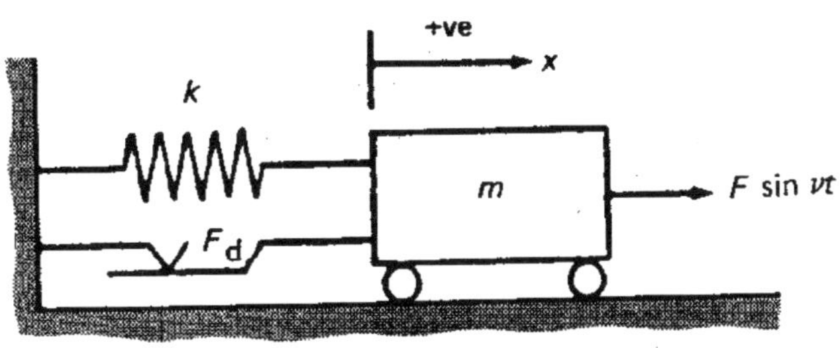

그림 2.33 쿨롱 감쇠를 갖는 단자유계의 조화가진

그림 2.33의 시스템 감쇠는 마찰력에 의한 감쇠를 나타낸다.
그리고 일정한 크기의 마찰력 F_d는 운동방향과 항상 반대방향으로 작용하므로 운동방정식은 비선형이다.

$$m\ddot{x} + c\dot{x} \pm F_d = F\sin\nu t$$

만일 시스템의 F_d가 F에 비해 큰 값이면 불연속 운동을 하지만, 일반적으로 F_d는 작은 값이므로 연속 운동을 한다고 간주하고 근사해를 구한다. 근사해를 구하기 위해 운동방정식을 선형화시키는 작업이 필요하다. 즉, F_d를 등가점성 감쇠계수 c_d 로 나타낸다. 이를 위해 앞서 2.2.5절에서 구한 다음 관계식을 이용한다.

$$c_d = \frac{4F_d}{\pi\omega X}$$

한편 선형 운동방정식의 경우에 진폭은 다음 식으로 주어진다.

$$X = \frac{F}{\sqrt{(k - m\nu^2)^2 + (c_d\,\nu)^2}}$$

따라서 위의 관계식을 대입하면 진폭은 다음과 같이 구해진다.

$$X = \frac{F}{\sqrt{(k - m\nu^2)^2 + (4F_d/\pi X)^2}}$$

그러므로

$$\frac{X}{X_s} = \frac{\sqrt{1 - (4F_d/\pi F)^2}}{1 - (\nu/\omega)^2}$$

감쇠력이 그다지 크지 않으면 위의 식은 아무 문제가 없으나 $4F_d/\pi F < 1$ 이면 성립하지 않는다.
그리고 공진상태에서 쿨롱감쇠로써 진폭을 제한할 수 없음을 알 수 있다.

2.3.4 단순조화가진에 대한 이력감쇠계의 응답

그림 2.34와 같은 단자유계에 이력 감쇠가 존재한다고 한다.

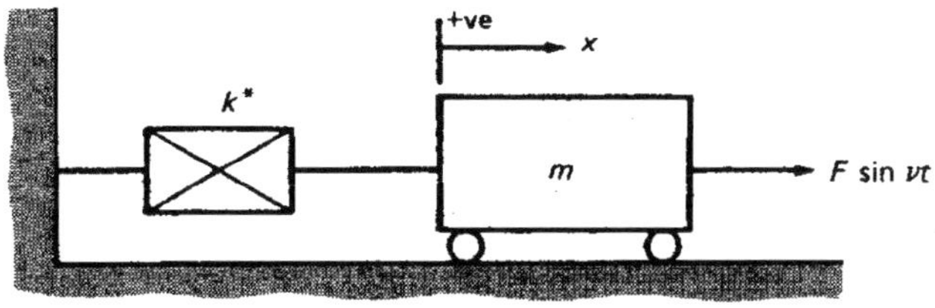

그림 2.34 이력 감쇠를 갖는 단자유계의 조화가진

이 경우, 운동방정식은 다음과 같이 주어진다.

$$m\ddot{x} + k^* x = F \sin \nu t$$

그런데

$$k^* = k(1 + \mathrm{j}\eta)$$

$$\frac{X}{F} = \frac{F \sin \nu t}{(k - m\nu^2) + \mathrm{j}\eta k}$$

그리고

$$\frac{X}{X_s} = \frac{1}{\sqrt{[1-(\nu/\omega)^2]^2 + \eta^2}}$$

이 결과는 점성 감쇠시스템의 경우에 대해 $c = \eta k/\nu$로 치환하여 해석해도 동일하게 나온다. 그리고 $c = \eta k/\nu$일 때 공진에서 $c = \eta/\sqrt{km}$ 이므로 $\eta = 2\zeta = 1/Q$가 된다.

2.3.5 급격히 가해진 하중에 대한 응답

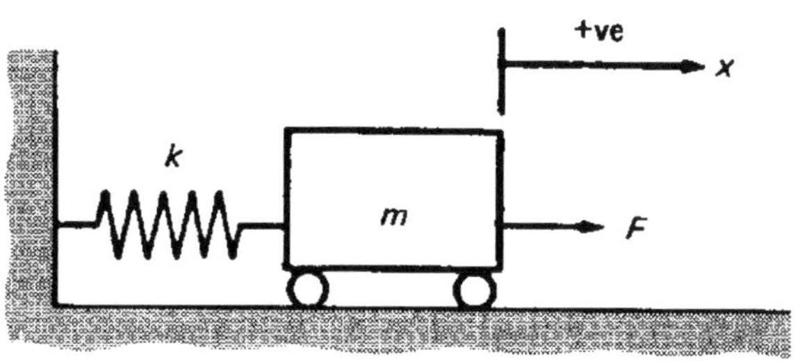

그림 2.35 일정한 가진력을 받는 단자유계

그림 2.35와 같은 단자유계를 생각해보자. 이 시스템에 크기 F인 하중이 급격히 걸린다고 가정하면 운동방정식은 $m\ddot{x}+kx=F$로 주어진다. 이 방정식의 해는 특수해 및 $A\sin\omega t+B\cos\omega t$ 의 일반해로 주어진다. 여기서 $\omega=\sqrt{k/m}$ rad/s의 각주파수를 가리킨다. 특수해를 구하면 다음과 같다.

$$x=\frac{F}{k}$$

따라서 운동방정식의 해는 다음과 같다.

$$x=A\sin\omega t+B\cos\omega t+\frac{F}{k}$$

초기조건, $t=0$일 때 $x=\dot{x}=0$라면 $B=-F/k$ 그리고 $A=0$가 되어 다음과 같이 해가 결정된다.

$$x=\frac{F}{k}(1-\cos\omega t)$$

시스템의 응답은 그림 2.36과 같다. 동일한 크기의 하중에 대해, 최대 동적변위는 정적 변위의 두 배가 됨을 알 수 있다. 급격히 재하되는 시스템을 설계할 경우에는 이 사실을 분명히 인지하고 있어야 한다.

시스템이 계수 c인 점성감쇠를 가지면 운동방정식에 대한 해는 $x=Xe^{-\zeta\omega t}\sin(\omega_v t+\phi)+F/k$으로 주어지며 같은 초기조건을 적용하면 다음과 같은 결과를 얻게 된다.

$$x=\frac{F}{k}\left(1-\frac{e^{-\zeta\omega t}}{\sqrt{1-\zeta^2}}\sin\left(\sqrt{1-\zeta^2}\,t+\tan^{-1}\frac{\sqrt{1-\zeta^2}}{\zeta}\right)\right)$$

이 식에서 $\zeta=0$로 두면 비감쇠 시스템의 응답이 된다. 점성감쇠를 갖는 시스템의 응답을 그림 2.37에 나타내보았다.

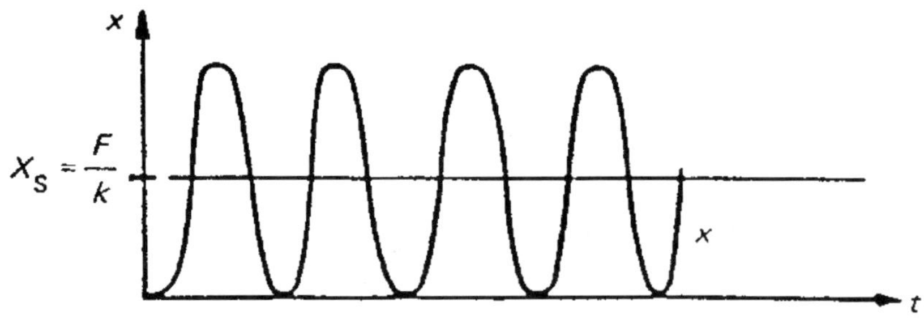

그림 2.36 그림 2.35의 시스템이 갖는 변위응답

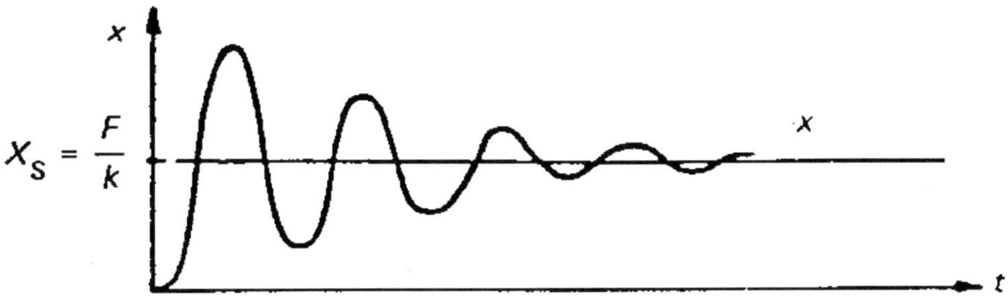

그림 2.37 점성감쇠를 갖는 단자유계의 변위응답

2.3.6 쇼크가진

주기성이 없이 순간적으로 작용하는 임펄스 하중 혹은 쇼크를 받는 시스템의 응답에 대해 생각해보자. 그림 2.38과 같은 임펄스 하중은 작용시간 ϵ 및 크기 F_{max}/ϵ으로 나타낼 수 있다. 따라서 임펄스는 다음 식으로 주어진다.

$$\int_{t}^{t+\epsilon}\left(\frac{F_{max}}{\epsilon}\right)dt$$

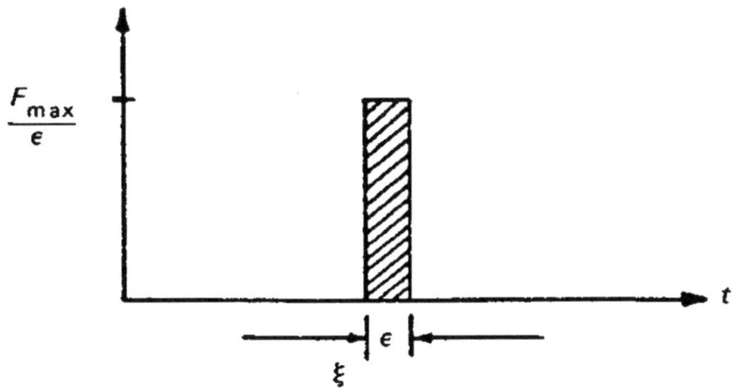

그림 2.38 임펄스

F_{max}의 크기가 1이고 $\epsilon \to 0$일 때 단위 임펄스 또는 델타함수라 부르며 $\delta(t-\xi)$로 나타낸다. 즉, 델타함수라면 다음 식이 성립한다.

$$\int_{0}^{\infty}\delta(t-\xi)d\xi = 1$$

그런데 $F\mathrm{d}t = m\,\mathrm{d}v$이므로, 물체에 작용하는 임펄스 F_{max}는 그 물체의 변위에는 큰 변화 없이 속도에 급격한 변화를 야기한다. 그러므로 단자유계를 임펄스 F_{max}로 가진시키면 초기조건 $t=0$에서 $x=0$ 및 $\dot{x}=v_0=F_{max}/m$인 자유진동의 응답이 된다.

단위 임펄스에 의한 응답을 $g(t)$라 할 때, 일단 $g(t)$를 구하면 임의의 펄스 가진력 $F(t)$에 대한 응답 방정식도 얻을 수 있다. 즉, 임의의 펄스를 그림 2.39처럼 임펄스의 연속으로 간주하면 된다.

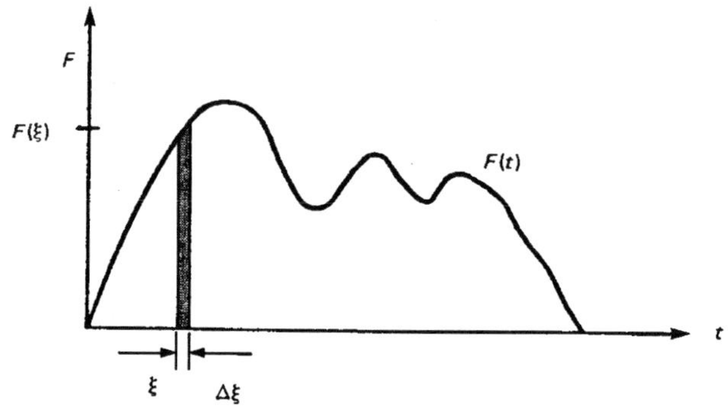

그림 2.39 임의의 펄스

이 무수한 임펄스 중에 시점 ξ에서 시작하는 임펄스 하나를 살펴보자. 이 임펄스는 크기가 $F(\xi)\Delta\xi$이며 시간 t에서 $(t-\xi)$로 경과할 때 시스템 응답에 기여하는 바는 그림 2.40과 같다. 그러므로 선형 시스템이라 한다면 중첩의 원리가 적용될 수 있으므로 응답은 다음 식으로 정해진다.

$$x(t) = \int_0^t F(\xi)g(t-\xi)\,\mathrm{d}t$$

이 식을 뒤아멜(Duhamel)의 적분이라 부른다.

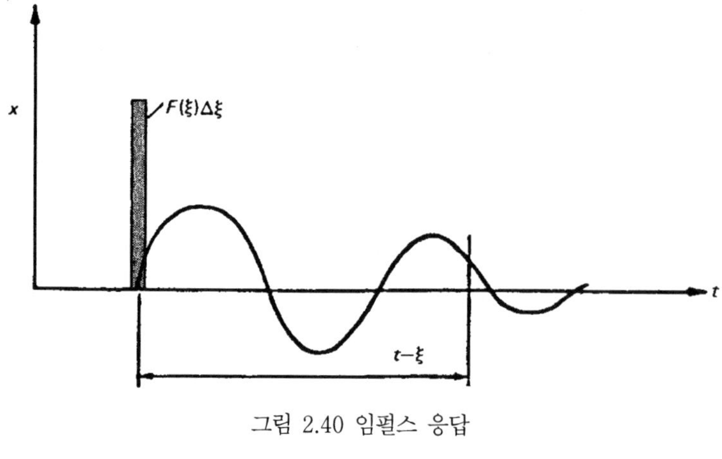

그림 2.40 임펄스 응답

2.3.7 조파(조화, Harmonic) 분석

조화적은 아니지만, 주기적 함수는 기본주파수의 몇 배씩 되는 여러 조화함수들의 합으로써 표현할 수 있다. 선형 시스템의 경우에는 모든 조화함수들이 각각 단독으로 시스템을 여기 시키는 역할을 하므로 시스템 응답은 각 조화응답을 모두 합한 것이 된다.
예를 들어 비감쇠 단자유계를 가진시키는 주기함수가 다음과 같이 주어진다고 하자.

$$F_1 \sin(\nu t + \alpha_1) + F_2 \sin(2\nu t + \alpha_2) + F_3 \sin(3\nu t + \alpha_3) + \cdots + F_n \sin(n\nu t + \alpha_n)$$

그런데 $F_1 \sin(\nu t + \alpha_1)$에 대한 정상상태응답은 다음과 같다.

$$x_1 = \frac{F_1}{k\left(1 - \left(\frac{\nu}{\omega}\right)^2\right)} \sin(\nu t + \alpha_1)$$

그리고 $F_2 \sin(2\nu t + \alpha_2)$에 대한 응답은 다음과 같다.

$$x_2 = \frac{F_2}{k\left(1 - \left(\frac{2\nu}{\omega}\right)^2\right)} \sin(2\nu t + \alpha_2)$$

따라서

$$x = \sum_{n=1}^{n} \frac{F_n}{k\left(1 - \left(\frac{n\nu}{\omega}\right)^2\right)} \sin(n\nu t + \alpha_n)$$

시스템의 고유주파수와 근접하는 조화가진력이 분명 응답에 제일 큰 영향을 미친다.
한편 다음과 같이 주어지는 푸리에 급수를 이용하면 주기함수를 조화 항들의 합으로써 나타낼 수 있다.

$$F(t) = \frac{a_0}{2} + \sum_{n=1}^{\infty} (a_n \cos n\nu t + b_n \sin n\nu t)$$

여기서

$$a_0 = \frac{2}{\tau} \int_0^{\tau} F(t)\, dt$$

$$a_n = \frac{2}{\tau}\int_0^{\tau} F(t)\cos\nu t\,dt$$

$$b_n = \frac{2}{\tau}\int_0^{\tau} F(t)\sin\nu t\,dt$$

그림 2.41의 파형을 푸리에 급수의 처음 네 개의 항을 이용해서 나타내보자. 주어진 그림에 의해 $\tau = 2\pi$이므로 $\nu = 1\,\text{rad/s}$.

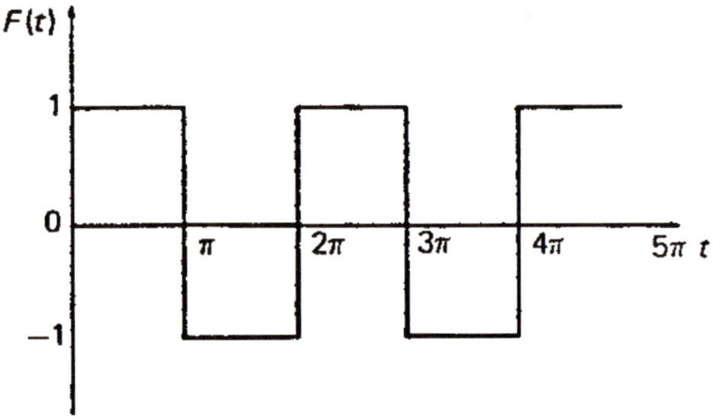

그림 2.41. 구형파(square wave)

$$F(t) = \frac{a_0}{2} + a_1\cos\nu t + a_2\cos 2\nu t + \cdots$$
$$+ b_1\sin\nu t + b_2\sin 2\nu t + \cdots$$

$$a_0 = \frac{2}{\tau}\int_0^{\tau} F(t)\,dt = \frac{2}{2\pi}\int_0^{\pi} 1\,dt = \frac{2}{2\pi}\int_{\pi}^{2\pi} -1\,dt = 0$$

$$a_1 = \frac{2}{\tau}\int_0^{\tau} F(t)\cos\nu t\,dt$$

$$= \frac{2}{2\pi}\int_0^{\pi}\cos\nu t\,dt + \frac{2}{2\pi}\int_{\pi}^{2\pi} -\cos\nu t\,dt = 0$$

같은 방법을 적용하여

$$a_2 = a_3 = \cdots = 0$$

$$b_1 = \frac{2}{\tau}\int_0^{\tau} F(t)\sin\nu t\,dt$$

$$= \frac{2}{2\pi}\int_0^{\pi} \sin\nu t\,dt + \frac{2}{2\pi}\int_{\pi}^{2\pi} -\sin\nu t\,dt$$

$$= \frac{1}{\pi\nu}[-\cos\nu t]_0^{\pi} + \frac{1}{\pi\nu}[\cos\nu t]_{\pi}^{2\pi} = \frac{4}{\pi\nu}$$

그런데 $\nu = 1\text{rad/s}$ 이므로

$$b_1 = \frac{4}{\pi}$$

또한 $b_2 = 0$, $b_3 = 4/3\pi$가 된다.
결국, 그림과 같은 구형파는 다음과 같은 급수로 표현된다.

$$F(t) = \frac{4}{\pi}\left[\sin t + \frac{1}{3}\sin 3t + \frac{1}{5}\sin 5t + \frac{1}{7}\sin 7t + \cdots\right]$$

이와 같은 가진력이 $\omega = 4$ rad/s인 비감쇠 시스템에 작용할 때 정상상태응답을 구하면 다음과 같다.

$$x = \frac{\frac{4}{\pi}\sin t}{1-\left(\frac{1}{4}\right)^2} + \frac{\frac{4}{3\pi}\sin 3t}{1-\left(\frac{3}{4}\right)^2} + \frac{\frac{4}{5\pi}\sin 5t}{1-\left(\frac{5}{4}\right)^2} + \frac{\frac{4}{7\pi}\sin 7t}{1-\left(\frac{7}{4}\right)^2} + \cdots$$

즉, $x = 1.36\sin t + 0.97\sin 3t - 0.45\sin 5t - 0.09\sin 7t - \cdots$ 이다.
일반적으로 푸리에 급수의 처음 $3 \sim 4$항이 전체 응답을 지배하며, 이 급수로 근사시킨 함수가 구형파를 어느정도 가깝게 묘사하고 있는지 스케치해보는 것도 대단히 유익하다.

2.3.8 랜덤(random)진동

동적 시스템의 응답 파라메타를 시간의 함수로서 정확하게 알 수 있을 때 그 진동을 확정적 진동이라 부른다. 그러나 실제로 시스템 및 프로세스의 응답을 정확하게 예측하기란 거의 불가능한 경우가 많다. 이런 경우를 랜덤프로세스라 부르며 난류(turbulence), 피로(fatigue), 불균질한 표면, 거친 노면을 주행하는 자동차 및 지진동을 받는 구조물 등이 모두가 랜덤프로세스의 예이다. 그림 2.42에 랜덤 과정을 나타내보았다.

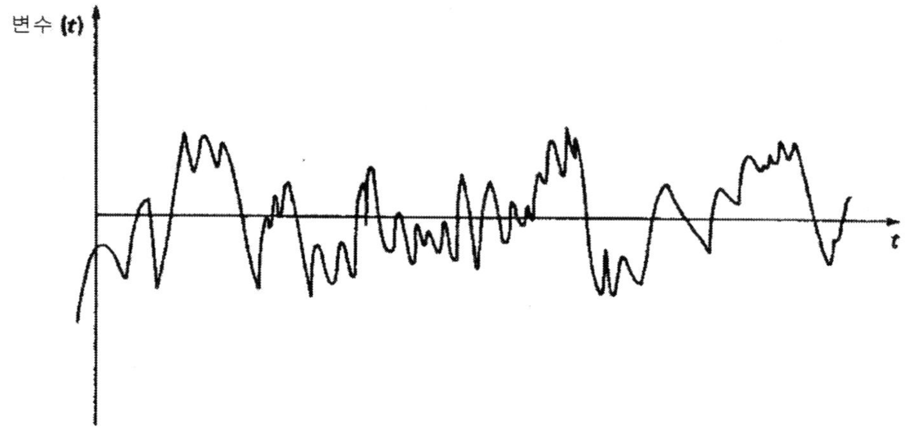

그림 2.42. 랜덤과정의 예

프로세스 $x(t)$를 이루는 표본 함수 $x_1(t)$, $x_2(t)$, $x_3(t)$, $\cdots$, $x_n(t)$들의 집합을 앙상블(ensemble)라 한다. 이 함수들은, 예를 들어 동일한 조건이지만 다른 시간에서 얻은 잡음 기록, 압력의 변동 또는 진동 수위 등과 같은 것이다.
정확히 예측할 수 없는 어떠한 양(quantity)은 불확정적이라 하며 랜덤 변수 또는 확률 양으로 지칭한다. 만일 특정 파라메타 x의 값을 구하기 위한 일련의 테스트를 시행한 결과, 그 값이 다른 파라메타의 함수가 아니고 예측할 수 없는 형태로 변화한다면 x는 랜덤 변수가 된다.

2.3.8.1 확률분포

만일 변수 x에 대한 n개의 실험치가 $x_1, x_2, x_3, \cdots, x_n$이라 할 때 x값이 x'보다 작을 확률은 n'/n이다. 여기서 n'은 x'보다 작거나 같은 x값의 개수를 가리킨다. 이를 다음과 같이 식으로 표현해보자.

$$\mathrm{Prob}(x \le x') = n'/n$$

n이 ∞로 접근하면 이 식은 x의 확률분포함수, 즉 $P(x)$가 되며 다음과 같이 표현한다.

$$P(x) = \lim_{n \to \infty} (n'/n)$$

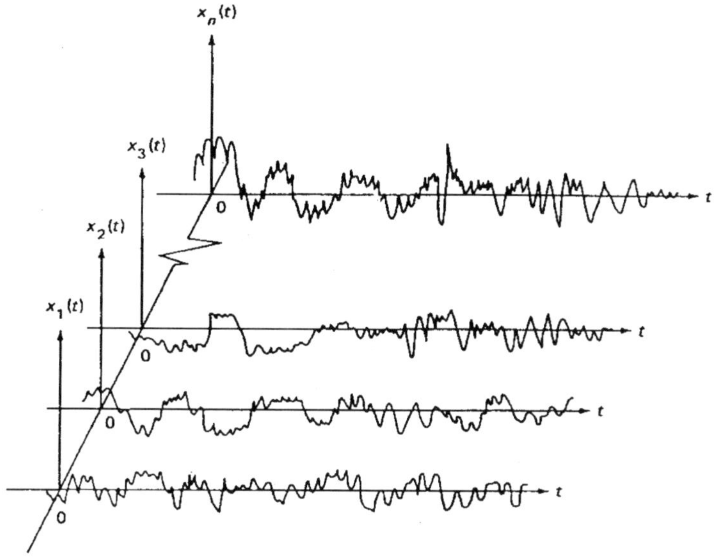

그림 2.43. 랜덤프로세스의 앙상블

그림 2.44는 x의 확률분포함수 $P(x)$의 일반적인 변화를 나타낸 것이다. $x(t)$는 물리적인 양이므로 다음 식이 성립한다.

$$\text{Prob}(x < -\infty) = 0 \quad \text{및} \quad \text{Prob}(x < +\infty) = 1$$

한편, 확률밀도함수 $p(x)$는 다음 식처럼 $P(x)$를 x로 미분한 값이다.

$$\begin{aligned} p(x) &= \frac{\mathrm{d}P(x)}{\mathrm{d}(x)} \\ &= \lim_{\Delta x \to 0} \left[\frac{P(x+\Delta x) - P(x)}{\Delta x} \right] \end{aligned}$$

여기서 $P(x+\Delta x) - P(x)$는 그림 2.44처럼 $x(t)$의 값이 x와 $x+\Delta x$ 사이에 있을 확률을 가리킨다. 확률밀도함수를 다시 생각해보자.

$$p(x) = \frac{\mathrm{d}P(x)}{\mathrm{d}(x)}$$

따라서 다음 식이 성립한다.

$$P(x) = \int_{-\infty}^{x} p(x)\,\mathrm{d}x$$

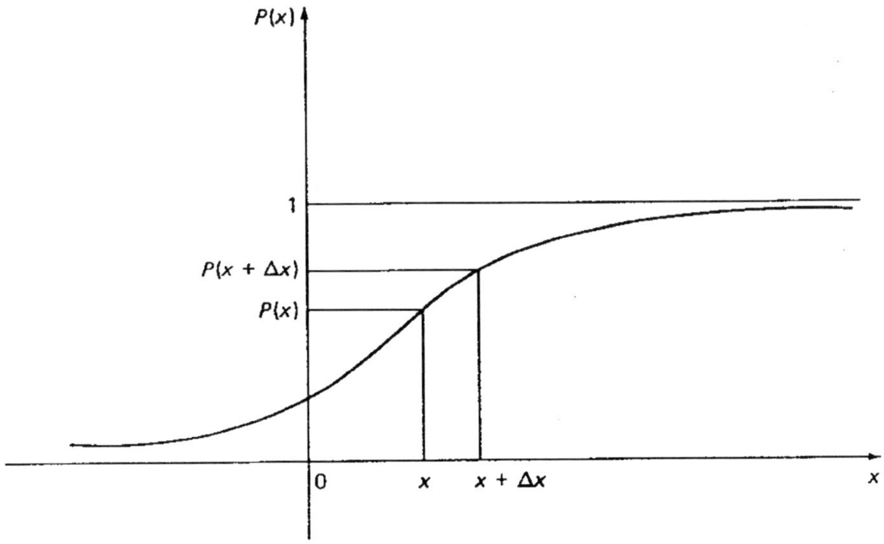

그림 2.44. 확률밀도함수

그러므로

$$P(\infty) = \int_{-\infty}^{\infty} p(x)\,\mathrm{d}x = 1$$

즉, 확률밀도함수 곡선 아래의 전체 면적은 1이 된다.
만일 결합확률밀도 $p(x(t_1), x(t_2), x(t_3), \ldots)$가 $t_2 - t_1$, $t_3 - t_2$등 오로지 시간차에 의존하고 실시간에는 의존하지 않는다면 그 랜덤프로세스는 정상(stationary, 시불변)랜덤프로세스라고 말하며, 시점만 바꾸면 앙상블이 똑같다.
만약, 어떠한 표본함수에 대해서도 앙상블 평균이 시간 평균과 같은 경우에는 에르고딕(ergodic) 프로세스가 된다.
함수 $f(x)$의 기댓값은 다음과 같이 나타낸다.

$$E[f(x)] \quad \text{또는} \quad \overline{f(x)}$$

$$E[f(x)] = \overline{f(x)} = \int_{-\infty}^{\infty} f(x)p(x)\,\mathrm{d}x$$

따라서 정상 랜덤프로세스 $x(t)$는 임의의 t에 대해 다음 성질을 갖는다.

$$E[x(t_1)] = E[x(t_1 + t)]$$

만일 $f(x) = x$라면 x의 기댓값과 평균은 다음과 같다.

$$E[x] = \overline{x} = \int_{-\infty}^{\infty} xp(x)\, \mathrm{d}x$$

한편, $f(x) = x^2$라면 x의 제곱평균값 $\overline{x}^2$은 다음과 같다.

$$E[x^2] = \overline{x}^2 = \int_{-\infty}^{\infty} x^2 p(x)\, \mathrm{d}x$$

x의 분산(variance), σ^2은 평균에 대한 x의 제곱평균으로서 다음과 같이 나타낸다.

$$\sigma^2 = E[(x - \overline{x})^2] = \int_{-\infty}^{\infty} (x - \overline{x})^2 p(x)\, \mathrm{d}x = (\overline{x}^2) - (\overline{x})^2$$

여기서 σ를 x의 표준편차라고 부르며 다음 관계가 성립하는 것을 알 수 있다.

분산 = (표준편차)^2 = {제곱평균 − (평균)^2}

두 개의 변수 x_1, x_2가 시점이 다른 랜덤프로세스일 경우, 다음 식이 성립한다.

$$E[f(x_1, x_2)] = \int_{-\infty}^{\infty}\int_{-\infty}^{\infty} f(x_1, x_2) p(x_1, x_2)\, \mathrm{d}x_1 \mathrm{d}x_2$$

그리고 두 개의 시점 t_1과 t_2의 경우,

$$E[x(t_1), x(t_2)] = R(t_1, t_2)$$

이것을 랜덤프로세스의 자기상관함수라 부른다(그림 2.45).
한편 정상 랜덤프로세스의 경우에 평균은 시간차에만 의존하므로 다음 식이 성립한다.

$$E[x(t_1), x(t_2)] = R(t_1, t_2) = R(t_2 - t_1) = R(\tau)$$

또한 에르고딕 프로세스라면,

$$R(\tau)=\lim_{T\to\infty}\frac{1}{2\pi}\int_{-T}^{T}x(t)x(t+\tau)\,\mathrm{d}t$$

이때 다음 식이 성립한다.

$$R(0)=E[x(t)^2]=\lim_{T\to\infty}\frac{1}{2T}\int_{-T}^{T}x^2(t)\mathrm{d}t$$

즉, 표본함수의 평균제곱이 된다.

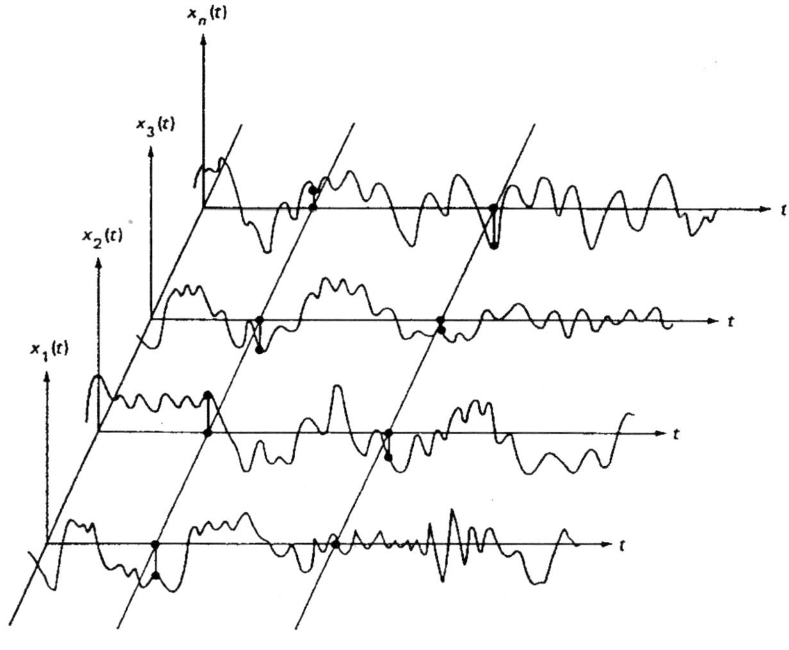

그림 2.45. 랜덤프로세스

2.3.8.2 랜덤프로세스

가우시안 랜덤프로세스는 가장 중요한 랜덤프로세스이다. 그 이유는, 가우시안 프로세스로써 물리적 랜덤 파형을 광범위하게 나타낼 수 있고 수학적으로 바로 해석이 가능한 특성 때문이다. 가우시안 프로세스 $x(t)$의 확률밀도함수는 다음과 같이 주어진다.

$$p(x)=\frac{1}{\sqrt{2\pi}\,\sigma}\exp\left[-\frac{1}{2}\left(\frac{x-\bar{x}}{\sigma}\right)^2\right]$$

여기서 σ는 x의 표준편차, 그리고 $\bar{x}$는 x의 평균이다.

정상프로세스가 아닌 경우에는 σ과 $\bar{x}$의 값이 시간과 함께 변하지만 정상프로세스라면 이들 값은 시간과는 무관하다.

가우시안 프로세스가 갖는 중요한 특성 중에 하나는, 가우시안 프로세스 가진력에 대한 선형시스템의 응답 역시 또 다른 가우시안 랜덤프로세스라는 점이다. 차이점은 단지 응답의 크기와 표준편차가 가진력과 다르다는 것이다.

가우시안 확률밀도함수는 그림 2.46과 같다. 그림에서 보듯이 가우시안 확률밀도함수는 평균 $\bar{x}$에 대해 대칭이며 표준편차 σ가 곡선이 퍼지는 정도를 결정짓는다.

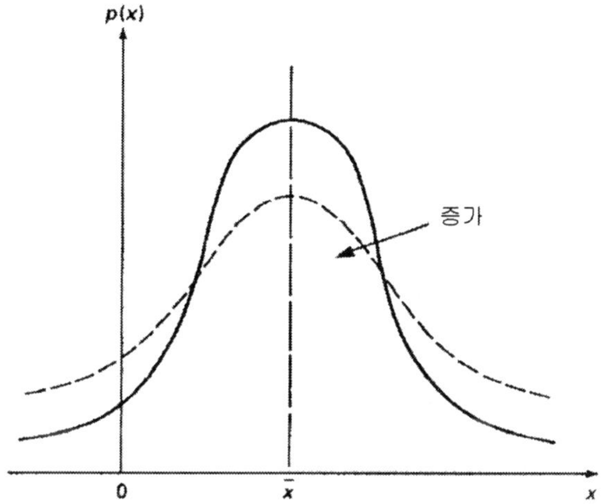

그림 2.46. 가우시안 확률밀도함수

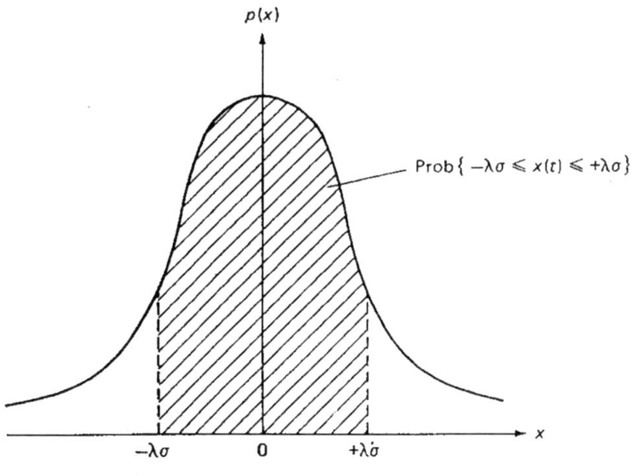

그림 2.47. 제로 평균의 가우시안 확률밀도함수

$\overline{x}=0$일 때 $x(t)$가 $-\lambda\sigma$와 $\lambda\sigma$ 사이에 있을 확률은 다음과 같다. 여기서 λ는 양수이다.

$$\text{Prob}(-\lambda\sigma \le x(t) \le +\lambda\sigma) = \int_{-\lambda\sigma}^{+\lambda\sigma} \frac{1}{\sqrt{2\pi}\,\sigma} \exp\left(-\frac{1}{2}\frac{x^2}{\sigma^2}\right) dx$$

그림 2.47은 이와 같이 평균값이 제로인 가우시안 확률밀도함수를 나타낸 것이며, λ의 변화에 따른 적분을 계산하여 아래에 표를 만들어 정리해보았다. $x(t)$가 $-\lambda\sigma$와 $\lambda\sigma$ 범위 밖에 있을 확률은 1에서 위의 적분 값을 빼주면 되며 이 확률도 표에 같이 정리하였다.

λ값	$\text{Prob}(-\lambda\sigma \le x(t) \le +\lambda\sigma)$	$\text{Prob}(\|x(t)\| > \lambda\sigma)$
0	0	1.0000
0.2	0.1585	0.8475
0.4	0.3108	0.6892
0.6	0.4515	0.5485
0.8	0.5763	0.4237
1.0	0.6827	0.3173
1.2	0.7699	0.2301
1.4	0.8586	0.1414
1.6	0.8904	0.1096
1.8	0.9281	0.0719
2.0	0.9545	0.0455
2.2	0.9722	0.0278
2.4	0.9835	0.0164
2.6	0.9907	0.0093
2.8	0.9949	0.0051
3.0	0.9973	0.0027
3.2	0.9986	0.00137
3.4	0.9993	0.00067
3.6	0.9997	0.00032
3.8	0.9998	0.00014
4.0	0.9999	0.00006

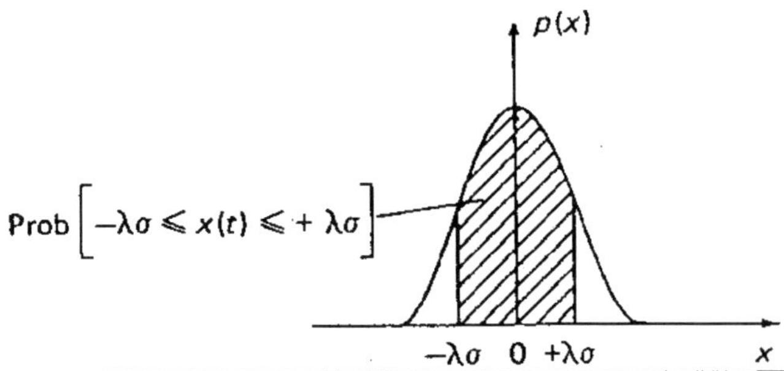

2.3.8.3 스펙트럼밀도

정상 랜덤프로세스의 스펙트럼밀도 $S(\omega)$는 자기상관함수 $R(\tau)$의 푸리에 변환이다. 즉, 다음 식으로 주어진다.

$$S(\omega)=\frac{1}{2\pi}\int_{-\infty}^{\infty}R(\tau)e^{-j\omega\tau}\,d\tau$$

이 식에 대해 다음과 같은 역이 성립한다.

$$R(\tau)=\frac{1}{2\pi}\int_{-\infty}^{\infty}S(\omega)e^{-j\omega\tau}\,d\omega$$

만일 $\tau=0$이면

$$R(0)=\int_{-\infty}^{\infty}S(\omega)\,d\omega=E[x^2]$$

다시 말해서 정상 랜덤프로세스 x의 제곱평균 값은 주파수 대비 $S(\omega)$ 곡선아래의 면적과 같다. 그림 2.48은 전형적인 스펙트럼밀도함수를 보여주는 곡선이다.

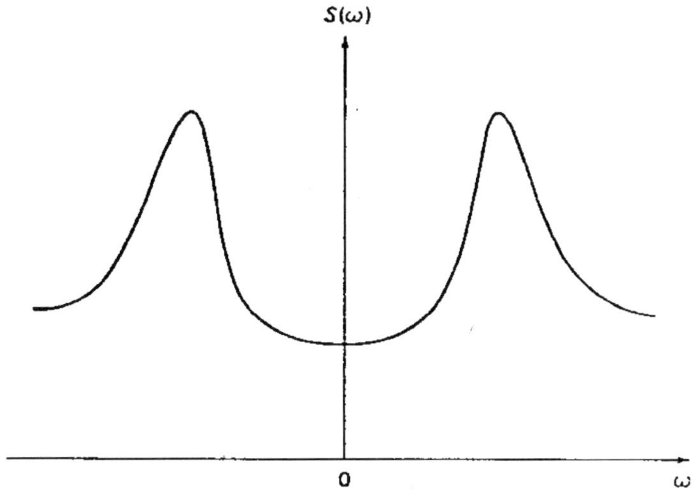

그림 2.48. 전형적인 스펙트럼밀도함수

광범위한 주파수대에 걸쳐 스펙트럼밀도가 일정한 값이 되는 랜덤프로세스를 백색잡음이라 한다. 만일 그림 2.49처럼 좁은 주파수 영역에서만 높은 스펙트럼밀도를 보이며 중심주파수에 넓게 퍼져 있으면 광대역프로세스로 구분한다. 그리고 그림 2.50처럼 주파수대역이 중심주파수에 좁게 형성되어 있으면 협대역 프로세스로 부른다. 일반적으로 공학 분야에서는 협대역 프로세스가 주종을 이루며, 실제 시스템이 특정한 주파수의 가진력에만 강하게 응답하여 하나의 필터 역할을 하는 경우가 많다.

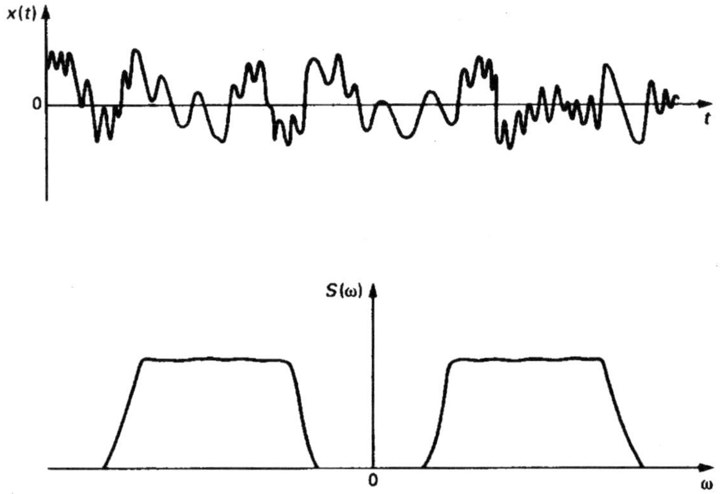

그림 2.49. 광대역 프로세스

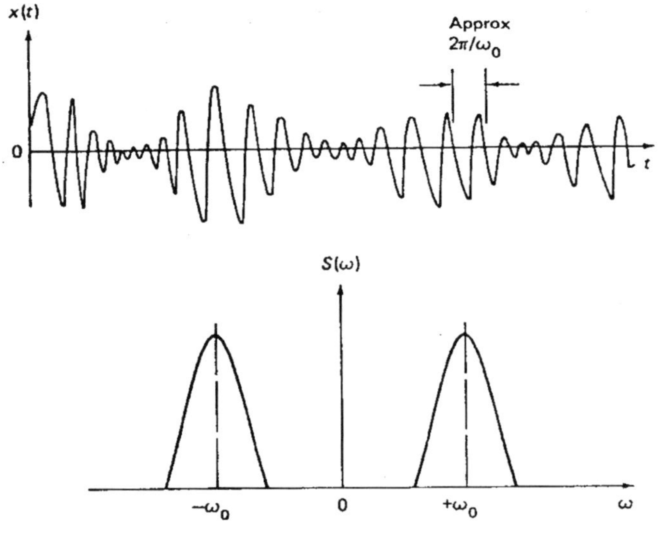

그림 2.50. 협대역 프로세스

2.3.9 진동계측

진동계측을 위해 널리 쓰는 기기는 압전 가속도계로서 진동가속도와 비례하는 전기 신호를 발생시키는 장치이다. 압전 가속도계에 의해 발생된 전기 신호는 손쉽게 증폭, 분석, 표시 및 기록을 할 수 있다. 이 계측장비의 작동원리를 이해하기 위해 그림 2.51을 살펴보면, 질량 m이 강성이 k인 스프링과 감쇠계수가 c인 댐퍼에 의해 지지되고 있다.

이와 같은 시스템을 케이스에 담아 진동을 측정하고자 하는 부위에 장착한다. 이 시스템의 질량에는 지시 바늘이 붙어있어 케이스에 고정된 눈금 위를 움직인다. 이 지시 바늘은 진동체 표면과 시스템 질량간의 상대변위 u를 측정한다. 즉, $u = x - y$가 된다.

앞서 서술한 2.3.2절에 의해 상대변위 u의 진폭은 다음과 같이 주어진다.

$$U = \frac{A\left(\frac{\nu}{\omega}\right)^2}{\sqrt{\left[1-\left(\frac{\nu}{\omega}\right)^2\right]^2 + \left[2\zeta\left(\frac{\nu}{\omega}\right)\right]^2}}$$

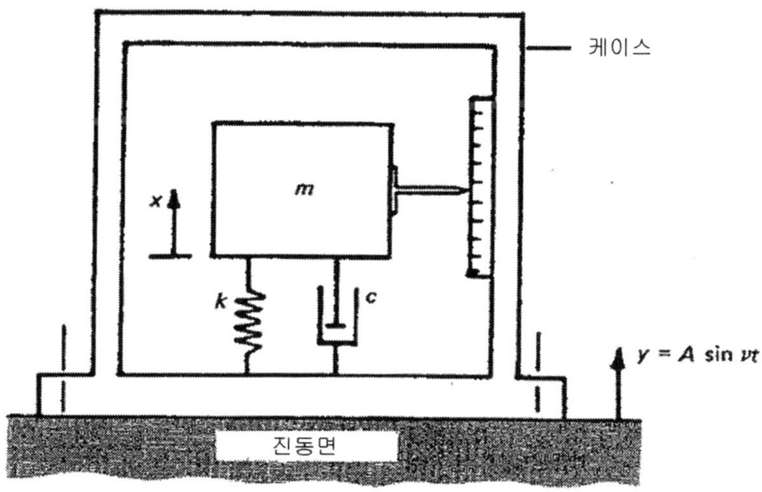

그림 2.51. 진동계측 기기

만일 ω이 작고 $\nu \gg \omega$인 경우에는

$$U \simeq \frac{A\,(\nu/\omega)^2}{(\nu/\omega)^2} = A$$

즉, 이 경우에 계측기는 입력되고 있는 진동의 진폭을 측정하게 된다. 따라서 이 계측기를 진동계(vibrometer)라 부른다. 만일 ω이 매우 큰 값으로 $\nu \ll \omega$인 경우에는

$$U \simeq \frac{A(\nu/\omega)^2}{1} = \frac{1}{\omega^2} A\nu^2$$

즉, 이 경우에는 입력되고 있는 가속도의 진폭을 측정하게 된다. 이 경우, 계측기를 가속도계(accelerometer)라 부른다.
계측기의 시스템 파라메타를 적절하게 조절하여 가진주파수 ν가 대략 0.3ω에 이를 때까지 다음 식의 값이 1에 근접하도록 한다.

$$\sqrt{\left[1 - \left(\frac{\nu}{\omega}\right)^2\right]^2 + \left[2\zeta\left(\frac{\nu}{\omega}\right)\right]^2}$$

상용으로 제작되는 가속도계는 스프링과 감쇠기 대신에 압전 요소를 써서 상대 변위 u와 비례하는 전기 신호를 발생시킨다.

3

다자유계의 진동

단자유계로 나타낼 수 있는 실제 시스템은 많지만 이들 시스템도 엄밀히 살펴보면 대체로 여러 개의 질량과 구속 조건이 존재한다. 그러므로 이런 시스템의 거동을 정확히 묘사하려면 여러 개의 자유도가 필요하다. 따라서 어떤 시스템이 갖는 자유도 수는 그 시스템의 거동을 묘사하기 위해 필요한 독립 좌표의 개수가 된다. 사실, 완전 강체인 물체는 없으며 스프링에도 질량이 있기 때문에 실제 모든 시스템은 다자유계라 볼 수 있다. 더욱이 단자유계로 시스템의 거동을 개략적으로 묘사하기엔 너무도 불충한 경우가 있다. 이 때문에 다자유계의 진동에 대한 학습이 반드시 필요하다.

다자유계에서 유연하게 연결된 각 물체는 다른 물체에 대해 독립적으로 거동을 할 수 있다. 그리고 특정조건하에서 모든 물체가 동일한 주파수로 함께 조화거동을 할 수도 있다. 이 경우, 모든 물체가 동일한 주파수로 움직이므로 동일한 방향은 아닐지라도 동시에 진폭이 변화한다. 이러한 거동이 발생할 때 시스템의 주파수를 고유주파수라 하며, 이런 거동을 진동의 주 모드(principal mode)라 부른다. 다자유도 시스템이 갖는 고유주파수와 주 모드의 수는 그 시스템의 자유도 수와 같다. 시스템의 가장 낮은 고유주파수, 즉 1차 고유주파수에서 보여주는 시스템의 거동을 1차 모드라 하며 그 다음 주파수에서 보이는 거동을 2차 모드라 부른다.

먼저, 두 개의 자유도를 가진 시스템에 대해 생각해보기로 한다. 이 보다 많은 자유도를 가진 시스템은 해석상 시간만 더 필요할 뿐 새로운 개념이 요구되지는 않는다.

그림 3.1(a)-(h)에 2자유도 시스템의 예를 나타내보았다.

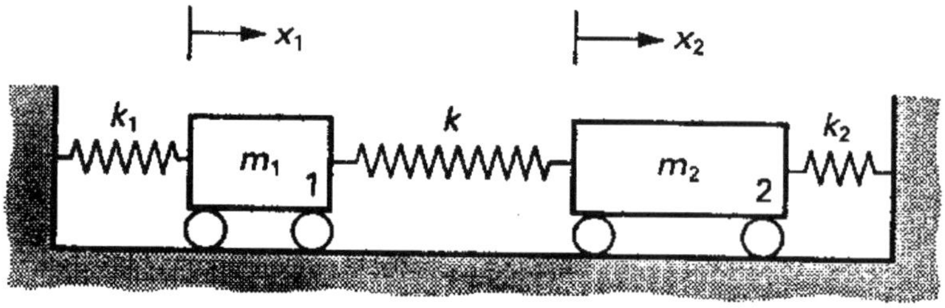

그림 3.1(a) 수평거동을 보여주는 선형 비감쇠 시스템. 좌표는 x_1, x_2

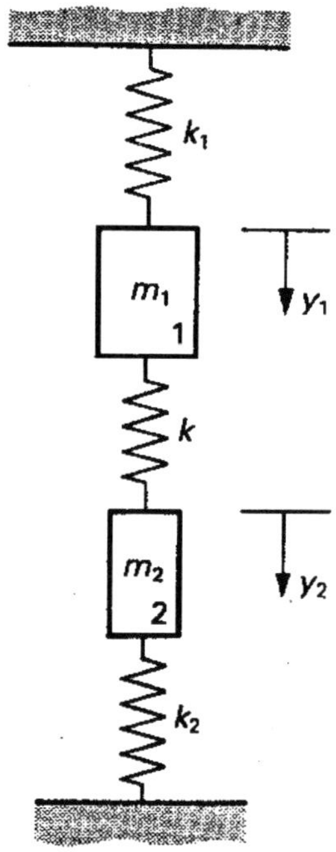

그림 3.1(b) 수직거동을 보여주는 선형 비감쇠 시스템. 좌표는 y_1, y_2

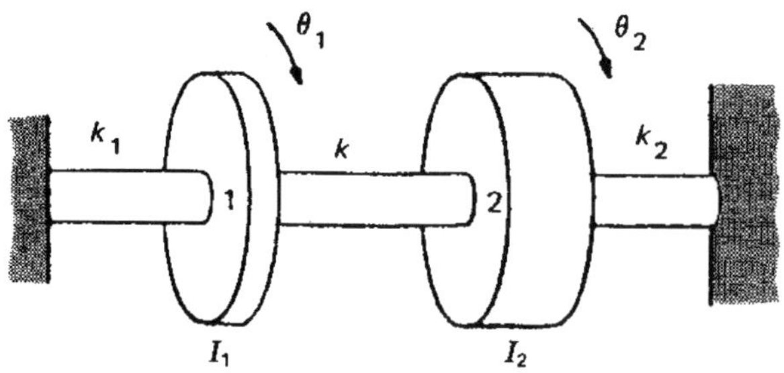

그림 3.1(c) 비틀림 거동을 보여주는 비감쇠 시스템. 좌표는 θ_1, θ_2

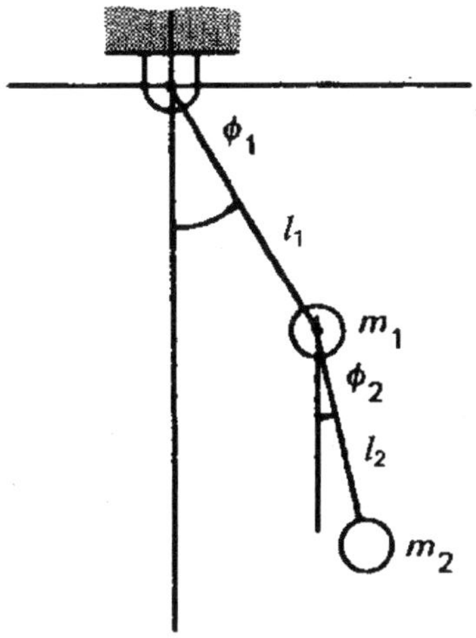

그림 3.1(d) 커플 진자. 좌표는 ϕ_1, ϕ_2

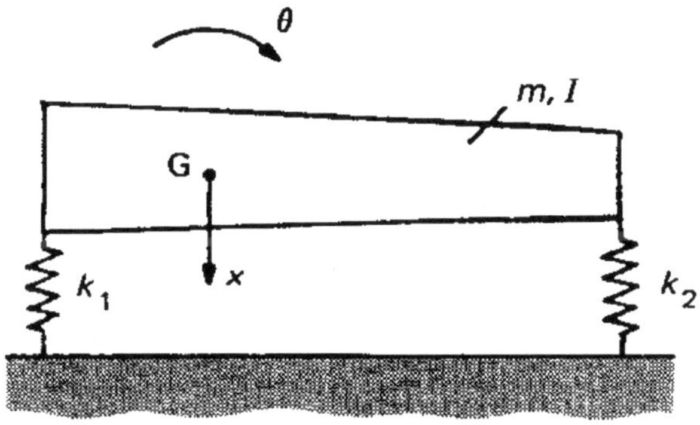

그림 3.1(e) 이동과 회전하는 시스템. 좌표는 x, θ

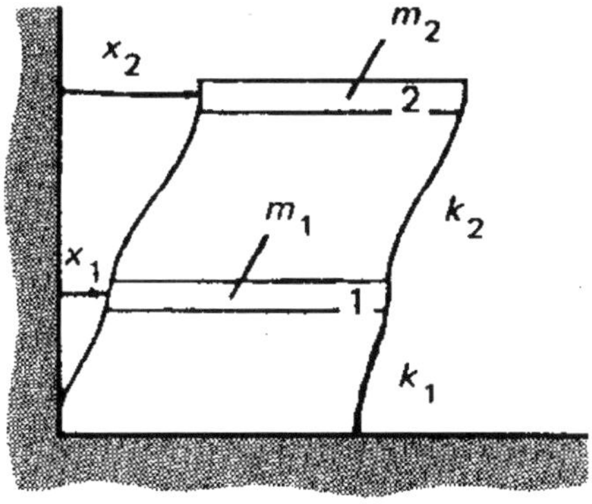

그림 3.1(f) 전단 빌딩. 좌표는 x_1, x_2

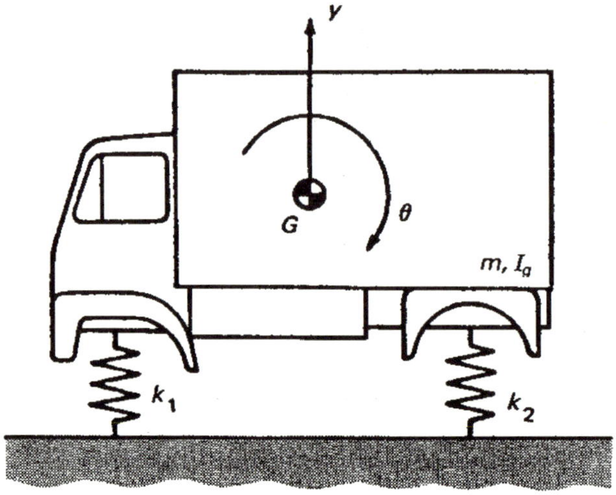

그림 3.1(g) 회전과 이동하는 2자유도 시스템. 좌표는 y, θ

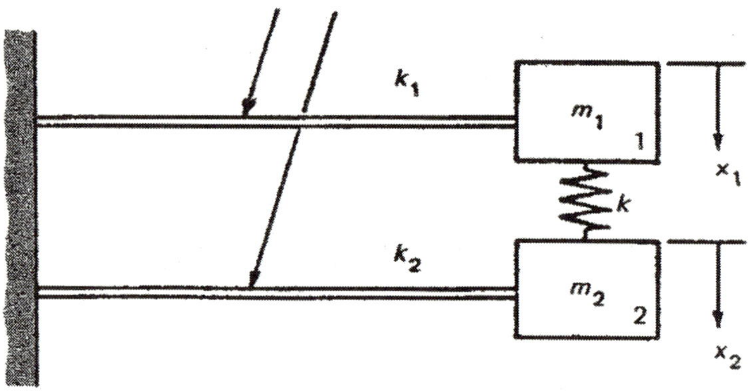

그림 3.1(h) 이동하는 2자유도 시스템. 좌표는 x_1, x_2

3.1 2자유계의 진동

3.1.1 비감쇠자유진동

앞서 그림 3.1(a)-(h)에 보인 2자유도 시스템의 예 가운데에 3.1(a)을 생각해보자. $x_1 > x_2$라 하면 이 시스템의 자유물체도는 그림 3.2와 같다.

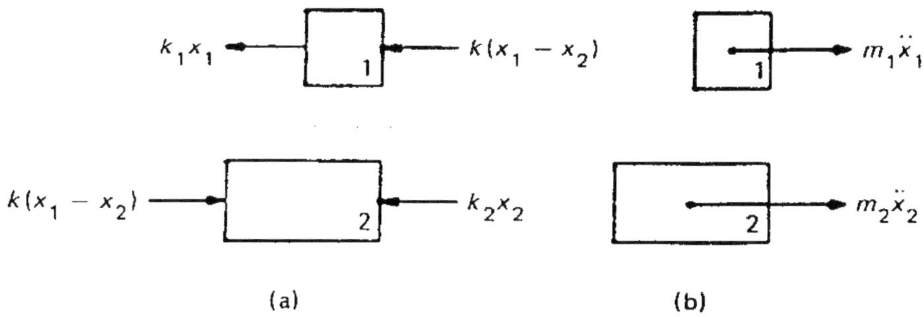

그림 3.2. (a)작용력; (b)효과적인 힘

이 자유물체도를 참고하여 운동방정식을 구하면 다음과 같다.

$$\text{1번 물체:}\quad m_1\ddot{x}_1 = -k_1x_1 - k(x_1 - x_2) \tag{3.1}$$

$$\text{2번 물체:}\quad m_2\ddot{x}_2 = k(x_1 - x_2) - k_2x_2 \tag{3.2}$$

$x_1 < x_2$인 경우에도 중앙의 스프링 복원력이 반대방향이 되므로 같은 방정식을 얻게 된다. 이제 다음과 같이 해를 가정하고 식 (3.1)과 (3.2)를 풀어 고유주파수와 모드형상을 구한다.

$$x_1 = A_1\sin(\omega t + \psi),\ \ x_2 = A_2\sin(\omega t + \psi)$$

이 식은 x_1과 x_2가 동일한 주파수 ω로서 진동하며 동위상(in phase) 또는 역위상(out of phase)이 된다고 가정한 것이다. 이것이 ω가 이 시스템의 고유주파수가 되기 위한 충분조건이다.
이 식을 운동방정식에 대입하고 정리하면 다음과 같다.

$$-m_1A_1\omega^2\sin(\omega t + \psi) = -k_1A_1\sin(\omega t + \psi) - k(A_1 - A_2)\sin(\omega t + \psi)$$

그리고

$$-m_2A_2\omega^2\sin(\omega t + \psi) = k(A_1 - A_2)\sin(\omega t + \psi) - k_2A_2\sin(\omega t + \psi)$$

모든 t에 대해 이 해가 성립해야 하므로

$$A_1(k + k_1 - m_1\omega^2) + A_2(-k) = 0 \tag{3.3}$$

그리고

$$A_1(-k)+A_2(k_2+k-m_2\omega^2)=0 \tag{3.4}$$

여기서 A_1과 A_2를 소거하면 다음과 같은 행렬식을 얻을 수 있다.

$$\begin{vmatrix} k+k_1-m_1\omega^2 & -k \\ -k & k_2+k-m_2\omega^2 \end{vmatrix}=0 \tag{3.5}$$

이 식을 특성방정식이라 부른다. 이 특성방정식은 다음과 같이 구할 수도 있다.

$$\left.\begin{array}{ll} \text{식 (3.3)으로부터} & A_1/A_2=k/(k+k_1-m_1\omega^2) \\ \text{식 (3.4)으로부터} & A_1/A_2=(k_2+k-m_2\omega^2)/k \end{array}\right\} \tag{3.6}$$

따라서

$$k/(k+k_1-m_1\omega^2)=(k_2+k-m_2\omega^2)/k$$

그리고

$$(k+k_1-m_1\omega^2)(k_2+k-m_2\omega^2)-k^2=0 \tag{3.7}$$

이것은 식 (3.5)의 행렬식을 전개한 값과 동일하다.
방정식 (3.7)을 풀어 해를 구하면 그것이 바로 그림 3.1(a) 시스템의 고유주파수가 된다. 각 고유주파수에 대응되는 모드 형상을 구하려면 고유주파수를 식 (3.6) 중에 하나에 대입한다.
일단, $k_1=k_2=k$이고 $m_1=m_2=m$이라고 가정해보자. 그리고 특성방정식을 구하면 다음과 같다.

$$(2k-m\omega^2)-k^2=0$$

그러므로

$$m^2\omega^4-4mk\omega^2+3k^2=0 \quad \text{또는} \quad (m\omega^2-k)(m\omega^2-3k)=0$$

따라서 $m\omega^2 - k = 0$ 이거나 $m\omega^2 - 3k = 0$이므로 고유주파수는 다음과 같다.

$$\omega_1 = \sqrt{k/m}\ \text{rad/s} \quad 및 \quad \omega_2 = \sqrt{3k/m}\ \text{rad/s}$$

그래서

$$\omega = \sqrt{k/m}\ 인\ 경우,\quad (A_1/A_2)_{\omega = \sqrt{k/m}} = 1$$
$$\omega = \sqrt{3k/m}\ 인\ 경우,\quad (A_1/A_2)_{\omega = \sqrt{3k/m}} = -1$$

이것이 고유주파수 ω_1과 ω_2에 대한 모드형상이다. 그러므로 1차 모드는 주파수 $(1/2\pi)\sqrt{k/m}$ Hz에서 $(A_1/A_2)^{\mathrm{I}} = 1$로 주어진다. 즉, 그림 3.3처럼 두 물체가 마치 강체의 링크로 연결된 것처럼 동위상으로 똑같은 진폭을 갖고 움직인다. 2차 모드는 주파수 $(1/2\pi)\sqrt{3k/m}$ Hz에서 $(A_1/A_2)^{\mathrm{II}} = -1$로 주어진다. 이 경우, 그림 3.3처럼 두 물체가 서로 정확히 역위상을 갖고 똑같은 진폭으로 갖고 움직인다.

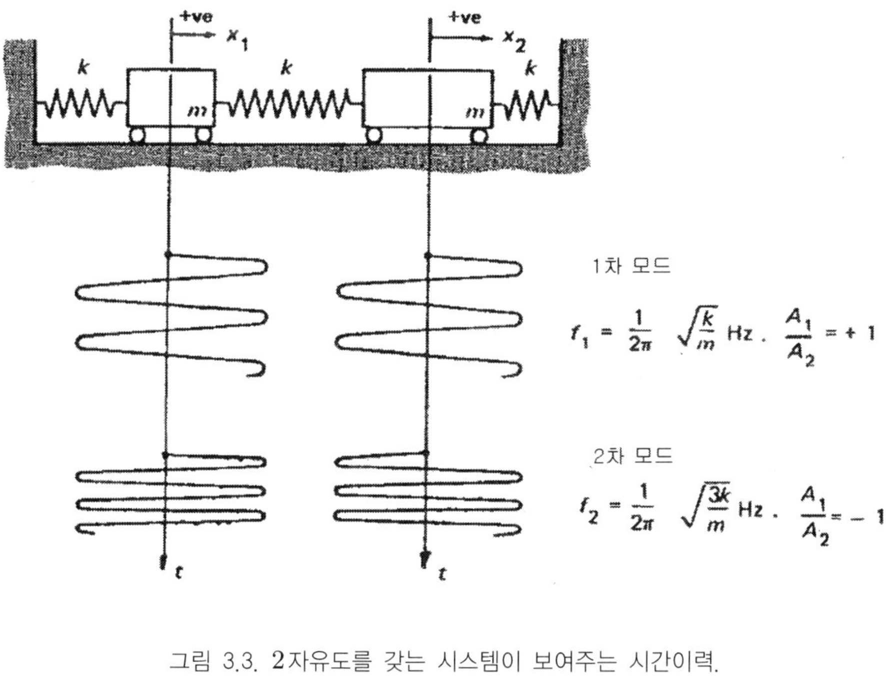

그림 3.3. 2자유도를 갖는 시스템이 보여주는 시간이력.
두 질량은 같고 스프링의 강성도 모두 동일.

3.1.2 자유운동

시스템의 두 모드 형상을 다음과 같이 나타내보자.

$$\begin{Bmatrix} x_1 \\ x_2 \end{Bmatrix}^{\mathrm{I}} = \begin{Bmatrix} A_1 \\ A_2 \end{Bmatrix}^{\mathrm{I}} \sin(\omega_1 t + \psi_1)$$

그리고

$$\begin{Bmatrix} x_1 \\ x_2 \end{Bmatrix}^{\mathrm{II}} = \begin{Bmatrix} A_1 \\ A_2 \end{Bmatrix}^{\mathrm{II}} \sin(\omega_2 t + \psi_2)$$

여기서 A_1/A_2는 각 모드에 대한 특정한 비(ratio)를 가리킨다.

이상의 각 해는 운동방정식을 만족하므로 일반해는 다음과 같이 주어진다.

$$\begin{Bmatrix} x_1 \\ x_2 \end{Bmatrix} = \begin{Bmatrix} A_1 \\ A_2 \end{Bmatrix}^{\mathrm{I}} \sin(\omega_1 t + \psi_1) + \begin{Bmatrix} A_1 \\ A_2 \end{Bmatrix}^{\mathrm{II}} \sin(\omega_2 t + \psi_2)$$

그리고 A_1, A_2, ψ_1, ψ_2는 초기조건으로 구하는 상수들이다.

이제 이 시스템에 대해 초기조건을 주고 해를 구해보자. 초기조건으로, 물체를 X만큼 이동시킨 후에 놓아준다고 가정해보자.

$$x_1(0) = X \quad \text{그리고} \quad x_2(0) = \dot{x}_1(0) = \dot{x}_2(0) = 0$$

여기서 $x_1(0)$는 $t=0$일 때 x_1의 값을 의미하며 $x_2(0), \dot{x}_1(0)$ 및 $\dot{x}_2(0)$ 도 유사하게 정의된다. 주어진 시스템의 각주파수 $\omega_1 = \sqrt{k/m}$, $\omega_2 = \sqrt{3k/m}$이고 모드 형상은 다음과 같다.

$$\left(\frac{A_1}{A_2}\right)_{\omega_1} = 1, \qquad \left(\frac{A_1}{A_2}\right)_{\omega_2} = -1$$

그리고 다음과 같이 해를 나타내보자.

$$x_1 = \sin(\sqrt{k/m}\, t + \psi_1) + \sin(\sqrt{3k/m}\, t + \psi_2)$$
$$x_2 = \sin(\sqrt{k/m}\, t + \psi_1) - \sin(\sqrt{3k/m}\, t + \psi_2)$$

초기조건 $x_1(0) = X$와 $x_2(0) = 0$를 적용하면 다음 식을 얻는다.

$$X = \sin\psi_1 + \sin\psi_2$$
$$0 = \sin\psi_1 - \sin\psi_2$$

그러므로

$$\sin \psi_1 = \sin \psi_2 = X/2$$

나머지 초기조건을 적용하면 다음 식을 얻는다.

$$\cos \psi_1 = \cos \psi_2 = 0$$

따라서 구하고자 하는 해는 다음과 같다.

$$x_1 = (X/2)\cos\sqrt{k/m}\,t + (X/2)\cos\sqrt{3k/m}\,t$$
$$x_2 = (X/2)\cos\sqrt{k/m}\,t - (X/2)\cos\sqrt{3k/m}\,t$$

즉, 시스템은 두 개의 고유주파수로 가진되고 각 물체의 운동은 두 개의 조화성분으로 합성되어 있다.

3.1.3 좌표 연계

어떤 시스템은 그 거동을 나타낸 운동방정식에서 좌표가 서로 연계되어 있는 경우가 있다. 그림 3.1(e)의 시스템을 생각해보자. 시스템은 오직 평면상에서 거동한다고 가정하며, 스프링의 횡강성을 무시하여 수평방향으로 거동은 하지 않는다고 본다. 그림 3.4를 보면 회전좌표 θ와 이동좌표 x가 연계되어 있음을 알 수 있다. 여기서 G는 질량이 m인 강체 보의 질량중심이며 I는 G점에 대한 보의 관성모멘트를 가리킨다.

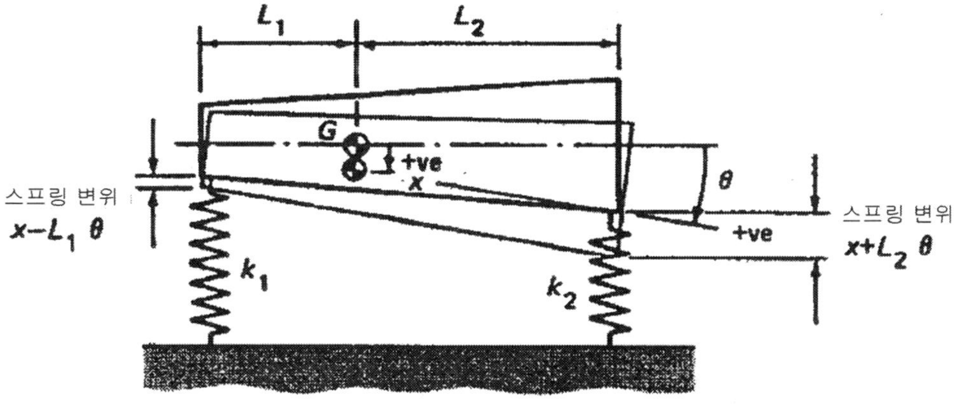

그림 3.4. 회전과 이동좌표가 연계된 2자유계

이 시스템에 대한 자유물체도는 그림 3.5와 같다. 보의 자중은 스프링에 의해 지지되므로 초기스프링 하중과 보의 무게는 생략하기로 한다.

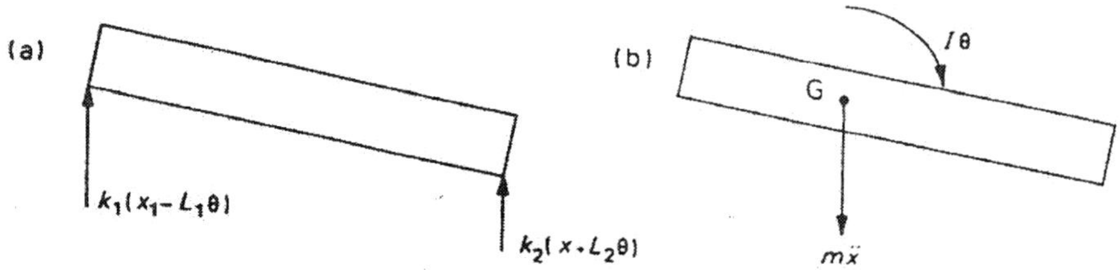

그림 3.5. (a) 작용력 (b) 유효 힘과 모멘트

이 시스템에 작은 진폭($\sin\theta \simeq \theta$)을 주고 운동방정식을 세우면 다음과 같다.

$$m\ddot{x} = -k_1(x - L_1\theta) - k_2(x + L_2\theta)$$

그리고 모멘트를 취하면

$$I\ddot{\theta} = k_1(x - L_1\theta)L_1 - k_2(x + L_2\theta)L_2$$

위 식들을 정리하면 다음과 같다.

$$m\ddot{x} + (k_1 + k_2)x - (k_1L_1 - k_2L_2)\theta = 0$$
$$I\ddot{\theta} - (k_1L_1 - k_2L_2)x + (k_1L_1^2 + k_2L_2^2)\theta = 0$$

이 방정식은 $k_1L_1 = k_2L_2$ 인 경우에는 연계가 분리된다. 이것이 가능하다면 이동운동(x 방향 운동)과 회전운동(θ 방향 운동)이 독립적으로 발생할 수 있다. 그렇지 않을 때는 이동과 회전이 동시에 일어난다.

이제 운동방정식의 해를 $x_1 = A_1\sin(\omega t + \psi)$와 $\theta = A_2\sin(\omega t + \psi)$로 가정하고 대입하면

$$-m\omega^2A_1 + (k_1 + k_2)A_1 - (k_1L_1 - k_2L_2)A_2 = 0$$

그리고

$$-I\omega^2A_2 - (k_1L_1 - k_2L_2)A_1 + (k_1L_1^2 - k_2L_2^2)A_2 = 0$$

이들 식을 정리하면 다음과 같다.

$$A_1(k_1 + k_2 - m\omega^2) - A_2(-(k_1L_1 - k_2L_2)) = 0$$
$$A_1(-(k_1L_1 - k_2L_2)) + A_2(k_1L_1^2 + k_2L_2^2 - I\omega^2) = 0$$

따라서 특성방정식은 다음처럼 주어진다.

$$\begin{vmatrix} k_1 + k_2 - m\omega^2 & -(k_1L_1 - k_2L_2) \\ -(k_1L_1 - k_2L_2) & k_1L_1^2 + k_2L_2^2 - I\omega^2 \end{vmatrix} = 0$$

한편, 각 고유주파수에 대응하는 모드형상은 A_1/A_2로 주어진다.

《 예제 18 》

길이 1m, 질량이 10kg인 링크(link) AB로 모델링되는 시스템을 생각해보자. 이 시스템은 강성이 k_1, k_2인 스프링 A, B에 의해 수평으로 지지되어 있다. 그리고 이 링크 AB의 질량 중심 G에 관한 관성모멘트는 1kgm^2이라 한다. 질량 중심 G는 A에서 a 및 B에서 b 만큼 떨어진 곳에 위치한다.

이제, 시스템의 한 모드는 이동운동만 나타내고 또 다른 모드는 회전운동만 나타내도록 k_1, k_2, a 및 b의 관계를 구하여라.

그리고 $a = 0.3$m, $k_1 = 13$kN/m일 때 시스템이 이들 두 모드형상을 갖기 위한 k_2의 값은 얼마인지 계산하여라. 끝으로 이 시스템의 고유주파수를 모두 구하여라.

먼저, 앞서 3.1.3절에서 구한 특성방정식을 다음과 같이 적용해보자.

$$\begin{vmatrix} k_1 + k_2 - m\omega^2 & -(k_1a - k_2b) \\ -(k_1a - k_2b) & k_1a^2 + k_2b^2 - I\omega^2 \end{vmatrix} = 0$$

연계를 분리시키기 위해 $k_1a = k_2b$를 적용하여 각주파수를 구하면

이동모드(bouncing mode): $\omega_1 = \sqrt{(k_1 + k_2)/m}$

회전모드(rocking mode): $\omega_2 = \sqrt{(k_1a^2 + k_2b^2)/I}$

그런데 $a = 0.3\text{m}$, $b = 0.7\text{m}$ 그리고 $k_1 = 13\text{kN/m}$이므로

$$k_2 = (13 \times 0.3)/0.7 = 5.57\text{kN/m}$$
$$\omega_1 = \sqrt{18570/10} = 43.1\text{rad/s.} \qquad \therefore\ f_1 = 6.86\text{Hz}$$
$$\omega_2 = \sqrt{(13 \times 0.3^2 + 5.57 \times 0.7^2)10^3} = 62.45\text{rad/s.} \qquad \therefore\ f_2 = 9.94\text{Hz}$$

《 예제 19 》

다음 그림과 같이 2개의 스프링에 의해 지지되어 운반되는 우주선을 생각해보자. 이 우주선을 질량이 m인 강체로 취급하고, 질량중심 G에 대한 단면의 회전반경(radius of gyration)은 h라고 가정한다. 후미를 지지하고 있는 스프링의 강성은 k_1이며 G에서 a만큼 떨어진 곳에 위치한다. 그리고 선수를 지지하는 스프링의 강성은 k_2이며 G에서 b만큼 떨어진 곳에 위치한다. 그림에서 보는 것처럼 이 우주선은 오직 수직 방향의 직선운동과 회전운동만 가능하다.
주어진 파라메타를 이용하여 우주선의 거동을 나타내는 운동방정식과 특성방정식을 구하여라. 단, 우주선은 미소한 진폭으로 진동한다고 가정한다.
$k_1 a = k_2 b$일 때 시스템의 고유주파수를 구하고 각주파수에 상응하는 모드형상을 스케치해보아라. 또한 $k_1 a \neq k_2 b$일 때 모드형상도 스케치해보아라.

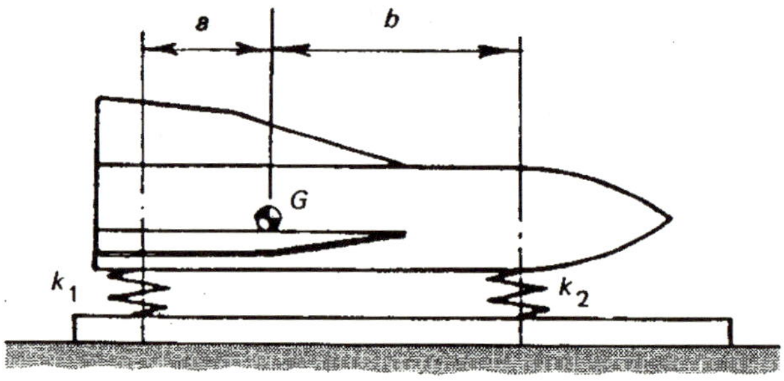

자유물체도를 그리면 다음과 같다.

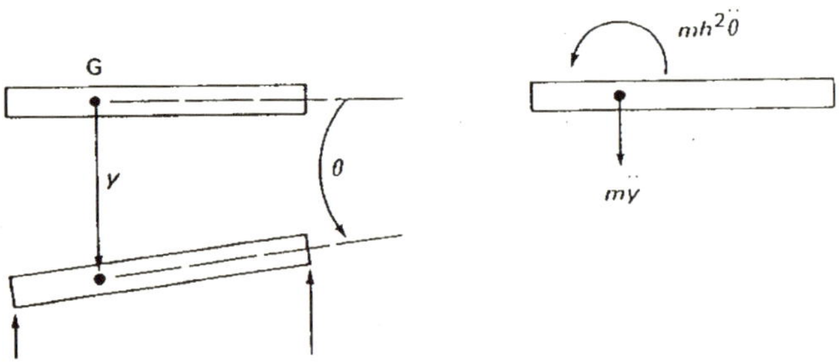

운동방정식은 다음과 같다.

$$k_1(y+a\theta)+k_2(y-b\theta)=-m\ddot{y}$$

그리고

$$k_1(y+a\theta)a-k_2(y-b\theta)b=-mh^2\ddot{\theta}$$

다음과 같이 해를 가정한다.

$$y=Y\sin\nu t \quad \text{그리고} \quad \theta=\Theta\sin\nu t$$

가정한 해를 운동방정식에 대입하고 정리한다.

$$Y(k_1+k_2-m\nu^2)+\Theta(k_1a-k_2b)=0$$
$$Y(k_1a-k_2b)+\Theta(k_1a^2+k_2b^2-mh^2\nu^2)=0$$

그러므로 특성방정식은 다음과 같다.

$$(k_1+k_2-m\nu^2)(k_1a^2+k_2b^2-mh^2\nu^2)-(k_1a-k_2b)^2=0$$

만일 $k_1a=k_2b$ 이면 연계가 분리되어

$$\nu_1=\sqrt{\frac{k_1+k_2}{m}}\ \text{rad/s.} \quad \text{그리고} \quad \nu_2=\sqrt{\frac{k_1a^2+k_2b^2}{mh^2}}\ \text{rad/s.}$$

여기서 ν_1 은 다음 그림과 같이 순수한 이동모드(bouncing mode)를 가리킨다.

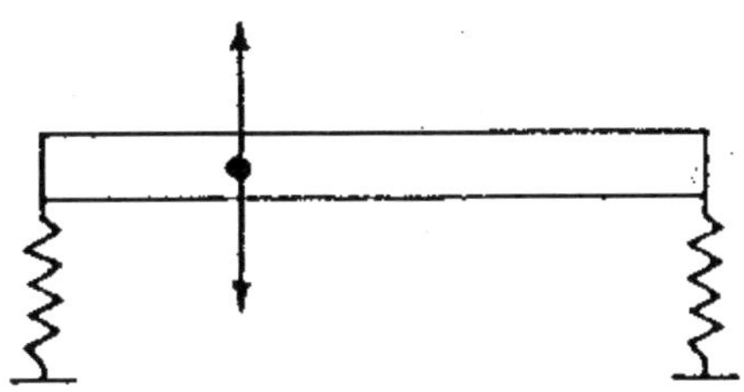

그리고 ν_2는 다음 그림처럼 순수한 회전모드를 나타낸다.

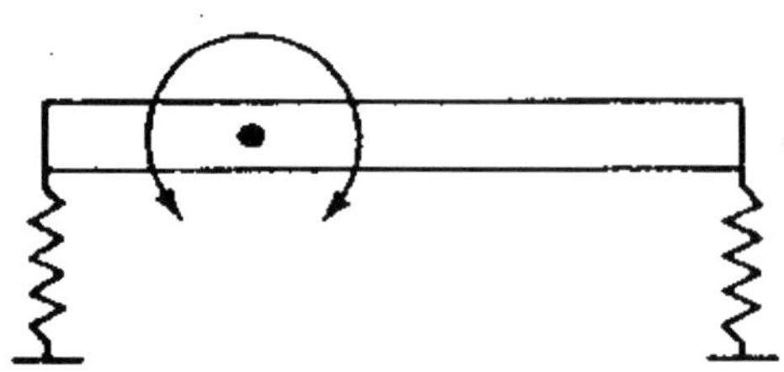

그런데 $k_1 a \neq k_2 b$이면 모드는 다음 그림과 같이 연계된다.

《 예제 20 》

지진에 의한 구조물의 거동을 고려할 경우에는 이를 아래의 그림과 같이 질량이 M인 강체로 간주하며 두 개의 스프링의해 지지된다고 본다. 하나의 스프링은 강성 k로서 이동운동을 구속하고 다른 하나는 강성 k_T로서 회전운동을 구속한다.

이 구조물의 질량 중심 G에 관한 질량관성모멘트가 I_G라고 할 때, 이동운동을 나타내는 좌표 x와 회전운동을 나타내는 좌표 θ를 써서 운동방정식을 세우고 고유주파수를 구하여라.

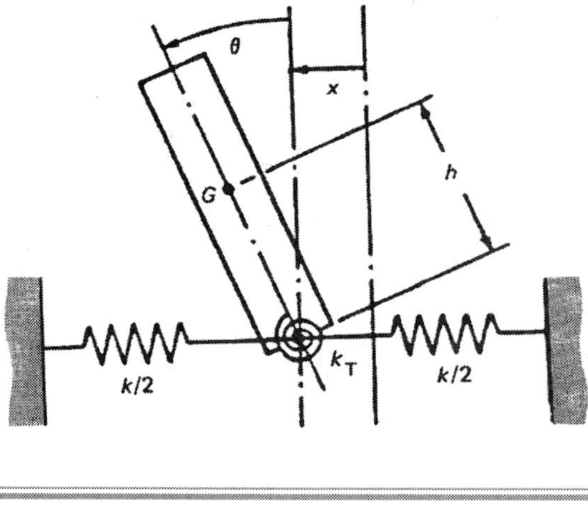

먼저, 다음과 같은 자유물체도를 그려보자.

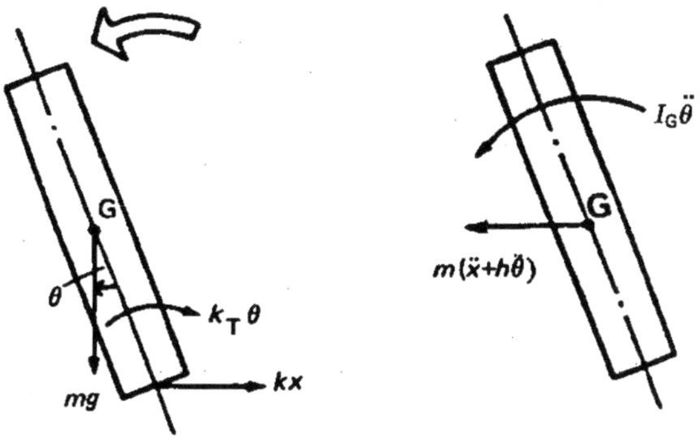

회전운동으로 인한 구조물의 회전각의 크기는 미소하다고 보면 다음과 같은 운동방정식을 얻을 수 있다.

$$m(\ddot{x}+h\ddot{\theta})=-kx$$

그리고

$$I_G\ddot{\theta}+m(\ddot{x}+h\ddot{\theta})h=-k_T\theta+mgh\theta$$

정리하면 다음과 같은 방정식이 된다.

$$mh\ddot{\theta}+m\ddot{x}+kx=0$$
$$mh\ddot{x}+(mh^2+I_G)\ddot{\theta}-(mgh-k_T)\theta=0$$

다음과 같이 해를 가정해보자.

$$\theta=A_1\sin\omega t \quad 및 \quad x=A_2\sin\omega t$$

가정한 이 해를 운동방정식에 대입하고 정리하면 다음과 같다.

$$-mh\omega^2A_1-m\omega^2A_2+kA_2=0$$
$$mh\omega^2A_2+(mh^2+I_G)\omega^2A_1+(mgh-k_T)A_1=0$$

그러므로 특성방정식은 다음 행렬식과 같다.

$$\begin{vmatrix} -mh\omega^2 & k-m\omega^2 \\ (mh^2+I_G)\omega^2+(mgh-k_T) & mh\omega^2 \end{vmatrix} = 0$$

따라서

$$(mh\omega^2)^2 + (k-m\omega^2)[(mh^2+I_G)\omega^2+(mgh-k_T)] = 0$$

이 식을 정리하면 다음과 같다.

$$mI_G\,\omega^4 - \omega^2[mkh^2 + I_G k - m^2gh + mk_T] - mghk + kk_T = 0$$

3.1.4 강제진동

시스템에 조화가진이 발생하는 경우를 예로 들면, 균형이 잡히지 않은 물체가 회전할 때 그리고 왕복동운동하는 기계가 장착된 경우이다.
그림 3.6은 2자유도를 가진 시스템이 조화 가진력 $F\sin\nu t$를 받고 있는 모습이다. 여기서 감쇠는 무시하였다.

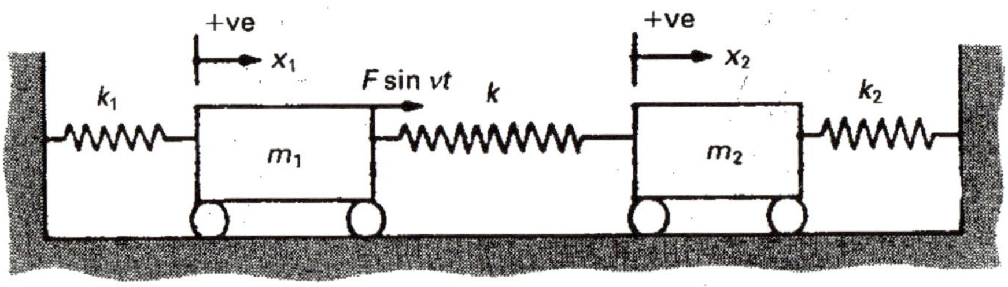

그림 3.6. 조화 가진력을 받는 2자유도 시스템

이 시스템에 대한 운동방정식을 구하면 다음 두 식과 같다.

$$m_1\ddot{x}_1 = -k_1x_1 - k(x_1-x_2) + F\sin\nu t$$
$$m_2\ddot{x}_2 = k(x_1-x_2) - k_2x_2$$

시스템에 감쇠가 없으므로 응답은 가진력과 동위상이거나 π만큼 역위상이 되므로 다음과 같이 해를 가정할 수 있다.

$$x_1 = A_1 \sin \nu t \quad \text{및} \quad x_2 = A_2 \sin \nu t$$

가정한 해를 운동방정식에 대입하면 다음과 같다.

$$A_1(k_1 + k - m_1\nu^2) + A_2(-k) = F$$
$$A_1(-k) + A_2(k_2 + k - m_2\nu^2) = 0$$

그러므로

$$A_1 = \frac{F(k_2 + k - m_2\nu^2)}{\Delta}$$

그리고

$$A_2 = \frac{Fk}{\Delta}$$

여기서

$$\Delta = (k_2 + k - m_2\nu^2)(k_1 + k - m_1\nu^2) - k^2$$

한편 위 식에서 $\Delta = 0$로 두면 특성방정식이므로 시스템의 응답을 구할 수 있다.

《 예제 21 》

파도 모양의 노면을 주행하는 트레일러 타이어의 수직 거동은 정현파의 특성을 가지며, 다음 그림과 같이 피치가 5m라고 한다. 타이어를 포함한 최하부의 강성이 170kN이고 주 스프링의 강성은 60kN이라 한다. 차축 및 연결부품의 질량은 400kg이며 차체(body)의 질량은 500kg이다. (a) 트레일러의 임계 속도(km/h)를 구하여라. (b) 노면의 파형 진폭이 0.1m이고 트레일러가 50km/h로 주행할 때 차체의 진폭을 구하여라.

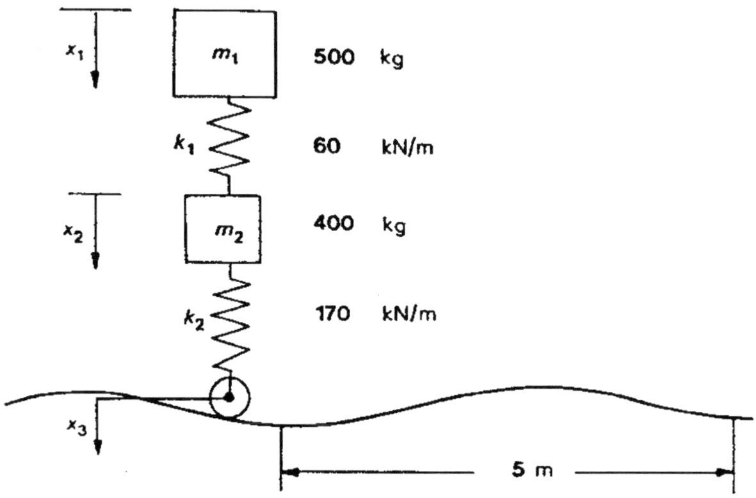

주어진 시스템의 운동방정식은 다음과 같다.

$$m_1\ddot{x}_1 = -k_1(x_1 - x_2)$$

그리고

$$m_2\ddot{x}_2 = k_1(x_1 - x_2) - k_2(x_2 - x_3)$$

운동방정식을 해를 다음과 같이 가정해보자.

$$x_1 = A_1 \sin \nu t,\ x_2 = A_2 \sin \nu t \ \text{ 그리고 } \ x_3 = A_3 \sin \nu t$$

가정한 해를 운동방정식에 대입하면 다음과 같다.

$$A_1(k_1 - m_1\nu^2) + A_2(-k_1) = 0$$
$$A_1(-k_1) + A_2(k_1 + k_2 - m_2\nu^2) = k_2 A_3$$

따라서 특성방정식은 다음과 같이 주어진다.

$$(k_1 + k_2 - m_2\nu^2)(k_1 - m_1\nu^2) - k_1^2 = 0$$

임계 속도란 고유주파수에 대응하는 속도를 말하므로 공진상태로 여기되는 상황을 가리킨다. 이 특성방정식을 정리하면 다음과 같다.

$$m_1 m_2 \nu^4 - (m_1 k_1 + m_1 k_2 + m_2 k_1)\nu^2 + k_1 k_2 = 0$$

이 식에 주어진 상수를 대입하면

$$500 \times 400 \times \nu^4 - (500 \times 60 + 500 \times 170 + 400 \times 60)10^3 \nu^2 + 60 \times 170 \times 10^6 = 0$$

이것을 계산하여 정리하면 $0.2\nu^4 - 139\nu^2 + 10200 = 0$이다. 그리고 근을 구하면 $\nu = 16.3$ rad/s 및 20.78 rad/s이다($f = 2.59$ Hz 및 3.3 Hz).
한편 트레일러가 v km/h(=v/3.6 m/s)속도로 주행할 때 주파수는 $v/(3.6 \times 5)$ Hz이다. 그러므로 임계 속도는 다음과 같이 계산된다.

$$v_1 = 18 \times 2.59 = 46.6\,\text{km/h}$$

그리고

$$v_2 = 18 \times 3.3 = 59.4\,\text{km/h}$$

그러므로 트레일러를 이 속도로 운행하면 시스템에 공진이 발생하게 된다.
한편 운동방정식으로부터 A_1과 A_3의 관계를 구하면 다음과 같다.

$$A_1 = \left\{ \frac{k_1 k_2}{(k_1 + k_2 - m_2\nu^2)(k_1 - m_1\nu^2) - k_1^2} \right\} A_3$$
$$= \left\{ \frac{10200}{0.2\nu^4 - 139\nu^2 + 10200} \right\} A_3$$

따라서 시속 50 km/h에서 $\nu = 17.49$ rad/s이므로 $A_1 = -0.749 A_3$가 된다. 그런데 $A_3 = 0.1$ m이므로 트레일러의 진폭은 0.075 m로 산정된다. 이 거동은 노면 파형과 π만큼 역위상을 이룬다.

3.1.5 비감쇠 흡진기(absorber)

단자유계가 공진되어 진동하거나 다자유계의 특정 모드가 공진상태로 진동하면 진폭이 크게 늘어나서 동적응력도가 증대되며 소음 및 피로문제도 발생한다. 대부분의 기계 시스템 경우, 이러한 문제의 발생은 용납되지 않는다.
가진주파수 또는 시스템의 고유주파수를 쉽게 변경할 수 없는 경우에는, 단자유도 시스템을 추가하여 공진상태에서 벗어나도록 제어할 수 있다. 그림 3.7에 나타낸 시스템을 생각해보자. 여기서 K와 M은 교란되고 있는 주 시스템(primary system)의 유효 강성과 질량을 가리키는 상수이다. 한편 흡진기의 시스템 상수는 k와 m으로 주어진다. 앞서 3.1.4절에서 서술한 것처럼 주 시스템에 대해 운동방정식을 세우면 다음과 같다.

$$M\ddot{X} = -KX - k(X-x) + F\sin\nu t$$

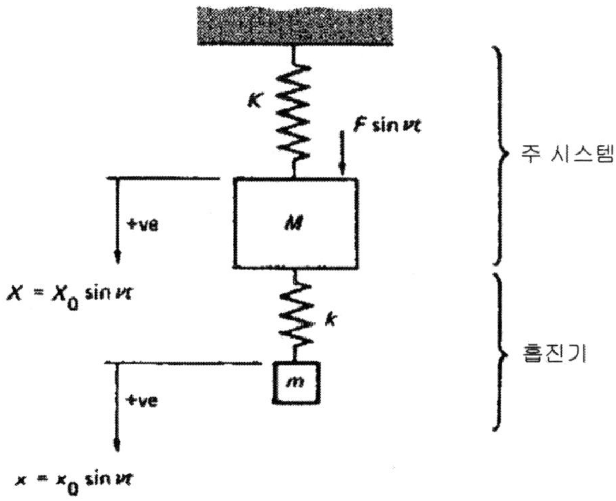

그림 3.7. 비감쇠 흡진기가 부착된 시스템

그리고 흡진기에 대해 운동방정식을 세우면 다음과 같다.

$$m\ddot{x} = k(X-x)$$

이 운동방정식에 대한 해를 다음과 같이 가정한다.

$$X = X_0 \sin\nu t \quad \text{그리고} \quad x = x_0 \sin\nu t$$

이 해를 운동방정식에 대입하고 정리하면 다음과 같다.

$$X_0(K+k-M\nu^2) + x_0(-k) = F$$
$$X_0(-k) + x_0(k-m\nu^2) = 0$$

따라서

$$X_0 = \frac{F(k-m\nu^2)}{\Delta} \quad \text{및} \quad x_0 = \frac{Fk}{\Delta}$$

이때 $\Delta = (k-m\nu^2)(K+k-M\nu^2)-k^2$이고 $\Delta = 0$는 특성방정식이다.
이와 같이 흡진기를 추가한 후에 시스템은 2개의 고유주파수 Ω_1, Ω_2를 갖는다. 한편 $k-m\nu^2 = 0$일 때 X_0가 제로로 됨을 알 수 있다. 따라서 $\sqrt{k/m} = \sqrt{K/M}$로 만들면 주 시스템의 응답이 자신의 원래 공진주파수에서 제로가 된다. $\nu \simeq \sqrt{K/M}$일 때 주 시스템에 심각한 공진 문제가 야기되므로, 비감쇠 흡진기 튜닝에 이 방법을 적용한다. 그림 3.8을 참고하여라.

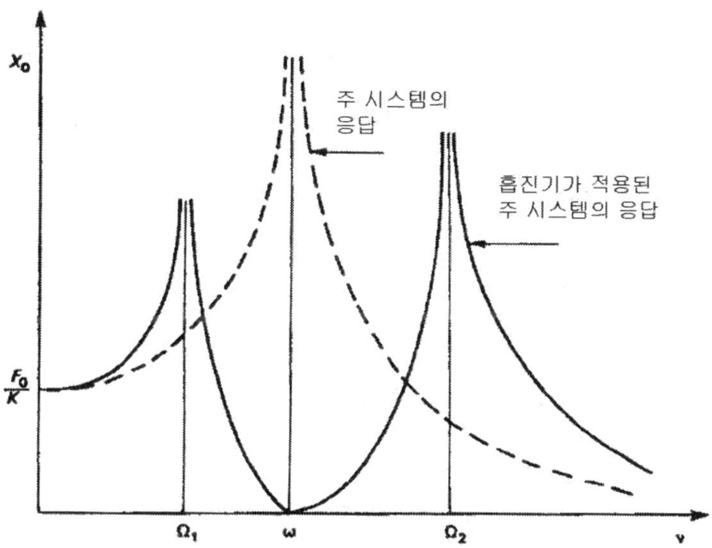

그림 3.8. 흡진기 여부에 따른 시스템의 진폭-주파수 응답

$X_0 = 0$이면 $x_0 = -F/k$이므로 흡진기 스프링에 걸리는 힘 $kx_0 = -F$가 된다. 즉, 흡진기가 주 시스템에 가해야 할 힘은 그 크기가 가진력과 같고 방향은 반대가 되어야 한다. 이로써 주 시스템에 걸리는 순수 가진력은 제로가 되며 진폭도 따라서 제로로 된다.
흡진기를 적절히 조정하여 $\omega^2 = K/M = k/m$을 만족하고 질량비를 $\mu = m/M$라 한다면 특성방정식이 다음과 같이 주어진다.

$$\left(\frac{\nu}{\omega}\right)^4 - (2+\mu)\left(\frac{\nu}{\omega}\right)^2 + 1 = 0$$

이 식은 $(\nu/\omega)^2$ 에 관한 이차방정식이므로 근은 다음과 같다.

$$\left(\frac{\nu}{\omega}\right)^2 = \left(1+\frac{\mu}{2}\right) \pm \sqrt{\left(\mu + \frac{\mu^2}{4}\right)}$$

그리고 고유주파수 Ω_1, Ω_2는 다음과 같다.

$$\frac{\Omega_{1,2}}{\omega} = \left[\left(1+\frac{\mu}{2}\right) \pm \sqrt{\left(\mu + \frac{\mu^2}{4}\right)}\right]^{1/2}$$

질량비 μ가 작으면 고유주파수 Ω_1, Ω_2가 서로 근접한 채 ω근방에 놓이게 되므로 μ값을 키워 그리 3.9처럼 Ω_1 과 Ω_2가 서로 떨어지게 해야 한다.

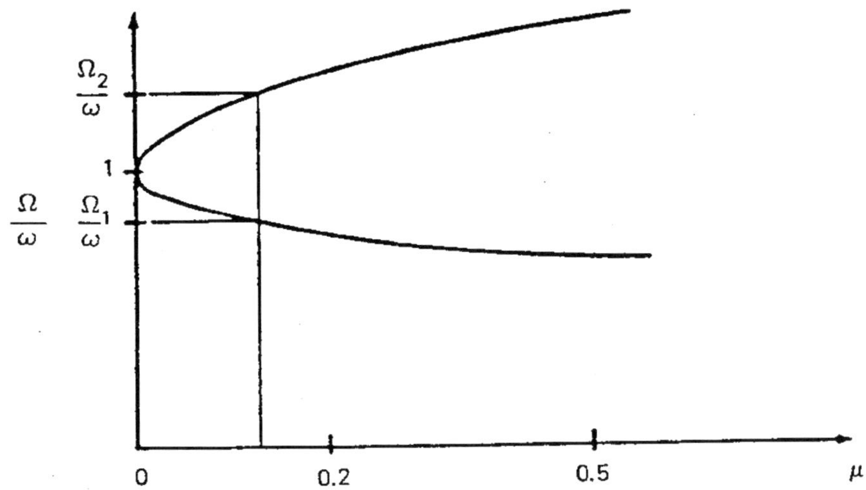

그림 3.9 질량비 μ가 고유주파수에 미치는 영향

이런 문제는 가진력의 주파수가 변화할 때 중요한 이슈로 작용한다. 질량비 μ가 작으면 시스템은 고유주파수 Ω_1 또는 Ω_2과 공진으로 진동하게 된다. 앞서 고유주파수를 구한 식을 생각해보자.

$$\left(\frac{\Omega_1}{\omega}\right)^2 = \left(1+\frac{\mu}{2}\right) - \sqrt{\left(\mu + \frac{\mu^2}{4}\right)}$$

그리고

$$\left(\frac{\Omega_2}{\omega}\right)^2 = \left(1+\frac{\mu}{2}\right)+\sqrt{\left(\mu+\frac{\mu^2}{4}\right)}$$

따라서 다음 식이 성립한다.

$$\frac{\Omega_1^2\Omega_2^2}{\omega^4} = \left(1+\frac{\mu}{2}\right)^2 - \left(\mu+\frac{\mu^2}{4}\right) = 1$$

그러므로

$$\Omega_1 \cdot \Omega_2 = \omega^2$$

또한

$$\left(\frac{\Omega_1}{\omega}\right)^2 + \left(\frac{\Omega_2}{\omega}\right)^2 = 2+\mu$$

이상의 관계를 알아두면 흡진기 설계할 때 유용하게 사용할 수 있다. 고유주파수 Ω_1, Ω_2가 ω에 근접하여 위험하다고 판단될 경우, 흡진기 스프링과 병렬이 되도록 감쇠기를 추가하여 고유주파수에서의 응답 크기를 제한하는 방법도 생각해 볼 수 있다. 그러나 감쇠를 추가하면 불행히도 주파수 ω에서 응답은 더 이상 제로로 나타나지 않는다. 흡진기를 설계할 때 조심해서 고려해야 할 사항이 바로 흡진기 스프링의 피로 파괴이다. 이런 현상이 흡진기 스프링에 발생하면 그 결과는 치명적일 수 있다. 이 때문에 어떤 감쇠 흡진기는 스프링을 아예 없애고 이에 따른 제진의 효율성 저하를 다소 감수하는 경우도 있다. 특히, 비틀림 진동 시스템의 Lanchester 감쇠기에서 이런 문제가 중요시된다.

《 예제 22 》

다음 그림은 질량이 m_1인 펌프가 강성이 k_1인 스프링위에 지지되어 수직방향으로만 거동하고 있는 모습이다. 주어진 그림에서 감쇠와 질량 m_2는 무시하기로 한다. 이 펌프가 대단히 큰 진폭(이론적으로는 무한대)으로 수직운동을 할 때 가진 주파수를 구하여라.

그리고 질량 m_2 및 스프링 강성 k_2인 비감쇠 흡진기를 부착시킨 후에 펌프의 진폭은 다음과 같은 조건에서 제로가 됨을 보여라.

$$\frac{k_2}{m_2} = \nu^2$$

여기서 ν는 흡진기를 부착하지 않은 상태에서 펌프가 갖는 고유주파수를 가리킨다. 이 펌프의 질량은 130kg이며 2400RPM으로 작동하는데 불균형 회전자로 인해 지지하고 있는 스프링에 커다란 변위가 발생한다. 이 펌프에 비감쇠 흡진기를 설치하여 시스템 고유주파수가 적어도 2400RPM에서 20% 이상 떨어지도록 흡진기의 최소 질량과 스프링 강성을 결정하여라.

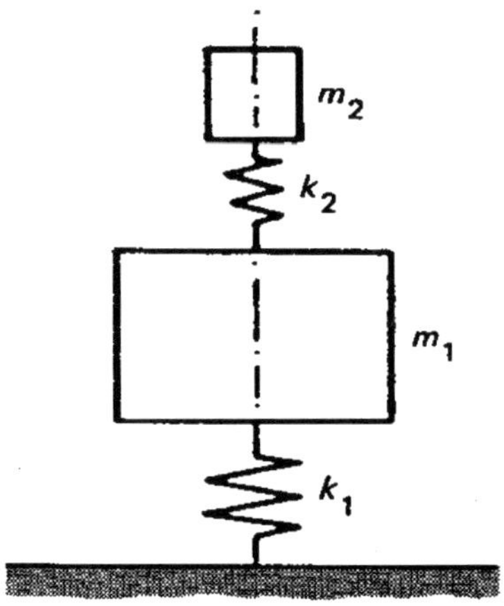

이 펌프를 다음과 같이 모델링해보자.

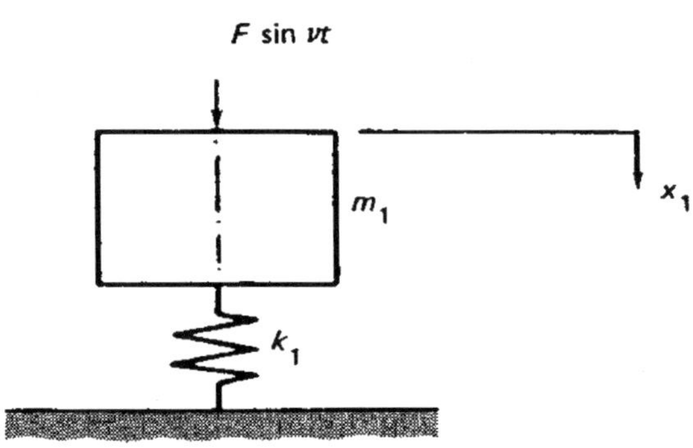

운동방정식을 세우면 다음과 같다.

$$m_1\ddot{x}_1 + k_1 x_1 = F\sin\nu t$$

이 방정식의 해를 다음과 같이 가정하고 운동방정식에 대입하고 정리해보자.

$$x_1 = X_1 \sin\nu t, \quad x_1 = \frac{F}{k_1 - m_1\nu^2}$$

이때

$$\nu = \sqrt{\frac{k_1}{m_1}}, \qquad X_1 = \infty$$

즉, $\nu = \omega = \sqrt{k_1/m_1}$ 일 때 공진이 된다.
이제 다음과 같이 시스템에 흡진기를 부착해보자.

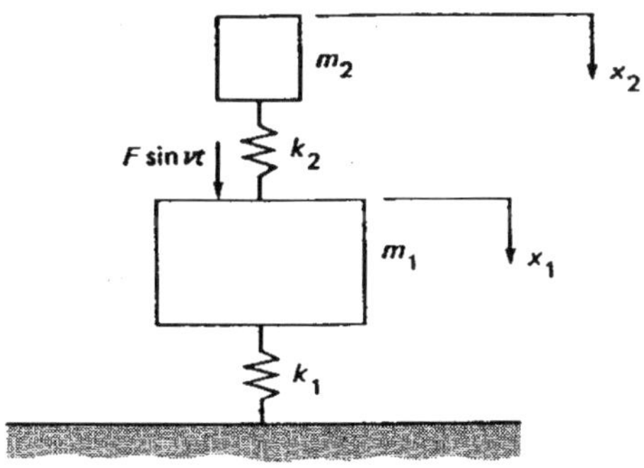

$x_2 > x_1$이라 가정하고 자유물체도를 작성하면 다음과 같다.

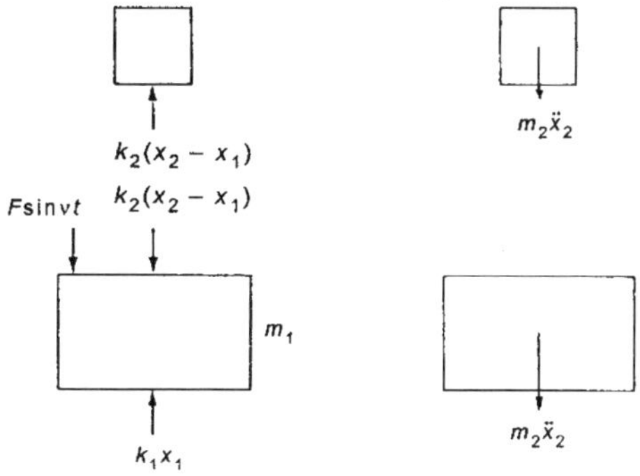

이 상태에서 운동방정식을 세우면 다음과 같다.

$$m_2\ddot{x}_2 = -k_2(x_2 - x_1)$$

이 식을 정리하면

$$m_2\ddot{x}_2 + k_2x_2 - k_2x_1 = 0$$

그리고

$$m_1\ddot{x}_1 = k_2(x_2 - x_1) - k_1x_1 + F\sin\nu t$$

이 식을 정리하면

$$m_1\ddot{x}_1 + (k_1 + k_2)x_1 - k_2x_2 = F\sin\nu t$$

이 운동방정식의 해를 $x_1 = X_1\sin\nu t$, 그리고 $x_2 = X_2\sin\nu t$ 라고 가정하고 대입하면 다음 두 식을 얻는다.

$$\begin{aligned} X_1\left[k_1 + k_2 - m_1\nu^2\right] + X_2\left[-k_2\right] &= F \\ X_1\left[-k_2\right] + X_2\left[k_2 - m_2\nu^2\right] &= 0 \end{aligned}$$

따라서

$$X_1 = \frac{F(k_2 - m_2\nu^2)}{\left[k_1 + k_2 - m_1\nu^2\right]\left[k_2 - m_2\nu^2\right] - k_2^2}$$

다음의 조건이 성립하면

$$\nu^2 = \frac{k_2}{m_2}, \qquad X_1 = 0$$

이때 특성방정식은 다음과 같다.

$$\left[k_1 + k_2 - m_1\nu^2\right]\left[k_2 - m_2\nu^2\right] - k_2^2 = 0$$

그리고

$$\mu = \frac{m_2}{m_1} = \frac{k_2}{k_1} \quad \text{및} \quad \Omega = \sqrt{\frac{k_2}{m_2}} = \sqrt{\frac{k_1}{m_1}}$$

위의 식을 대입하면 특성방정식은 다음과 같이 정리된다.

$$\nu^4 - \nu^2(\mu\Omega^2 + 2\Omega^2) + \Omega^4 = 0$$

이 식은 다음과 같이 바뀌 쓸 수 있다.

$$\left(\frac{\nu}{\Omega}\right)^4 - \left(\frac{\nu}{\Omega}\right)^2(2+\mu) + 1 = 0$$

따라서

$$\left(\frac{\nu}{\Omega}\right)^2 = \frac{2+\mu}{2} \pm \sqrt{\left(\frac{\mu^2+4\mu}{4}\right)}$$

문제에서 주어진 흡진기 질량에 대한 제한조건은 $(\nu_1/\Omega) = 0.8$이고, 따라서 $(\nu_2/\Omega) = 1.25$이므로 허용된다. 결국, 질량비는 다음과 같이 산정된다.

$$\left(0.64 - \frac{\mu+2}{2}\right)^2 = \frac{\mu^2+4\mu}{4}$$

따라서

$$\mu = 0.2$$

한편, 흡진기의 최소 질량은

$$m_2 = 0.2 \times 130 = 26\,\text{kg}$$

흡진기의 강성은 다음과 같다.

$$k_2 = (80\pi)^2 m_2 = 1642\,\text{kN/m}$$

《 예제 23 》

공진주파수 79Hz에서 격렬하게 거동하는 시스템을 생각해보자. 이런 문제를 해결하기 위해 흡진기 하나를 부착했더니 공진주파수가 65Hz로 바뀌었다. 이 시스템에 몇 개의 흡진기를 붙여야 60Hz와 120Hz 사이에서 공진을 피할 수 있는지 결정하여라.

앞서 구한 흡진기 설계식을 다시 적어보자.

$$\left(\frac{\Omega_1}{\omega}\right)^2 + \left(\frac{\Omega_2}{\omega}\right)^2 = 2 + \mu$$

그리고

$$\Omega_1 \cdot \Omega_2 = \omega^2$$

단 하나의 흡진기를 적용할 때 $\omega = 79\,\text{Hz}$, 그리고 $\Omega_1 = 65\,\text{Hz}$이므로

$$\Omega_2 = \frac{79^2}{65} = 96\,\text{Hz}$$

이것을 설계식에 대입하면 질량비를 다음과 같이 구할 수 있다.

$$\left(\frac{52}{79}\right)^2 + \left(\frac{120}{79}\right)^2 = 2 + \mu'$$

그러므로

$$\mu' = 0.74 = n\mu \qquad \therefore n = \frac{0.74}{0.154} = 4.82$$

따라서 5개의 흡진기가 필요하다.

《 예제 24 》

수직방향으로 거동하며 공진주파수가 130Hz인 질량 3000kg짜리 기계가 있다. 이런 공진을 제어하기 위해 질량 600kg인 비감쇠 흡진기 하나를 추가시켜 120Hz로 조정하였다. 이 기계에 흡진기가 없을 때와 비교해서 흡진기를 장착한 경우에 진폭에 감소되는 주파수의 범위를 구하여라.

만일 $(X_0)_{with\ absorber} = (X_0)_{without\ absorber}$라면

$$\frac{F(k-m\nu^2)}{[K+k-M\nu^2][k-m\nu^2]-k^2} = -\frac{F}{K-M\nu^2} \quad \text{(위상으로 인해 마이너스 부호)}$$

이 식을 질량비 $\mu = m/M$인 관계를 이용하면 다음과 같이 정리할 수 있다.

$$2\left(\frac{\nu}{\Omega}\right)^4 - (4+\mu)\left(\frac{\nu}{\omega}\right)^2 + 2 = 0$$

그런데

$$\mu = \frac{600}{3000} = 0.2$$

$$\left(\frac{\nu}{\omega}\right)^2 = \frac{4+\mu}{4} \pm \frac{1}{4}\sqrt{\mu^2 + 8\mu} = 1.05 \pm 0.32$$

따라서

$$\left(\frac{\nu}{\omega}\right)^2 = 1.17 \text{ 또는 } 0.855$$

그리고 $\nu = 2\pi f$이므로

$$f = 102\text{Hz} \text{ 또는 } 140\text{Hz}$$

그러므로 구하고자 하는 주파수 범위는 $102 - 140$Hz이다.

3.1.6 감쇠진동 시스템

만일 시스템에 점성감쇠가 존재하면 그림 3.10처럼 모델링할 수 있다.

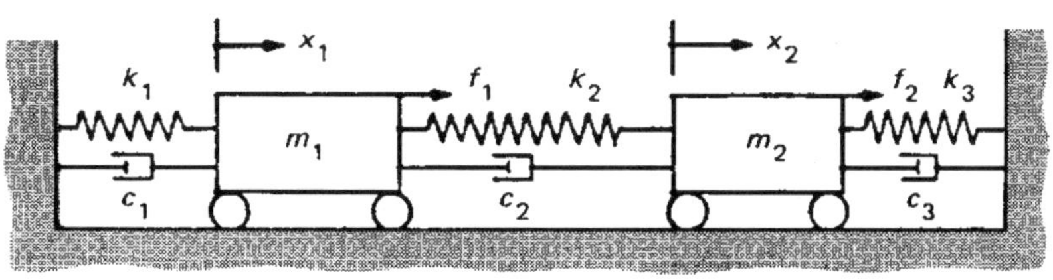

그림 3.10. 점성감쇠가 존재하는 2자유계의 강제진동

이 시스템에 대한 운동방정식을 세우면 다음과 두 식과 같다.

$$m_1\ddot{x}_1 + k_1 x_1 - k_2(x_1 - x_2) + c_1\dot{x}_1 + c_2(\dot{x}_1 - \dot{x}_2) = f_1$$
$$m_2\ddot{x}_2 + k_2(x_2 - x_1) + k_3 x_2 + c_2(\dot{x}_2 - \dot{x}_1) + c_3\dot{x}_2 = f_2$$

라플라스 연산자를 $s(=a+\mathrm{j}b$: a, b는 실수)라고 할 때 이 운동방정식의 해는 $x_1 = A_1 e^{st}$ 및 $x_2 = A_2 e^{st}$로 가정할 수 있다. 이것을 살펴보면 주파수 b인 조화성분과 감쇠계수 a로 이루어져 있음을 알 수 있다. 이 해를 운동방정식에 대입하면 다음 형태의 주파수 방정식을 얻는다.

$$s^4 + \alpha s^3 + \beta s^2 + \gamma s + \delta = 0$$

여기서 α, β, γ와 δ는 실수이며 네 개의 근이 존재하며 일반적으로 $a_1 \pm \mathrm{j}b_1$과 $a_2 \pm \mathrm{j}b_2$와 같은 두 켤레복소수로 주어진다. 이런 근은 운동방정식의 해가 $x = \mathrm{Re}(Xe^{at} \cdot e^{\mathrm{j}bt}) = Xe^{at}\cos bt$의 형태로 결정된다는 의미이다. 결론적으로 물체는 조화 거동을 하며 시간이 지남에 따라 진폭이 지수 형태로 감소한다는 것이다. 그리고 주파수와 진폭의 쇠퇴율은 시스템의 각 변수들에 의해 결정된다.

이러한 근들을 그림 3.11처럼 s − 평면이라 부르는 복소평면 상에 플로팅하면 편리한 점이 있다.

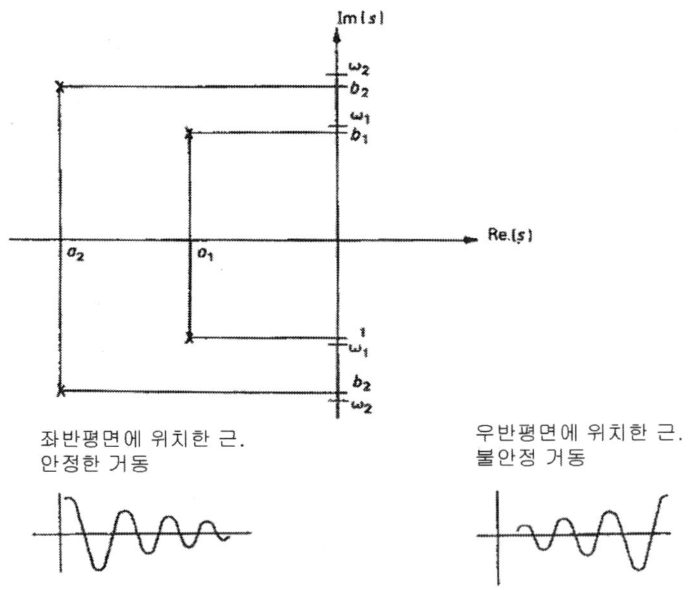

그림 3.11. s − 평면

시스템의 감쇠가 작은 경우에는 각 모드 주파수가 비감쇠 주파수와 거의 동일한 값을 갖는다. 즉, $b_1 \simeq \omega_1$ 및 $b_2 \simeq \omega_2$가 된다.

우측 $s-$평면에 존재하는 근은 지수가 양(플러스 값)이며 시간이 지남에 따라 증가하기 때문에 불안정한 거동을 의미한다. 반면에 좌측 $s-$평면에 존재하는 근의 지수는 음의 값이므로 안정한 거동을 나타낸다.

대부분의 수동적인 시스템(passive system)은 음의 실수를 갖기 때문에 안정한 시스템이지만 로켓과 같은 시스템은 불안정해 질 수 있으므로 시스템의 안정도를 중요한 이슈로 고려해야 한다. 앞서 언급한대로 주파수 방정식의 근을 $s-$평면에 플로팅하면 안정도를 판단할 수 있다. 그리고 이 기법은 제어시스템의 안정도를 판별할 때 유용하게 쓰인다.

3.2 다자유계의 진동

자유도가 셋 이상인 동적 시스템의 진동해석은 앞서 설명한 2자유계의 해석법과 동일한 방법으로 수행하면 된다. 다만 자유도가 증가하면 주파수 방정식을 풀기위해 수치해석법까지 동원해야 할 경우가 있으므로 해석이 번잡해진다. 물론 컴퓨터를 이용하면 쉽게 주파수 방정식의 근을 풀고 모드 형상도 구할 수 있다. 다자유계를 해석하기 위해 컴퓨터가 널리 쓰이며 프로그램을 돌려서 구한 결과가 오차 허용범위 안에 드는지 확신하기 위해 프로그램 작성에 쓰인 해석기법 및 수치해석 등의 기본사항을 이해해야 한다. 이런 이유 때문에 다자유계에 대한 기본 이론과 방정식을 유도해본다. 현재, 복잡한 구조 모델을 해석할 때 쓸 수 있는 계산 기법은 이미 개발되어 있으며 반복되는 작업을 효과적으로 처리하기 위한 컴퓨터 팩키지도 시중에 나와 있다. 그렇지만 행렬해법을 이용하면 구조 해석 및 계산 성능을 상당히 효과적으로 수행할 수 있다. 또한 에너지법에 기초한 라그랑주 방정식을 적용해서 해석해도 좋으며, 특별한 경우에는 리셉턴스기법을 써서 단순히 해석을 처리할 수도 있다. 먼저, 행렬해법에 대해 논의해보자.

3.2.1 행렬해법

여러 개의 방정식을 한 번에 다룰 때는 행렬해법이 편리하다. 그리고 시스템의 최저 고유주파수와 같은 특정한 정보를 상세해석을 따로 하지 않아도 얻을 수 있은 이점이 있다. 행렬기법은 진동문제를 풀기위한 컴퓨터 해법의 기본 형태이므로 특히 중요하다. 예제를 통해 이 기법을 설명해본다. 행렬해법에 대해 보다 상세한 지식을 원하면 J.M. Prentis & F.A. Leckie (Longmans, 1963)의 Mechanical Vibrations: Introduction to Matrix Methods를 참조하기 바란다.

《 예제 25 》

다음 그림처럼 모델링된 3자유계가 있다. 이 시스템의 최고 주파수와 이에 대응하는 모드 형상을 구하여라.

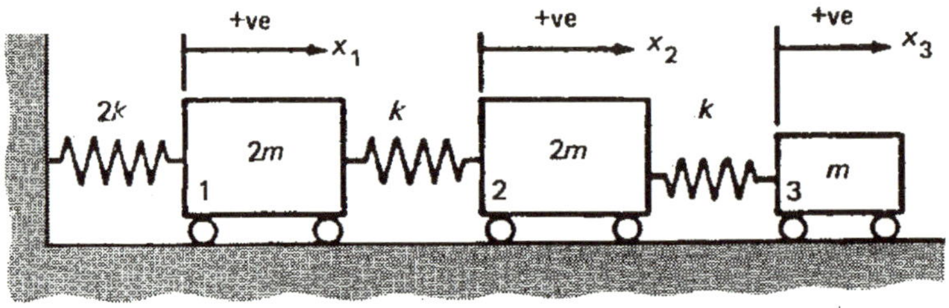

이 시스템의 운동방정식을 세우면 다음과 같다.

$$2m\ddot{x}_1 + 2kx_1 + k(x_1 - x_2) = 0$$
$$2m\ddot{x}_2 + k(x_2 - x_1) + k(x_2 - x_3) = 0$$
$$m\ddot{x}_3 + k(x_3 - x_2) = 0$$

이제 x_1, x_2 및 x_3를 $X\sin\omega t$ 형태로, 그리고 $\lambda = m\omega^2/k$라 두면 운동방정식은 다음과 같다.

$$\frac{3}{2}X_1 - \frac{1}{2}X_2 = \lambda X_1$$
$$-\frac{1}{2}X_1 + X_2 - \frac{1}{2}X_3 = \lambda X_2$$
$$-X_2 + X_3 = \lambda X_3$$

따라서 다음처럼 행렬로 나타낼 수 있다.

$$\begin{bmatrix} 1.5 & -0.5 & 0 \\ -0.5 & 1 & -0.5 \\ 0 & -1 & 1 \end{bmatrix} \begin{Bmatrix} X_1 \\ X_2 \\ X_3 \end{Bmatrix} = \lambda \begin{Bmatrix} X_1 \\ X_2 \\ X_3 \end{Bmatrix}$$

또는

$$[\mathrm{S}]\{\mathrm{X}\} = \lambda\{\mathrm{X}\}$$

여기서 [S] 는 시스템 행렬, {X}는 열 행렬(column matrix) 그리고 λ는 스칼라 값이다.
이런 행렬 방정식은 반복법(iteration)을 써서 푼다. 반복법은 열 행렬 {X}로 주어지는 열 행렬(모드 형상)을 먼저 가정하고 [S] 를 곱하여 새로운 열 행렬을 만든다. 그리고 이것을 정규화 시킨다. 정규화 시킬 때는 행렬의 요소들 가운데 제일 큰 값을 1로 만드는 수치로 각 요소를 나누는 방법을 흔히 쓴다. 열 행렬에 변화가 거의 없어 일정한 형식이 나타날 때까지 이런 과정을 반복한다. 결국 $\lambda = m\omega^2 k$이므로 최고 주파수를 구할 수 있다. 다음과 같이 모드 형상을 가정하고 반복법을 시작해보자.

$$\begin{Bmatrix} X_1 \\ X_2 \\ X_3 \end{Bmatrix} = \begin{Bmatrix} 1 \\ -1 \\ 2 \end{Bmatrix}$$

이제 다음처럼 [S] 를 곱한다.

$$\begin{bmatrix} 1.5 & -0.5 & 0 \\ -0.5 & 1 & -0.5 \\ 0 & -1 & 1 \end{bmatrix} \begin{Bmatrix} 1 \\ -1 \\ 2 \end{Bmatrix} = \begin{Bmatrix} 2 \\ -2.5 \\ 3 \end{Bmatrix} = 3 \begin{Bmatrix} 0.67 \\ -0.83 \\ 1.00 \end{Bmatrix}$$

새로 구한 열 행렬을 다시 [S] 와 곱한다.

$$\begin{bmatrix} 1.5 & -0.5 & 0 \\ -0.5 & 1 & -0.5 \\ 0 & -1 & 1 \end{bmatrix} \begin{Bmatrix} 0.67 \\ -0.83 \\ 1.00 \end{Bmatrix} = \begin{Bmatrix} 1.415 \\ -1.665 \\ 1.83 \end{Bmatrix} = 1.83 \begin{Bmatrix} 0.77 \\ -0.91 \\ 1.00 \end{Bmatrix}$$

이런 과정을 반복하면 다음과 같은 모드 형상을 얻을 수 있다.

$$\begin{bmatrix} 1.5 & -0.5 & 0 \\ -0.5 & 1 & -0.5 \\ 0 & -1 & 1 \end{bmatrix} \begin{Bmatrix} 1 \\ -1 \\ 1 \end{Bmatrix} = 2 \begin{Bmatrix} 1 \\ -1 \\ 1 \end{Bmatrix}$$

따라서 $\lambda = 2$이며 $\omega^2 = 2k/m$이다. λ는 [S] 의 고유치로써 이것과 대응하는 {X}가 [S] 의 고유벡터이다. 그리고 이 고유벡터가 바로 모드 형상이다.
이 경우, 최고 주파수는 $1/2\pi\sqrt{(2k/m)}$ Hz로 주어지고 이에 대응하는 모드 형상은 $1 : -1 : 1$이다. 만일 최저 주파수가 필요하면 최저 고유치를 구해서 얻을 수 있다. 즉, [S]{X} = λ {X}에 λ^{-1}[S]$^{-1}$을 선승하여 직접 구하며 [S]$^{-1}${X} = λ^{-1}{X}으로 된다. 이 식을 앞서 설명

한 반복법으로 풀면 가장 큰 값의 λ^{-1}이 계산되며 이것이 바로 최저 주파수이다. 첫 시도를 위해 다음처럼 모드 형상을 가정하면 좋을 것 같다.

$$\begin{Bmatrix} 1 \\ 1 \\ 2 \end{Bmatrix}$$

이 방법 대신에 연성 행렬을 구하여 최저 고유치를 산정할 수도 있다. 연성 행렬의 각 항은 유연도 영향계수를 나타내며 유연도 영향계수 α_{pq}는 q점에 단위하중을 가했을 때 p점에 발생하는 변위를 가리킨다. 따라서 각 물체에 작용하는 함은 질량과 가속의 곱이므로 다음 식이 성립한다.

$$X_1 = \alpha_{11} 2mX_1\omega^2 + \alpha_{12} 2mX_2\omega^2 + \alpha_{13} mX_3\omega^2$$
$$X_2 = \alpha_{21} 2mX_1\omega^2 + \alpha_{22} 2mX_2\omega^2 + \alpha_{23} mX_3\omega^2$$
$$X_3 = \alpha_{31} 2mX_1\omega^2 + \alpha_{32} 2mX_2\omega^2 + \alpha_{33} mX_3\omega^2$$

이것을 행렬을 이용하면 다음과 같이 정리된다.

$$\begin{bmatrix} 2\alpha_{11} & 2\alpha_{12} & \alpha_{13} \\ 2\alpha_{21} & 2\alpha_{22} & \alpha_{23} \\ 2\alpha_{31} & 2\alpha_{32} & \alpha_{33} \end{bmatrix} \begin{Bmatrix} X_1 \\ X_2 \\ X_3 \end{Bmatrix} = \frac{1}{m\omega^2} \begin{Bmatrix} X_1 \\ X_2 \\ X_3 \end{Bmatrix}$$

유연도 영향계수는 단위 하중이나 단위 모멘트를 각 물체에 차례로 가한 다음 변위를 계산하여 구한다. 이 경우, 지지점 사이 및 하중의 작용점에 동일한 크기의 단위하중이 작용하므로 그 하중점의 변위는 늘어난 스프링들의 신장된 길이의 합으로 주어진다. 그리고 하중의 작용점 너머 각 점들의 변위는 동일하다. 따라서 다음과 같이 유연도 영향계수를 산정할 수 있다.

$$\alpha_{11} = \alpha_{12} = \alpha_{13} = \alpha_{21} = \alpha_{31} = \frac{1}{2k}$$
$$\alpha_{22} = \alpha_{23} = \alpha_{32} = \frac{1}{2k} + \frac{1}{k} = \frac{3}{2k}$$
$$\alpha_{33} = \frac{1}{2k} + \frac{1}{k} + \frac{1}{k} = \frac{5}{2k}$$

반복법을 수행하면 고유치 $k/m\omega^2$의 최대값으로 수렴하므로 최저 주파수를 구할 수 있다. 시스템이 갖는 또 다른 고유주파수를 구하려면 주 모드간의 직교성을 이용해야 한다.

3.2.1.1 모드의 직교성

자유도 수가 n이고 n개의 고유주파수와 모드 형상을 갖는 선형 시스템을 생각하자. n자유도계에서 주 모드 사이의 직교성은 다음과 같이 기술된다.

$$\sum_{i=1}^{n} m_i A_i(r) A_i(s) = 0$$

여기서 $A_i(r)$은 r차 모드의 진폭 그리고 $A_i(s)$는 s차 모드의 진폭을 가리킨다. 이 관계를 이용하면 시스템 행렬에서 불필요한 모드를 제거할 수 있는데 다음 예제를 통해 설명하고자 한다.

《 예제 26 》

다음과 같이 3개의 자유도를 갖는 시스템을 생각해보자.

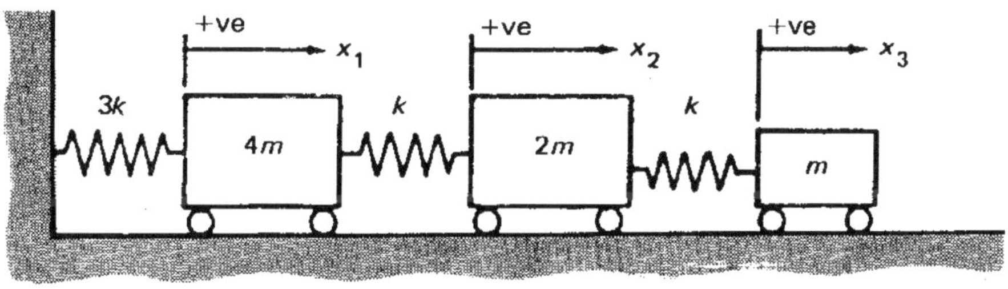

영향계수를 써서 구한 운동방정식은 다음과 같다.

$$X_1 = 4\alpha_{11} m X_1 \omega^2 + 2\alpha_{12} 2m X_2 \omega^2 + \alpha_{13} m X_3 \omega^2$$
$$X_2 = 4\alpha_{21} m X_1 \omega^2 + 2\alpha_{22} m X_2 \omega^2 + \alpha_{23} m X_3 \omega^2$$
$$X_3 = 4\alpha_{31} m X_1 \omega^2 + 2\alpha_{32} m X_2 \omega^2 + \alpha_{33} m X_3 \omega^2$$

따라서

$$\begin{Bmatrix} X_1 \\ X_2 \\ X_3 \end{Bmatrix} = m\omega^2 \begin{bmatrix} 4\alpha_{11} & 2\alpha_{12} & \alpha_{13} \\ 4\alpha_{21} & 2\alpha_{22} & \alpha_{23} \\ 4\alpha_{31} & 2\alpha_{32} & \alpha_{33} \end{bmatrix} \begin{Bmatrix} X_1 \\ X_2 \\ X_3 \end{Bmatrix}$$

한편 영향계수는 다음과 같다.

$$\alpha_{11} = \alpha_{12} = \alpha_{13} = \alpha_{21} = \alpha_{31} = \frac{1}{3k}$$

$$\alpha_{22} = \alpha_{23} = \alpha_{32} = \frac{4}{3k}$$

$$\alpha_{33} = \frac{7}{3k}$$

그러므로

$$\begin{Bmatrix} X_1 \\ X_2 \\ X_3 \end{Bmatrix} = \frac{m\omega^2}{3k} \begin{bmatrix} 4 & 2 & 1 \\ 4 & 8 & 4 \\ 4 & 8 & 7 \end{bmatrix} \begin{Bmatrix} X_1 \\ X_2 \\ X_3 \end{Bmatrix}$$

이제 다음과 같이 1차 모드 형상을 가정하고 반복법을 시행한다.

$$\begin{Bmatrix} 1 \\ 2 \\ 4 \end{Bmatrix}$$

이 모드 형상은 물체의 질량비와 반비례하도록 가정한 값이다.
반복법을 시행한 결과에 의해 1차 모드는 다음과 같이 산정된다.

$$\begin{Bmatrix} 1.0 \\ 3.2 \\ 4.0 \end{Bmatrix} = \frac{14.4\,m\omega^2}{3k} \begin{Bmatrix} 1.0 \\ 3.18 \\ 4.0 \end{Bmatrix}$$

그러므로 $\omega_1 = 0.46\sqrt{k/m}$ rad/s 이다.
2차 모드 형상을 구하려면 직교성을 이용해서 다음처럼 시스템 행렬의 1차 모드를 제거하면 된다.

$$m_1 A_1 A_2 + m_2 B_1 B_2 + m_3 C_1 C_2 = 0$$

그런데 1차 모드는 다음과 같다.

$$\begin{Bmatrix} 1.0 \\ 3.18 \\ 4.0 \end{Bmatrix}$$

따라서 1차 모드 대입하면 다음 관계식을 얻을 수 있다.

$$4m\,(1.0)A_2 + 2m(3.18)B_2 + m_3(4.0)C_2 = 0 \qquad \therefore A_2 = -1.59B_2 - C_2$$

이 관계식의 1.59를 1.6으로 반올림하여 다음과 같이 정리해보자.

$$\begin{Bmatrix} A_2 \\ B_2 \\ C_2 \end{Bmatrix} = \begin{bmatrix} 0 & -1.6 & -1 \\ 0 & 1 & 0 \\ 0 & 0 & 1 \end{bmatrix} \begin{Bmatrix} A_2 \\ B_2 \\ C_2 \end{Bmatrix}$$

이 소거행렬을 다음과 같이 원래의 행렬 방정식과 결합시켜 반복법을 시행하면 1차 모드는 제거되고 2차 모드로 수렴된다.

$$\begin{Bmatrix} X_1 \\ X_2 \\ X_3 \end{Bmatrix} = \frac{m\omega^2}{3k} \begin{bmatrix} 4 & 2 & 1 \\ 4 & 8 & 4 \\ 4 & 8 & 7 \end{bmatrix} \begin{bmatrix} 0 & -1.6 & -1 \\ 0 & 1 & 0 \\ 0 & 0 & 1 \end{bmatrix} \begin{Bmatrix} X_1 \\ X_2 \\ X_3 \end{Bmatrix}$$

$$= \frac{m\omega^2}{3k} \begin{bmatrix} 0 & -4.4 & -3 \\ 0 & 1.6 & 0 \\ 0 & 1.6 & 3 \end{bmatrix} \begin{Bmatrix} X_1 \\ X_2 \\ X_3 \end{Bmatrix}$$

이제 다음과 같이 2차 모드를 가정한다.

$$\begin{Bmatrix} 1 \\ 0 \\ -1 \end{Bmatrix}$$

그리고 반복법을 시행한다.

$$\begin{Bmatrix} 1 \\ 0 \\ -1 \end{Bmatrix} = \frac{m\omega^2}{3k} \begin{bmatrix} 0 & -4.4 & -3 \\ 0 & 1.6 & 0 \\ 0 & 1.6 & 3 \end{bmatrix} \begin{Bmatrix} 1 \\ 0 \\ -1 \end{Bmatrix} = \frac{m\omega^2}{k} \begin{Bmatrix} 1 \\ 0 \\ -1 \end{Bmatrix}$$

따라서 $\omega_2 = \sqrt{k/m}$ rad/s이며 2차 모드는 $1 : 0 : -1$이다.

끝으로 3차 모드를 구하기 위해 다시 직교성을 이용해 보자.

$$m_1 A_2 A_3 + m_2 B_2 B_3 + m_3 C_2 C_3 = 0$$

그리고

$$m_1A_1A_3 + m_2B_1B_3 + m_3C_1C_3 = 0$$

한편 앞서 구한 모드 형상은

$$A_1 = 1.0 \qquad B_1 = 3.18 \qquad C_1 = 4.0$$
$$A_2 = 1.0 \qquad B_2 = 0 \qquad C_2 = -1.0$$

이 값들을 위 식에 대입하면 다음 식을 얻는다.

$$\begin{Bmatrix} A_3 \\ B_3 \\ C_3 \end{Bmatrix} = \begin{bmatrix} 0 & 0 & 0.25 \\ 0 & 0 & -0.78 \\ 0 & 0 & 1 \end{bmatrix} \begin{Bmatrix} A_3 \\ B_3 \\ C_3 \end{Bmatrix}$$

이 소거행렬을 다음과 같이 2차 모드를 구하는 방정식과 결합시켜 반복법을 시행하면 2차 모드는 제거되고 3차 모드로 수렴된다.

$$\begin{Bmatrix} X_1 \\ X_2 \\ X_3 \end{Bmatrix} = \frac{m\omega^2}{3k} \begin{bmatrix} 0 & -4.4 & -3 \\ 0 & 1.6 & 0 \\ 0 & 1.6 & 3 \end{bmatrix} \begin{bmatrix} 0 & 0 & 0.25 \\ 0 & 0 & -0.78 \\ 0 & 0 & 1 \end{bmatrix} \begin{Bmatrix} X_1 \\ X_2 \\ X_3 \end{Bmatrix}$$

$$= \frac{m\omega^2}{3k} \begin{bmatrix} 0 & 0 & 0.43 \\ 0 & 0 & -1.25 \\ 0 & 0 & 1.75 \end{bmatrix} \begin{Bmatrix} X_1 \\ X_2 \\ X_3 \end{Bmatrix}$$

그러므로

$$\begin{Bmatrix} X_1 \\ X_2 \\ X_3 \end{Bmatrix} = 1.75\,\frac{m\omega^2}{3k} \begin{bmatrix} 0 & 0 & 0.25 \\ 0 & 0 & -0.72 \\ 0 & 0 & 1 \end{bmatrix} \begin{Bmatrix} X_1 \\ X_2 \\ X_3 \end{Bmatrix}$$

이제 3차 모드를 가정하고 반복법을 수행하면 된다. 반복법을 이용하여 구한 결과, 3차 모드는 다음과 같다.

$$\begin{Bmatrix} 0.25 \\ -0.72 \\ 1.0 \end{Bmatrix}$$

그리고 $\omega_3 = 1.32\sqrt{k/m}$ rad/s이다.

이러한 소거 행렬을 적용하여 고차 모드로 수렴시킬 때, 반올림에 의한 오차문제가 중요한 이슈로 대두될 수 있다.

3.2.2 라그랑주(Lagrange) 방정식

동적 시스템을 취급할 때 에너지법과 라그랑주 방정식을 함께 적용하면 복잡한 시스템을 해석하는데 효과적인 도구가 된다. 에너지법을 쓰면 운동방정식을 일반좌표계로 나타낼 수 있다. 여기서 말하는 일반좌표계란 시스템의 위치를 완벽하게 지정하는 독립 파라메타의 집합을 말한다. 라그랑주 방정식의 기본 형태는 일반좌표계 q_i로서 다음과 같이 주어진다.

$$\frac{\mathrm{d}}{\mathrm{d}t}\left(\frac{\partial(T)}{\partial\dot{q}_i}\right)-\left(\frac{\partial(T)}{\partial q_i}\right)+\left(\frac{\partial(V)}{\partial q_i}\right)+\left(\frac{\partial(DE)}{\partial\dot{q}_i}\right)=Q_i$$

여기서 T는 시스템의 전체 운동에너지, V는 전체 위치에너지, DE는 선형 감쇠로써 소산된 에너지 (점성감쇠의 경우에 $DE=\frac{1}{2}c\dot{x}^2$), Q_i는 시스템에 작용하는 일반 외력, 그리고 q_i는 시스템의 위치를 나타내는 일반좌표계를 가리킨다.

한편 n차 자유계를 라그랑주 방정식으로 다룰 때, 아래첨자 i를 써서 n개의 운동방정식으로 표현한다. 에너지 보존이 되는 자유 시스템의 경우에는 Q_i와 DE가 모두 제로이므로 라그랑주 방정식은 다음과 같이 간단히 정리된다.

$$\frac{\mathrm{d}}{\mathrm{d}t}\left(\frac{\partial(T)}{\partial\dot{q}_i}\right)-\left(\frac{\partial(T)}{\partial q_i}\right)+\left(\frac{\partial(V)}{\partial q_i}\right)=0_i$$

라그랑주 방정식의 모든 유도 과정을 알고 싶으면 W.T. Thomson의 Vibration Theory and Applications (Allen & Unwin, 1989)를 참고하기 바란다.

《 예제 27 》

질량이 M이고 반경이 R인 실린더가 있다. 질량이 m인 추가 그림과 같이 팔 길이 l인 링크에 매달려 실린더 축에 핀으로 고정되어 있다. 추의 고유주파수를 구하여라. 단, 실린더는 수평면 위를 자유롭게 구를 수 있다.

문제에서 일반화 좌표는 x_1과 x_2이다. 이 두 좌표를 쓰면 시스템의 위치를 독립적으로 완벽하게 지정할 수 있다.

$$T=\frac{1}{2}M(\dot{x}_1)^2+\frac{1}{2}(\frac{1}{2}MR^2)(\dot{\theta})^2+\frac{1}{2}m(\dot{x}_2)^2$$
$$=\frac{1}{2}M(\dot{x}_1)^2+\frac{1}{2}\left(\frac{1}{2}M(\dot{x}_1)^2\right)+\frac{1}{2}m(\dot{x}_2)^2$$

그리고 ϕ이 작은 각이라면

$$V=mgl(1-\cos\phi)=(mgl/2)\phi^2=(mg/2l)(x_2-x_1)^2$$

이제 $q_i=x_1$로 보고 라그랑주 방정식을 적용하면 다음과 같다.

$$(\mathrm{d}/\mathrm{d}t)(\partial T/\partial\dot{x}_1)=M\ddot{x}_1+\frac{1}{2}M\ddot{x}_1$$
$$\partial V/\partial x_1=(mg/2l)(-2x_2+2x_1)$$

따라서 운동방정식을 다음과 같다.

$$\frac{3}{2}M\ddot{x}_1+(mg/l)(x_1-x_2)=0$$

다음은 $q_i=x_2$로 보고 라그랑주 방정식을 적용한다.

$$(\mathrm{d}/\mathrm{d}t)(\partial T/\partial\dot{x}_2)=m\ddot{x}_2$$
$$\partial V/\partial x_2=(mg/2l)(2x_2-2x_1)$$

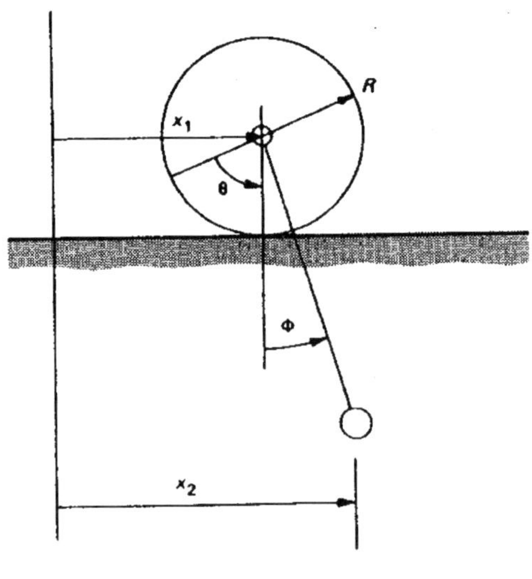

그러므로 다음과 같은 운동방정식을 얻는다.

$$m\ddot{x}_2 + (mg/l)(x_2 - x_1) = 0$$

이상의 두 운동방정식을 풀기위해 $x_1 = X_1 \sin \omega t$ 및 $x_2 = X_2 \sin \omega t$ 라 놓고 운동방정식에 대입한 후에 정리하면 다음과 같다.

$$X_1((mg/l) - (3M/2)\omega^2) + X_2(-mg/l) = 0$$
$$X_1(-mg/l) + X_2((mg/l) - m\omega^2) = 0$$

따라서 주파수 방정식은 다음과 같다.

$$(3M/2)\omega^4 - (g/l)\omega^2(m + (3M/2)) = 0$$

고유주파수는 $\omega = 0$와 $\omega = \sqrt{(1+2m/3M)g/l}$ rad/s 이다. 그리고 $X_1/X_2 = -2m/3M$이다.

《 예제 28 》

다음 그림처럼 3개의 진자를 갖는 시스템의 운동방정식을 구하여라.

$$T = \frac{1}{2}m_1L^2(\dot{\theta}_1)^2 + \frac{1}{2}m_2L^2(\dot{\theta}_2)^2 + m_3L^2(\dot{\theta}_3)^2$$
$$V = m_1gL(1-\cos\theta_1) + m_2gL(1-\cos\theta_2) + m_3gL(1-\cos\theta_3)$$
$$+ \frac{1}{2}k_1(a\sin\theta_2 - a\sin\theta_1)^2 + \frac{1}{2}k_2(a\sin\theta_3 - a\sin\theta_2)^2$$

끝으로 $q_i = \theta_1, \theta_2, \theta_3$로 보고 차례로 라그랑주 방정식을 적용하면 운동방정식이 구해진다. 단, θ는 작은 값으로 보고 $\sin\theta \simeq \theta$ 와 $\cos\theta \simeq 1-\theta^2/2$이 성립한다고 가정한다.

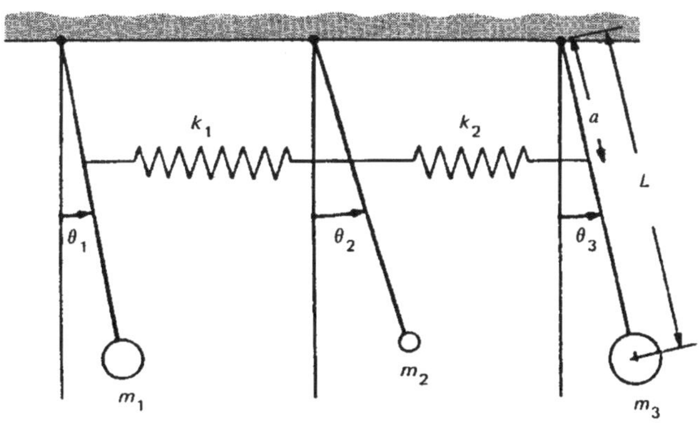

《 예제 29 》

구조물을 기계 진동으로부터 격리시키기 위해 커다란 블록위에 기계를 설치했다. 이 블록은 그림처럼 네 개의 스프링에 의해 지지되어 있다. 이 블록에 대해 운동방정식을 세워 보아라.

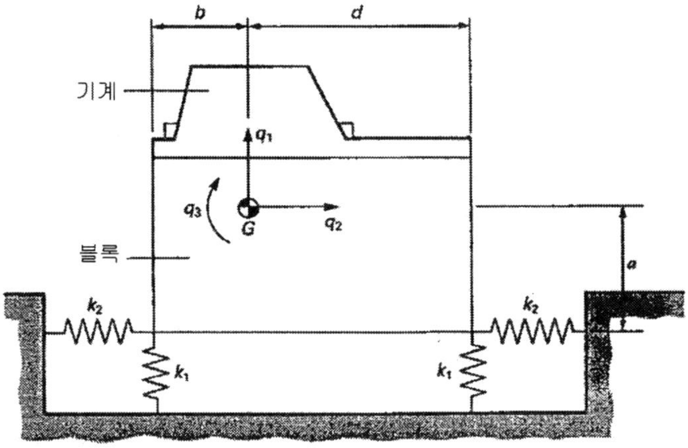

블록의 거동을 묘사하기 위해 쓰인 좌표는 q_1, q_2, q_3이다. 이들 좌표만 이용하면 블록의 거동을 완전히 나타낼 수 있으며 다른 어떤 구속 조건과 무관하므로 이 좌표는 일반 좌표계이다. 단, 블록과 기계를 합한 중량은 M, 그리고 중심 G에 대한 전체 질량 관성모멘트는 I_G라 한다.

먼저, 시스템의 전체 운동에너지와 위치에너지를 구한다.

$$T = \frac{1}{2}M(\dot{q_1})^2 + \frac{1}{2}M(\dot{q_2})^2 + \frac{1}{2}I_G(\dot{q_3})^2$$

$V =$ 스프링들에 저장된 변형에너지

$$= \frac{1}{2}k_1(q_1 + bq_3)^2 + \frac{1}{2}k_1(q_1 - dq_3)^2 + \frac{1}{2}k_2(q_2 - aq_3)^2 + \frac{1}{2}k_2(q_2 - aq_3)^2$$

이제 $q_i = q_1$로 보고 라그랑주 방정식을 적용한다.

$$\frac{\partial T}{\partial q_1} = 0$$

$$\frac{\partial T}{\partial \dot{q_1}} = M\dot{q_1} \qquad \therefore \frac{d}{dt} \times \frac{\partial T}{\partial \dot{q_1}} = M\ddot{q_1}$$

그리고

$$\frac{\partial V}{\partial q_1} = k_1(q_1 + bq_3) + k_1(q_1 - dq_3)$$

따라서 첫 번째 운동방정식은 다음과 같다.

$$M\ddot{q}_1 + 2k_1q_1 + k_1(b-d)q_3 = 0$$

같은 방법으로 $q_i = q_2$, $q_i = q_3$로 보고 라그랑주 방정식을 차례로 적용하면 다음 두 개의 운동방정식을 얻는다.

$$M\ddot{q}_2 + 2k_1q_2 + 2ak_2q_3 = 0$$
$$I_G\ddot{q}_3 + k_1(b-d)q_1 - 2ak_2q_2 + ((b^2+d^2)k_1 + 2a^2k_2)q_3 = 0$$

따라서 이 시스템의 운동방정식에는 세 개의 좌표가 연계되어 있다. 고유주파수는 $q_i = A_i \sin\omega t$를 운동방정식에 대입하여 주파수 방정식을 구하고 이에 대한 근을 계산하면 된다.

3.2.3 리셉턴스(receptances)

리셉턴스를 이용하여 비감쇠 다자유계를 해석하는 방법에 대해 논의해보자. 특히 이 방법은 시스템의 고유주파수만 구할 때 편리하다. 어떤 선형 시스템에 조화 가진력 $F\sin\nu t$가 어떤 지점에 작용하여 이 시스템이 주파수 ν로 응답하고 이 지점의 변위가 $x = X\sin\nu t$으로 주어진다고 할 때 $x = \alpha\sin\nu t$를 x의 직접 리셉턴스(direct receptance)라 부른다. 여기서 α는 시스템 파라메타의 한 함수를 가리킨다. 만일, 가진력이 작용하고 있는 곳이 아닌 다른 점에서 변위가 결정된다면 α는 전달 리셉턴스(transfer receptance) 또는 크로스 리셉턴스(cross receptance)라 부른다.

한편, 리셉턴스가 무한대가 되는 곳의 주파수가 곧 시스템의 고유주파수가 됨을 알 수 있다. 또한, 리셉턴스는 그 지점의 기울기를 나타내는 회전 좌표와 변위를 나타내는 이동 좌표로서 나타낼 수 있다.

질량이 m인 물체에 가진력 $F\sin\nu t$가 작용할 때 응답이 $x = X\sin\nu t$으로 주어진다면 다음 식이 성립한다.

$$F\sin\nu t = m\ddot{x} = m(-X\nu^2\sin\nu t) = -m\nu^2 x$$

따라서

$$x = -\frac{1}{m\nu^2} F \sin \nu t$$

그러므로 α는 다음과 같이 주어진다.

$$\alpha = -\frac{1}{m\nu^2}$$

이것이 물체의 직접 리셉턴스가 된다.
한편 스프링의 직접 리셉턴스는 $\alpha = 1/k$로 주어진다.
비감쇠 단자유계의 운동방정식을 생각해보자.

$$m\ddot{x} + kx = F \sin \nu t$$

이 경우, $x = X \sin \nu t$라 하면 이 단자유계의 직접 리셉턴스는 $\alpha = 1/(k - m\nu^2)$이다.
복잡한 시스템의 경우에는 직접 리셉턴스와 크로스 리셉턴스를 구분할 필요가 있으며 리셉턴스의 산정 지점도 정해야 한다. 따라서 아래첨자를 써서 이를 표기해보자. 아래첨자의 첫 번째 문자는 응답의 측정 위치를 가리키며 두 번째 문자는 가진력이 작용하는 위치를 가리킨다. 즉, 크로스 리셉턴스 α_{pq}는 p점의 응답을 q점에 작용하는 조화 가진력으로 나눈 값이다. 그리고 α_{pp}와 α_{qq}는 p점과 q점의 직접 리셉턴스를 말한다.
그림 3.12의 2자유계에 대해 생각해보자.

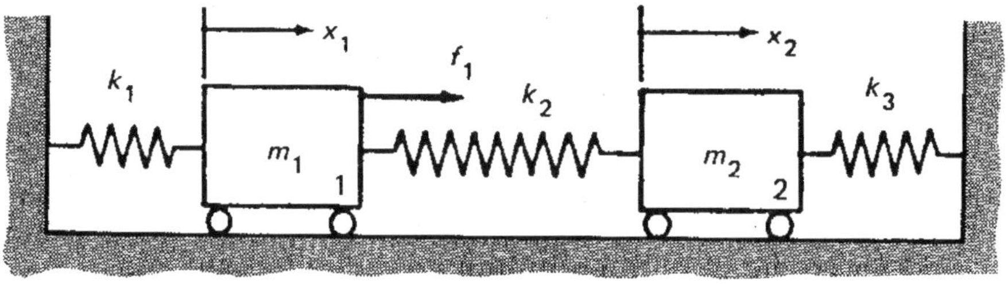

그림 3.12 강제 진동을 하는 2자유계

이 시스템에 대한 운동방정식을 세우면 다음과 같다.

$$m_1\ddot{x}_1 + (k_1 + k_2)x_1 - k_2 x_2 = f_1$$
$$m_2\ddot{x}_2 + (k_2 + k_3)x_2 - k_2 x_1 = 0$$

이제 $f_1 = F_1 \sin \nu t$, 그리고 $x_1 = X_1 \sin \nu t$, $x_2 = X_2 \sin \nu t$로 가정하고 운동방정식에 대입하면

$$(k_1 + k_2 - m_1\nu^2)X_1 + (-k_2)X_2 = F_1$$
$$(-k_2)X_1 + (k_2 + k_3 - m_2\nu^2)X_2 = 0$$

따라서

$$\alpha_{11} = \frac{X_1}{F_1} = \frac{k_2 + k_3 - m_2\nu^2}{\Delta}$$

이때

$$\Delta = (k_1 + k_2 - m_1\nu^2)(k_2 + k_3 - m_2\nu^2) - k_2^2$$

α_{11} 는 직접 리셉턴스이며 $\Delta = 0$로 두면 주파수 방정식이 된다.
한편 크로스 리셉턴스 α_{21} 다음과 같다.

$$\alpha_{21} = \frac{X_2}{F_1} = \frac{k_2}{\Delta}$$

이 시스템에는 두 번째 물체에 작용하는 가진력 f_2에 의한 응답, 즉 리셉턴스 α_{12}와 α_{22}도 있으며 상반원리에 의해 $\alpha_{12} = \alpha_{21}$이므로 대칭행렬이 된다.
결국 시스템 응답은 다음처럼 표현할 수 있다.

$$X_1 = \alpha_{11}F_1 + \alpha_{12}F_2$$
$$X_2 = \alpha_{21}F_1 + \alpha_{22}F_2$$

즉,

$$\begin{Bmatrix} X_1 \\ X_2 \end{Bmatrix} = \begin{bmatrix} \alpha_{11} & \alpha_{12} \\ \alpha_{21} & \alpha_{22} \end{bmatrix} \begin{Bmatrix} F_1 \\ F_2 \end{Bmatrix}$$

복잡한 시스템을 해석할 때, 적합 및 평형조건을 이용하여 단순한 몇 개의 시스템이 연결된 것으로 간주하면 편리한 경우가 있다. 즉, 전체 시스템을 분리해서 몇 개의 부시스템(subsystem)으

로 쪼개고, 각 부시스템들을 따로 해석하는 방법이 있다. 이 방법은 부시스템과 부시스템이 연결된 점에서 각 부시스템의 리셉턴스를 구하고 적합 및 평형조건을 적용하여 모든 부시스템을 결합시키는 것이다.
예를 들어, 동적 시스템 C의 유일한 좌표계 x_1에서 직접 리셉턴스 r_{11}을 구하기 위해 그림 3.13과 같이 주어진 시스템을 두 개의 부시스템 A, B로 나누어 생각해보자.

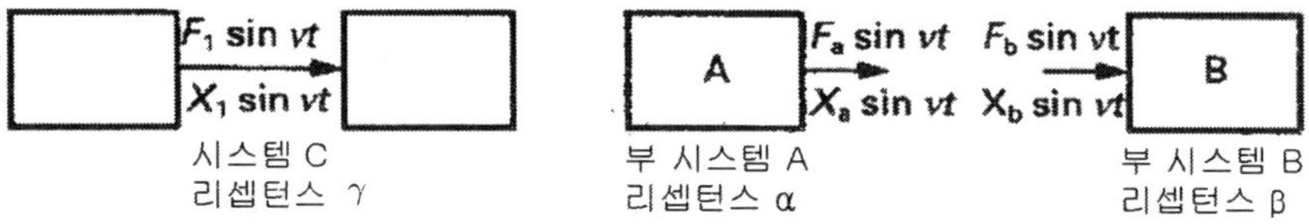

그림 3.13. 동적 시스템

리셉턴스의 정의에 의해

$$r_{11} = \frac{X_1}{F_1}, \qquad \alpha_{11} = \frac{X_\mathrm{a}}{F_\mathrm{a}}, \qquad \beta_{11} = \frac{X_\mathrm{b}}{F_\mathrm{b}}$$

두 부시스템은 서로 연결되어 있으므로 적합조건을 적용하면

$$X_\mathrm{a} = X_\mathrm{b} = X_1$$

그리고 다음처럼 평형조건을 적용한다.

$$F_1 = F_\mathrm{a} + F_\mathrm{b}$$

따라서 다음의 관계식을 얻을 수 있다.

$$\frac{1}{r_{11}} = \frac{1}{\alpha_{11}} + \frac{1}{\beta_{11}}$$

즉, 시스템의 리셉턴스 γ는 부시스템의 리셉턴스 통해 구할 수 있다. 단순 스프링-질량 시스템의 경우 부시스템 A는 스프링, B는 물체로 간주하면 된다. 따라서 $\alpha_{11} = 1/k$, $\beta_{11} = -1/m\nu^2$ 그리고 $1/\gamma_{11} = k - m\nu^2$이다. 주파수 방정식은 $r_{11} = \infty$ 되는 조건을 적용하면 되므로 $\alpha_{11} + \beta_{11} = 0$가 된다.

그림 3.14와 같은 비감쇠 흡진기 시스템의 경우, 그림에 나타낸 것처럼 A와 B로 부시스템을 나눌 수 있다.

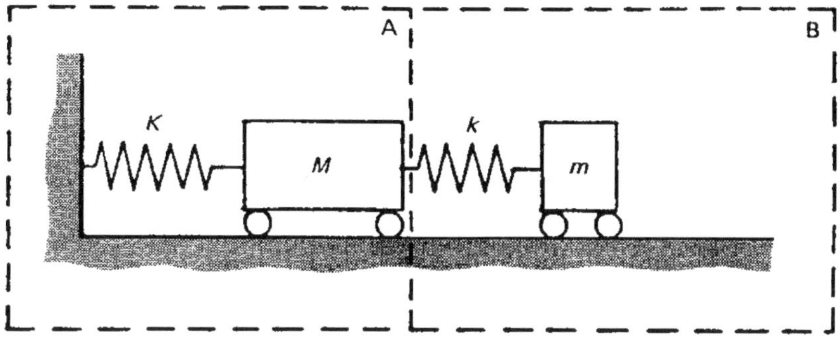

그림 3.14. 비감쇠 흡진기 시스템

부시스템 A:

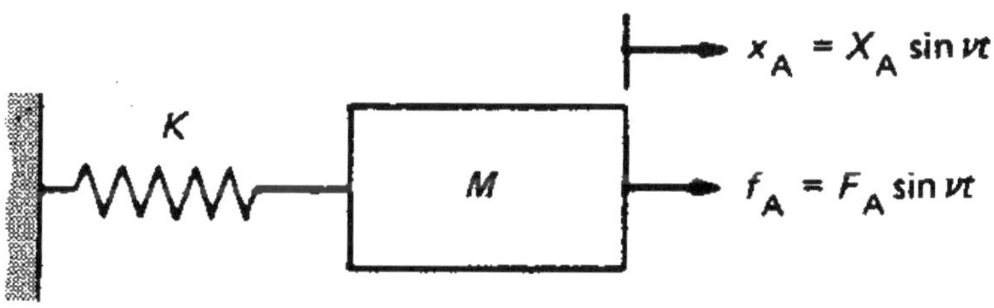

$$f_A = M\ddot{x}_A + Kx_A \qquad \therefore\ \alpha = 1/(K - M\nu^2)$$

부시스템 B:

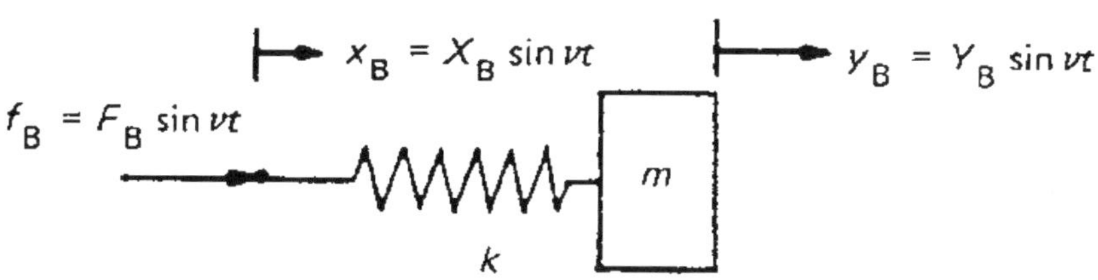

$$f_B = k(x_B - y_B) = m\ddot{y}_B = -m\nu^2 Y_B \qquad \therefore\ \beta = -(k - m\nu^2)/km\nu^2$$

주파수 방정식은 $\alpha+\beta=0$이므로

$$Mm\nu^4-(mK+Mk+mk)\nu^2+Kk=0$$

그런데 주파수 방정식 $\alpha+\beta=0$를 도해적인 방법을 써서 풀면 편리한 경우가 있다. 흡진기의 경우, α, $-\beta$ 모두 ν의 함수로 플로팅할 수 있고 그림 3.15처럼 각 교점이 바로 고유주파수 Ω_1과 Ω_2가 된다. 주 시스템에 다른 흡진기를 추가하는 경우에도 전체 시스템을 재해석할 필요 없이 단지 그림 3.15에 각 흡진기의 리셉턴스를 스케치해서 전체 시스템의 Ω_1과 Ω_2를 찾아내면 된다.

이 리셉턴스 기법은 기존 시스템에 어떠한 동적 시스템을 추가시킬 때 발생하는 효과를 검토할 경우 특히 유용하게 쓰인다. 예를 들면 기존 건물에 바닥층을 추가로 시공하는 경우나 공조 설비를 신설하는 경우를 생각해볼 수 있다. 일단 원래 시스템의 리셉턴스만 알면, 추가되는 시스템에 대한 해석만 한 후에 이것을 원래 시스템에 합하면 된다. 예제 30처럼 어떤 동적 시스템의 리셉턴스는 계측하고 오직 그래프 로 나타내야만 하는 경우도 있다.

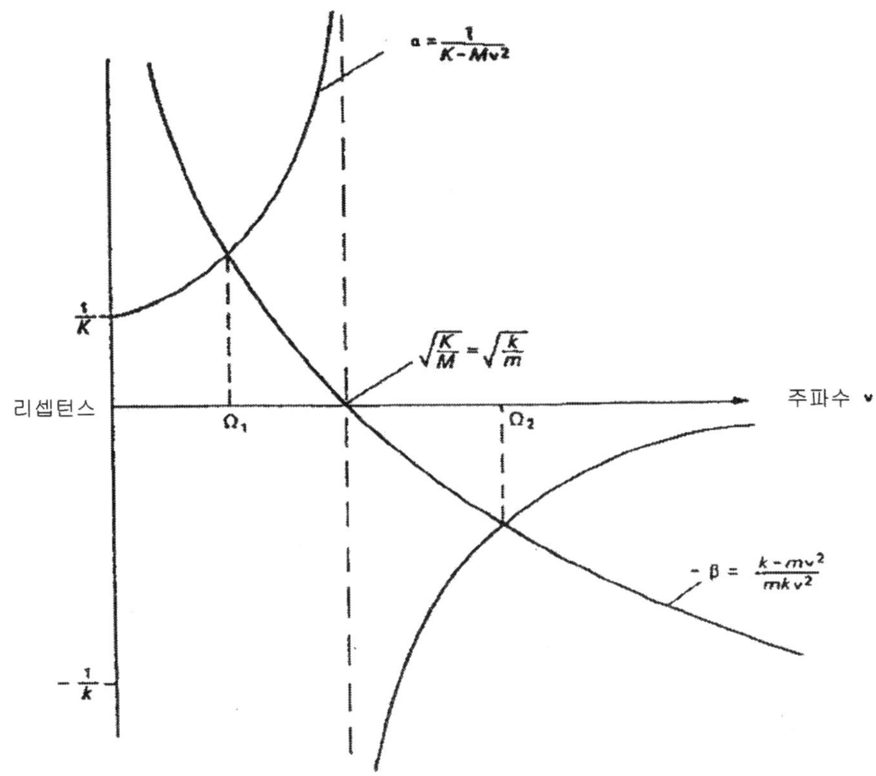

그림 3.15. 흡진기 리셉턴스

그림 3.16처럼 부시스템이 변형과 기울기를 나타내는 두 좌표로 연결된 경우를 생각해보자.

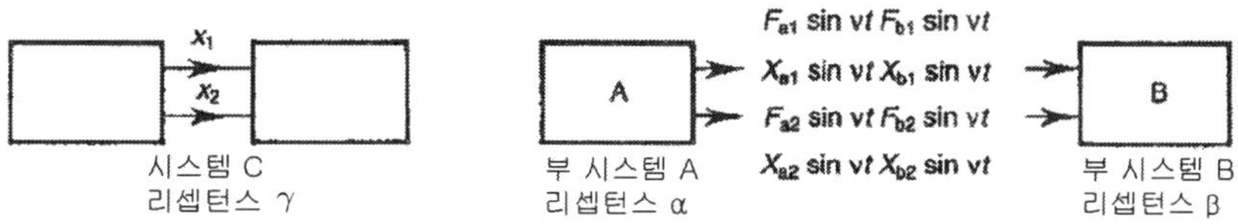

그림 3.16. 가진력과 시스템 응답

이 경우, 다음 식이 성립한다.

$$X_{a1} = \alpha_{11}F_{a1} + \alpha_{12}F_{a2}$$
$$X_{a2} = \alpha_{21}F_{a1} + \alpha_{22}F_{a2}$$
$$X_{b1} = \beta_{11}F_{b1} + \beta_{12}F_{b2}$$
$$X_{b2} = \beta_{21}F_{b1} + \beta_{22}F_{b2}$$

이 시스템에 작용하고 있는 가진력과 모멘트는 $F_1 \sin \nu t$와 $F_2 \sin \nu t$이다. 여기서 $F_1 = F_{a1} + F_{b1}$, 그리고 $F_2 = F_{a2} + F_{b2}$으로 주어진다.
그리고 두 부시스템은 연결되어 있으므로

$$X_1 = X_{a1} = X_{b1}$$

그리고

$$X_2 = X_{a2} = X_{b2}$$

만일 가진력이 x_1에만 작용하면 $F_2 = 0$이며 γ_{11}은 다음과 같이 주어진다.

$$\gamma_{11} = \frac{X_1}{F_1} = \frac{\alpha_{11}(\beta_{11}\beta_{22} - \beta_{12}^2) + \beta_{11}(\alpha_{11}\alpha_{22} - \alpha_{12}^2)}{\Delta}$$

여기서

$$\Delta = (\alpha_{11} + \beta_{11})(\alpha_{22} + \beta_{22}) - (\alpha_{12} + \beta_{12}^2)$$

그리고

$$\gamma_{21} = \frac{X_2}{F_1} = \frac{\alpha_{12}(\beta_{11}\beta_{22} - \alpha_{12}\beta_{12}) - \beta_{12}(\alpha_{11}\alpha_{22} - \alpha_{12}\beta_{12})}{\Delta}$$

만일 $F_1 = 0$이면 γ_{22}는 다음과 같이 주어진다.

$$\gamma_{22} = \frac{X_2}{F_2} = \frac{\alpha_{22}(\beta_{11}\beta_{22} - \beta_{12}^{\ 2}) - \beta_{22}(\alpha_{11}\alpha_{22} - \alpha_{12}^{\ 2})}{\Delta}$$

그리고 $\Delta = 0$로 두면 주파수 방정식이 되므로 시스템 C의 고유주파수는 다음 행렬식으로 주어진다.

$$\begin{vmatrix} \alpha_{11} + \beta_{11} & \alpha_{12} + \beta_{12} \\ \alpha_{21} + \beta_{21} & \alpha_{22} + \beta_{22} \end{vmatrix} = 0$$

이와 같이 시스템의 주파수 방정식을 구할 때 오직 부시스템들의 리셉턴스만 필요하므로 매우 유용한 방법이다. 동적 시스템에 대한 리셉턴스를 구하는 문제에 보다 상세한 정보를 얻고자 하면 R. E. D. Bishop & D. C. Johnson의 The Mechanics of Vibration (CUP 1960/1979)을 참고하기 바란다. 한 시스템을 여러 부시스템으로 분리할 수 있으면 이 방법을 반복해서 적용하면 되므로 이 기법은 컴퓨터를 이용한 해석법으로 좋다.
단, 리셉턴스 기법이 주파수 방정식을 세우는 데는 편리하지만 그 해를 간단히 구하도록 만드는 것은 아니다.

《 예제 30 》

다음과 같이 플라이휠(fly wheel)이 붙은 엔진을 생각해보자. 이 엔진은 그림에 나타낸 것과 같이 비틀림 강성이 k인 샤프트를 통해 질량 관성모멘트 I인 프로펠러를 회전시킨다.

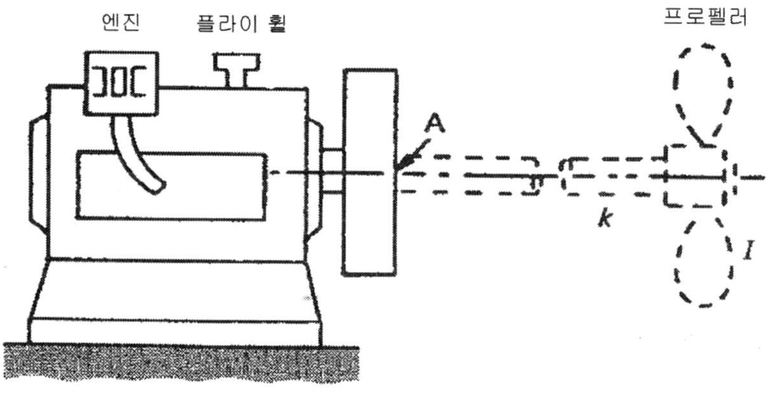

전체 시스템의 비틀림 진동에 대한 리셉턴스를 A점에서 측정하였다. 단, 이 시스템에 내부 공진을 야기하는 주파수 범위는 제외시키고 계측하였다. 그 결과를 A점의 리셉턴스 대비 (주파수)2의 함수로 나타내면 다음 그림과 같다.
엔진, 플라이휠 및 프로펠러 시스템에 대한 최저 고유주파수를 구하여라. 단, $I = 0.9\,\mathrm{kg\ m2}$ 그리고$k = 300\,\mathrm{kN\ m/rad}$로 주어진다.

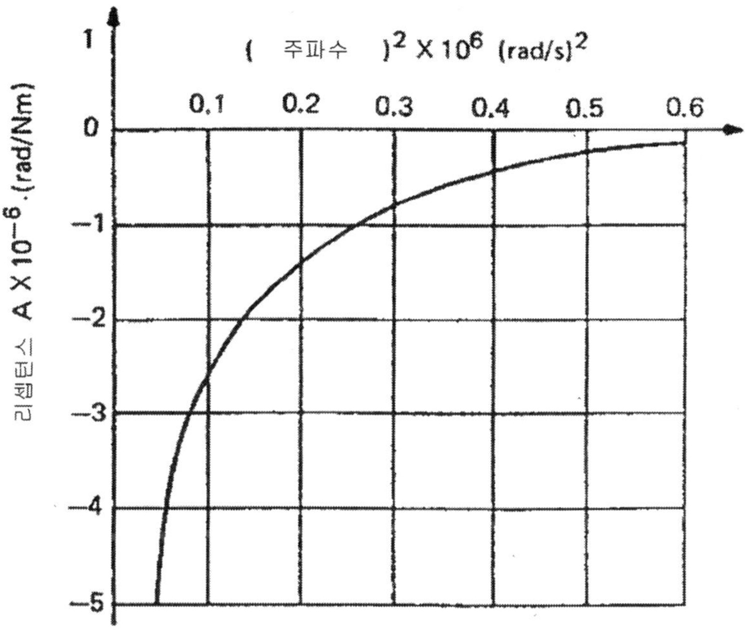

이 시스템은 두 개의 부시스템으로 분할할 수 있으며 편의상 A, B로 구분하였다.

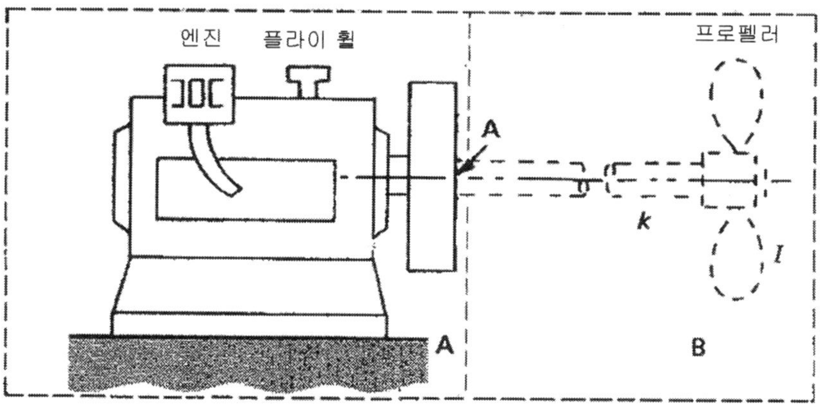

주파수 방정식은 $\alpha_{11}+\beta_{11}=0$이며 α_{11}은 그래프를 그려 결정하면 되고 β_{11}은 다음과 같이 구한다.
프로펠러 시스템에 대해,

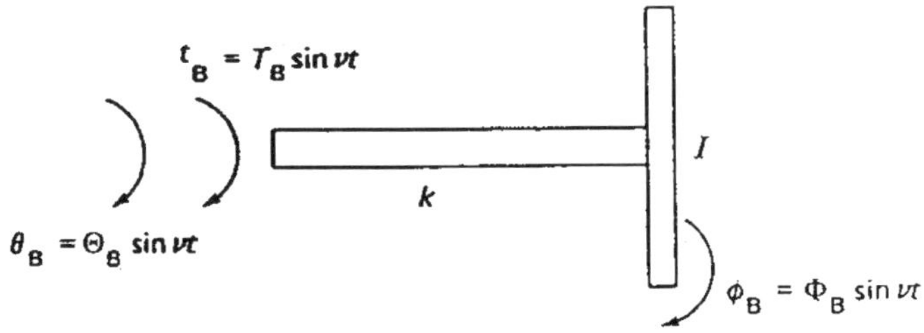

여기서

$$t_B = k(\theta_B - \phi_B) = I\ddot{\phi}_B = -I\Phi_B\nu^2 \sin \nu t$$

따라서

$$k(\Theta_B - \Phi_B) = -I\Phi_B\nu^2$$

그리고

$$\Theta_B = \Phi_B - \frac{I}{k}\Phi_B\nu^2 = \Phi_B\left(\frac{k-I\nu^2}{k}\right)$$

그러므로

$$\beta_{11} = \frac{\Theta_B}{T_B} = -\Phi_B\left(\frac{k-I\nu^2}{k}\right)\frac{1}{\Phi_B I\nu^2}$$

$$= -\left(\frac{k-I\nu^2}{kI\nu^2}\right)$$

주파수 방정식 $\alpha_{11}+\beta_{11}=0$의 해, 즉 고유주파수를 구하려면 α_{11}과 $-\beta_{11}$을 (주파수)2의 함수로 플로팅하고 그 교점을 찾으면 된다. 문제에서 $I=0.9$kg m2 그리고$k=300$kN m/rad로 주어졌으므로
다음 표와 같이 $-\beta_{11}$을 계산해보았다.

ν^2	$I\nu^2$	$k-I\nu^2$	$kI\nu^2$	$-\beta_{11}$
0.3×10^6	0.27×10^6	0.03×10^6	0.081×10^{12}	-0.37×10^6
0.4×10^6	0.36×10^6	0.06×10^6	0.108×10^{12}	-0.55×10^6
0.5×10^6	0.45×10^6	0.15×10^6	0.135×10^{12}	-1.11×10^6

이제, 리셉턴스 β_{11} 대비 (주파수)2으로 플로팅하면 다음 그림과 같다.

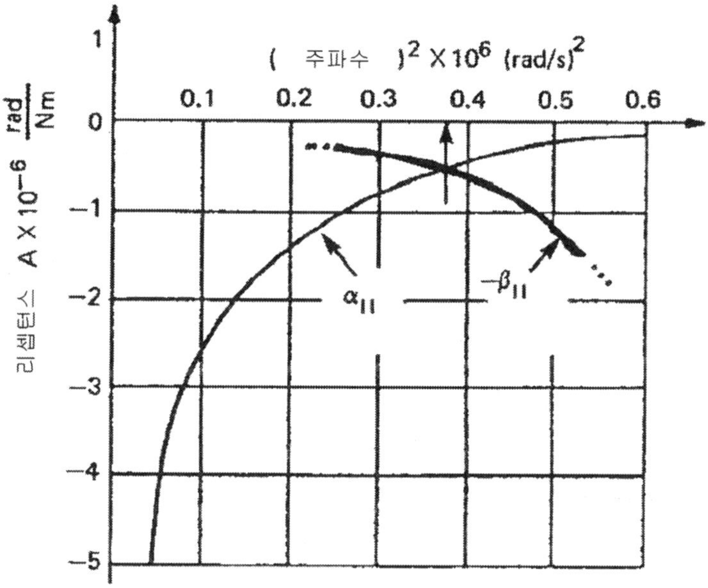

이 그림에서 (주파수)2 = $0.39\times10^6(\text{rad/s})^2$에서 교점이 생기므로 엔진-프로펠러 시스템의 고유주파수는 624rad/s 또는 99.4Hz가 된다. 이 방법을 쓰면 다른 종류의 프로펠러를 사용하여 k와 I값이 바뀐다고 해도 시스템 전체를 재해석할 필요 없이 고유주파수를 구할 수 있다.

3.2.4 임피던스(impedance)와 모빌리티(mobility)

많은 자유도를 갖고 있는 시스템을 해석할 때 임피던스와 모빌리티 해석법을 쓰면 편리하다. 먼저 간단한 시스템을 예로 들어 설명하고자 한다.

한 물체의 임피던스는 응답 속도의 진폭에 대한 조화기진력의 진폭 비를 가리킨다. 그리고 모빌리티는 임피던스와 역(reciprocal)이 되는 값이다. 그리고 동적 시스템에 대한 임피던스와 모빌리티 해석법은 리셉턴스 해석법과 유사하다.

질량이 m인 물체에 조화 가진력 $Fe^{j\nu t}$를 가하는 경우를 생각해보자. 이 경우 변위 응답은 $x = Xe^{j\nu t}$로 주어진다. 그러므로 운동방정식에 의해 다음 식이 성립한다.

$$Fe^{j\nu t} = m\ddot{x} = -m\nu^2 Xe^{j\nu t}$$

리셉턴스를 구하면

$$\frac{X}{F} = -\frac{1}{m\nu^2}$$

그러면

$$Fe^{j\nu t} = -m\nu^2 Xe^{j\nu t}$$

$$= j\nu t(j\nu Xe^{j\nu t}) = mj\nu\ v$$

여기서 v는 물체의 속도를 가리키며 $v = Ve^{j\nu t}$로 정의된다.

따라서 질량 m인 물체의 임피던스 Z_m은 다음과 같이 계산된다.

$$Z_m = \frac{F}{V} = jm\nu$$

또한 모빌리티 M_m은 다음과 같다.

$$M_m = \frac{V}{F} = \frac{1}{jm\nu}$$

그런데 $S = j\nu$라 두면 $x = Xe^{st}$로 쓸 수 있으며

$$Z_m = ms$$

$$M_m = \frac{1}{ms}$$

그리고 $V = sX$가 된다.

스프링 강성이 k인 경우, $Fe^{j\nu t} = kXe^{j\nu t}$이므로 $Z_k = F/V = k/s$가 되며 $M_k = s/k$이다.

반면에 감쇠계수 c의 경우, $Z_c = c$이며 $M_c = \dfrac{1}{c}$가 된다.

이상 동적 시스템의 각 요소에 속도가 공통 인자로써 포함될 경우, 각 임피던스를 모두 더하면 시스템 임피던스가 된다. 만일 힘이 모든 요소의 공통 인자이면 모빌리티를 모두 더하면 된다. 이것을 다음 그림 3.17과 같은 질량-스프링-감쇠 시스템을 예로 들어 설명하겠다.

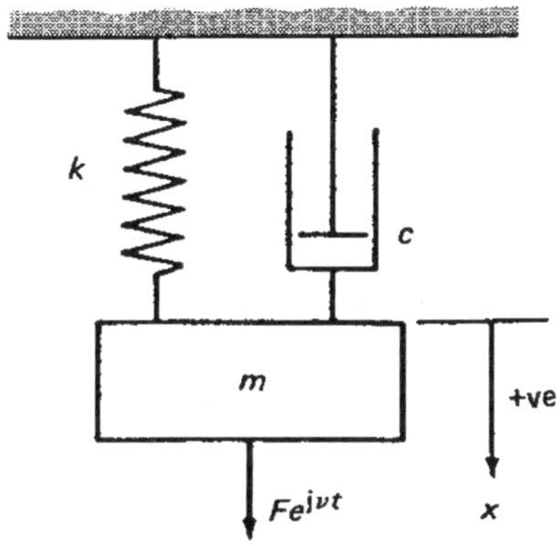

그림 3.17 각 요소가 병렬로 연결된 단자유계

모든 요소에 물체 속도가 공통으로 포함되어 있으므로, 시스템에 가해진 힘은 각 요소에 요구된 힘들을 모두 더한 값이 된다. 즉, 시스템 임피던스는 다음과 같다.

$$Z = \frac{F}{V} = \frac{F_m + F_c + F_k}{V}$$

$$= Z_m + Z_c + Z_k$$

따라서

$$Z = ms + \frac{k}{s} + c$$

그런데 $F = VZ$이며 $V = sX$이므로 다음과 같이 바뀌 쓸 수 있다.

$$F = (ms^2 + cs + k)X$$

또는

$$F = (k - m\nu^2 + jc\nu)X$$

그러므로

$$X = \frac{F}{\sqrt{(k - m\nu^2)^2 + (c\nu)^2}}$$

이와 같이 시스템의 요소들이 병렬로 연결된 경우에는 각 임피던스를 더하여 시스템 임피던스를 구한다.

그러나 그림 3.18의 시스템과 같은 경우는 각 요소에 공통으로 힘이 포함되어 있다. 즉, 임의의 시점에서 시스템의 속도는 각 요소의 속도를 모두 합한 값이 된다.

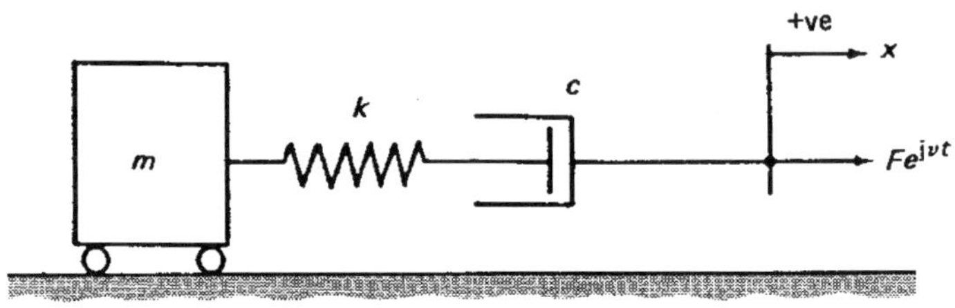

그림 3.18. 각 요소가 직렬로 연결된 단자유계

$$
\begin{aligned}
M = \frac{V}{F} &= \frac{V_m + V_c + V_k}{F} \\
&= M_m + M_c + M_k \\
&= \frac{1}{ms} + \frac{s}{k} + \frac{1}{c}
\end{aligned}
$$

이와 같이 시스템의 요소들이 직렬로 연결된 경우에는 각 모빌리티를 더하여 시스템 모빌리티를 구한다. 한편, 그림 3.19와 같이 이 시스템을 마치 스프링과 감쇠기를 직렬로 묶고 질량과는 병렬로 결합시킨 형태로 간주할 수도 있다.

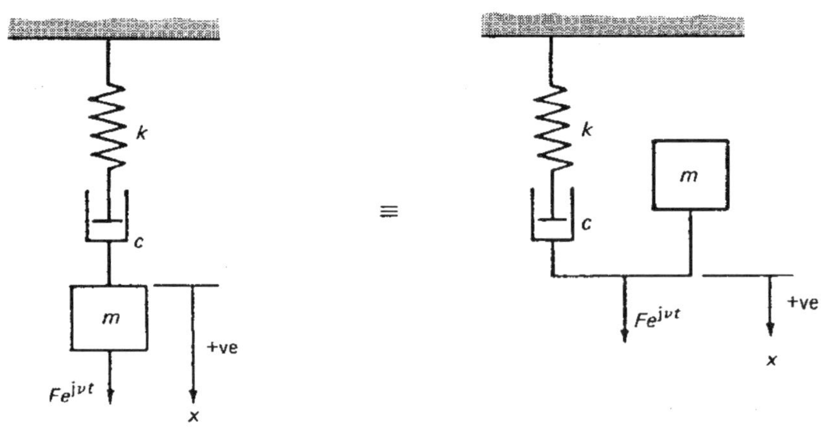

그림 3.19 단자유계와 임피던스 해석 모델

따라서 스프링과 감쇠기의 모빌리티를 합하거나 임피던스의 역을 합하면 된다. 결국 시스템의 임피던스 Z는 다음과 같이 주어진다.

$$Z = Z_m + \left[\frac{1}{Z_k} + \frac{1}{Z_c}\right]^{-1}$$

$$= ms + \left[\frac{1}{k/s} + \frac{1}{c}\right]$$

$$= \frac{mcs^2 + mks + kc}{cs + k}$$

그림 3.20과 같은 시스템을 생각해보자. 상수가 k_1인 스프링과 질량 m_1은 다른 요소와 병렬 연결되어 있으며 감쇠계수 c_1인 감쇠기와 직렬 연결되어 있다.
따라서 시스템의 임피던스 Z는 다음과 같다.

$$Z = Z_{m2} + Z_{k2} + Z_{c2} + Z_1$$

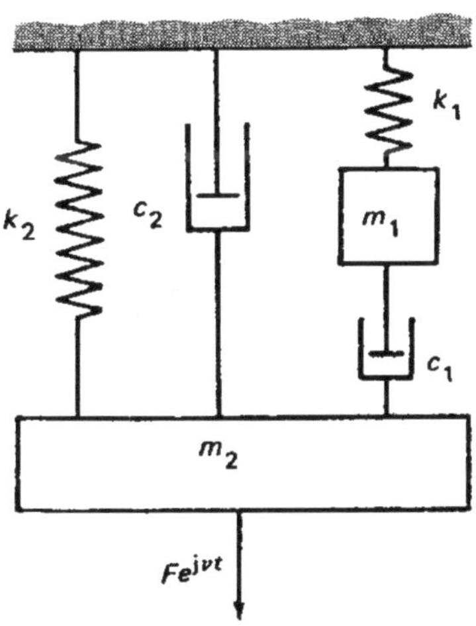

그림 3.20 동적 시스템

여기서 각 임피던스는 다음과 같이 주어진다.

$$Z_1 = \frac{1}{M_1}$$

$$M_1 = M_{c1} + M_2\,, \qquad M_2 = \frac{1}{Z_2}$$

그리고

$$Z_2 = Z_{k1} + Z_{m1}$$

따라서 시스템 임피던스 Z는 다음과 같이 정리할 수 있다.

$$Z = Z_{m2} + Z_{k2} + Z_{c2} + \cfrac{1}{\cfrac{1}{Z_{c1}} + \cfrac{1}{Z_{k1} + Z_{m1}}}$$

$$= m_1 m_2 s^4 + (m_1 c_2 + m_2 c_1 + m_1 c_1) s^3 + (m_1 k_1 + m_2 k_2 + c_1 c_2) s^2$$

$$+ \frac{(c_1 k_2 + c_2 k_1 + c_1 k_1) s + k_1 k_2}{s(m_1 s^2 + c_1 s + k_1)}$$

위의 임피던스를 제로(모빌리티를 무한대)로 두면 주파수 방정식이 된다. 그러므로 분자에 있는 s대신에 $j\omega$를 대입하고 제로로 놓고 풀면 이 시스템의 고유주파수를 얻을 수 있다.
요약해서 말해 동적 시스템의 각 요소에 대한 모빌리티와 임피던스를 구하는 기본은 이렇다. 속도는 스프링이나 감쇠기 양단의 상대 속도를 말하며 물체에 대해서는 절대 속도를 의미한다. 그리고 시스템의 요소들이 병렬로 연결되어 있으면 각각의 임피던스를 더하고, 직렬로 연결되었으면 각각의 모빌리티를 더하면 된다.

《 예제 31 》

그림 3.6과 같은 시스템의 임피던스를 구하고 주파수 방정식을 세워보아라.
먼저, 그림 3.6을 다음과 같이 다시 그려보자.

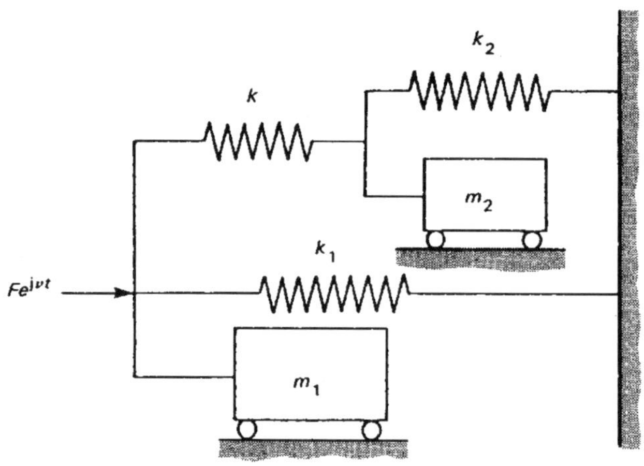

이 그림을 참고하여 임피던스를 구하면 다음과 같다.

$$Z = Z_{m1} + Z_{k1} + \cfrac{1}{\cfrac{1}{Z_k} + \cfrac{1}{Z_{m2} + Z_{k2}}}$$

$$= m_1 s + \frac{k_1}{s} + \cfrac{1}{\cfrac{1}{k/s} + \cfrac{1}{m_2 s + k_2/s}}$$

$$= \frac{(m_1 s^2 + k_1)(m_2 s^2 + k + k_2) + (m_2 s^2 + k_2)k}{s(m_2 s^2 + k + k_2)}$$

이렇게 구한 임피던스에 s 대신에 $j\omega$를 대입하고 제로로 놓으면 주파수 방정식이 된다. 따라서 주파수 방정식은 다음과 같다.

$$(k_1 - m_1\omega^2)(k + k_2 - m_2\omega^2) + k(k_2 - m_2\omega^2) = 0$$

4

분산 질량계의 진동

보(beam), 로드(rod), 케이블 및 현(string)등에 강성을 부여하고 집중질량 시스템으로 모델링한 후에 다자유계의 해석 기법을 적용할 수는 있지만 정확한 결과를 얻기 힘든 경우가 많다. 실제 시스템에서는 질량과 스프링을 확실히 구분 짓기 어려운 경우가 종종 있는데 이 경우 질량과 탄성요소를 분산 파라메타로 간주해야 한다.

먼저, 분산 질량과 탄성요소를 갖는 시스템은 후크(Hooke)의 법칙을 따르는 재료로 구성되어 있다는 가정을 전제하고 논의해야 한다.

일반적으로 자유진동은 주 모드들의 합으로서 거동한다. 그러나 물체의 탄성곡선(elastic curve)이 주 모드 중에 한 특정 모드와 일치한다면 오직 그 모드만 가진된다. 일반적인 분산 질량계의 경우 고주파 모드는 곧바로 소멸되고 기본 모드에 지배를 받는 거동을 나타낸다.

4.1 파동운동

4.1.1 현(string)의 횡(transverse) 진동

단위 길이 당 질량이 ρ인 현이 진동할 때 그림 4.1처럼 인장력 T가 걸린다. 이때, 이 현의 미소 길이 dx에 발생한 처짐과 기울기는 그림 4.2와 같다고 한다. 만일 횡 변위 y가 작은 값을 지닌다면 인장력의 변화는 미미하며 $\sin\theta \approx \theta$가 성립한다.

이 경우 y방향의 운동방정식은 다음처럼 주어진다.

$$T\left(\theta + \frac{\partial \theta}{\partial x}\,\mathrm{d}x\right) - T\theta = \rho\,\mathrm{d}x \frac{\partial^2 y}{\partial t^2}$$

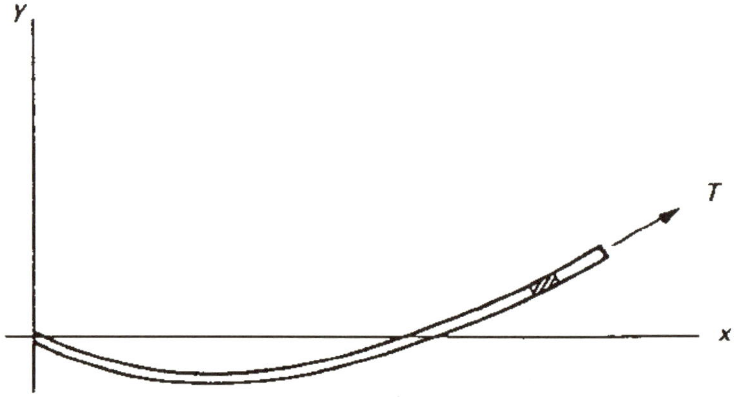

그림 4.1. 진동하는 현

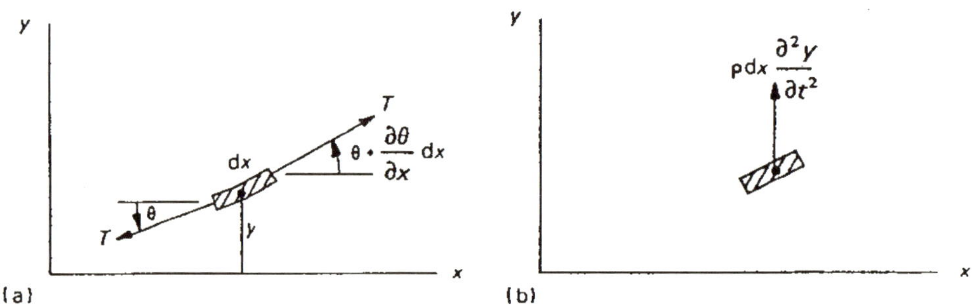

그림 4.2. (a) 인장력;　(b) 유효힘

따라서

$$\frac{\partial \theta}{\partial x} = \frac{\rho}{T}\frac{\partial^2 y}{\partial t^2}$$

그런데 $\theta = \partial y / \partial x$ 이므로 다음과 같이 정리할 수 있다.

$$\frac{\partial^2 y}{\partial x^2} = \frac{1}{c^2}\left(\frac{\partial^2 y}{\partial t^2}\right) \qquad \text{단, } c = \sqrt{T/\rho} \tag{4.1}$$

이것은 파동방정식이다. 이 방정식에 대한 해는 4.1.4.절에 주어져 있으니 참고하기 바란다. 그리고 상수 c는 현을 따라 전달되는 파동의 전파속도를 가리킨다.

4.1.2 바(bar)의 종(longitudinal) 진동

단면적이 S인 바의 길이방향의 진동 즉, 종 진동을 생각해보자. 이 부재의 밀도는 ρ, 영계수는 E이며 그림 4.3처럼 압축력 P를 받고 있다.

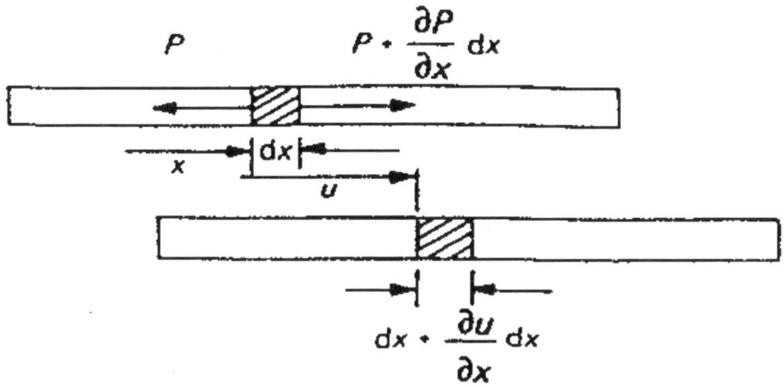

그림 4.3. 바의 종 진동

그림 4.3.에 의해 다음과 같은 운동방정식을 세울 수 있다.

$$\frac{\partial P}{\partial x}\mathrm{d}x = \rho S\ \mathrm{d}x\frac{\partial^2 u}{\partial t^2}$$

여기에 변형율의 관계식 $\partial u/\partial x = P/SE$의 양변을 편미분하여 정리해보자.

$$\partial P/\partial x = SE(\partial^2 u/\partial x^2)$$

따라서

$$\partial^2 u/\partial t^2 = (E/\rho)(\partial^2 u/\partial x^2)$$

이 운동방정식을 다음과 같이 정리해보자.

$$\partial^2 u/\partial x^2 = (1/c^2)(\partial^2 u/\partial t^2) \quad \text{이때 } c = \sqrt{E/\rho} \tag{4.2}$$

이것은 파동 방정식이며, c는 바에 발생하는 응력파의 전파속도를 가리킨다.

4.1.3 샤프트(shaft)의 비틀림 진동

그림 4.4와 같이 단면이 일정한 샤프트가 있다. 이 샤프트의 비틀림 강성은 G이고 밀도가 ρ 그리고 비틀림 축에 대한 단면 2차 극모멘트는 J로 주어진다. 그림 4.4에 의해 다음과 같은 운동 방정식을 세울 수 있다.

$$\frac{\partial T}{\partial x}\mathrm{d}x = \rho J \,\mathrm{d}x \frac{\partial^2 \theta}{\partial t^2}$$

이제 다음의 탄성방정식을 이용해보자.

$$T = GJ\frac{\partial \theta}{\partial x}$$

따라서 운동방정식은 다음과 같이 고쳐 쓸 수 있다.

$$\frac{\partial^2 \theta}{\partial t^2} = \left(\frac{\mathrm{G}}{\rho}\right)\left(\frac{\partial^2 \theta}{\partial \mathrm{x}^2}\right)$$

또는

$$\frac{\partial^2 \theta}{\partial x^2} = \left(\frac{1}{c^2}\right)\left(\frac{\partial^2 \theta}{\partial t^2}\right) \qquad \text{이때 } c = \sqrt{G/\rho} \tag{4.3}$$

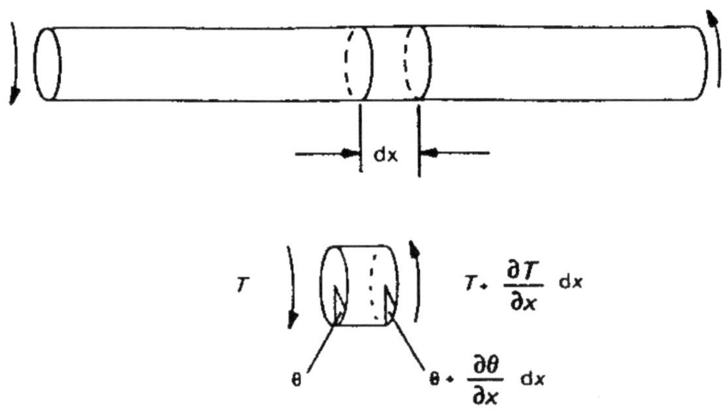

그림 4.4. 비틀림 진동

이것은 파동 방정식이며, c는 샤프트에 발생하는 전단응력파의 전파속도를 가리킨다.

4.1.4 파동 방정식의 해

다음과 같은 파동 방정식을 생각해보자.

$$\frac{\partial^2 y}{\partial x^2} = \left(\frac{1}{c^2}\right)\left(\frac{\partial^2 y}{\partial t^2}\right)$$

이 편미분방정식을 풀려면 다음과 같이 해를 가정하고 변수분리법을 쓰면 된다.

$$y(x, t) = F(x)\, G(t)$$

이 식을 파동 방정식에 대입해보자.

$$\frac{\partial^2 F(x)}{\partial x^2} G(t) = \frac{1}{c^2}\left(\frac{\partial^2 G(t)}{\partial t^2}\right) F(x)$$

그리고 다음과 같이 정리해보자.

$$\frac{1}{F(x)} \frac{\partial^2 F(x)}{\partial x^2} = \frac{1}{c^2} \frac{1}{G(t)}\left(\frac{\partial^2 G(t)}{\partial t^2}\right)$$

이제 등식의 좌변은 x만의 함수, 그리고 우변은 t만의 함수로 분리되었다. 그리고 각각은 상수로 주어져야하며 편의상 그 값을 $-(\omega/c)^2$로 가정하면 다음과 같다.

$$\frac{\mathrm{d}^2 F(x)}{\mathrm{d}x^2} + \left(\frac{\omega}{c}\right) F(x) = 0$$

그리고

$$\frac{\mathrm{d}^2 \mathrm{G(t)}}{\mathrm{d}t^2} + \omega^2 G(t) = 0$$

그러므로

$$F(x) = A \sin\left(\frac{\omega}{c}\right) x + B \cos\left(\frac{\omega}{c}\right) x$$

$$G(t) = C \sin \omega t + D \cos \omega t$$

한편, 상수 A와 B는 경계조건을 이용해서 구하며 C와 D는 초기조건으로 결정한다. 따라서 파동 방정식의 최종 해는 다음과 같다.

$$y = \left\{A\sin\left(\frac{\omega}{c}\right)x + B\cos\left(\frac{\omega}{c}\right)x\right\}(C\sin\omega t + D\cos\omega t) \tag{4.4}$$

《 예제 32 》

양단이 자유단인 보가 종 진동할 때 고유주파수와 모드형상을 구하여라. 단, 초기 변위는 제로라고 한다.

보의 양단이 자유단이므로 경계조건에 의해 $x=0$ 및 $x=l$에서 $\partial u/\partial x = 0$이 성립한다. 이제 종 진동에 대한 운동방정식을 x로 편미분한다.

$$\frac{\partial u}{\partial x} = \left\{A\left(\frac{\omega}{c}\right)\cos\left(\frac{\omega}{c}\right)x - B\left(\frac{\omega}{c}\right)\sin\left(\frac{\omega}{c}\right)x\right\}(C\sin\omega t + D\cos\omega t)$$

따라서

$$\left(\frac{\partial u}{\partial x}\right)_{x=0} = A\left(\frac{\omega}{c}\right)(C\sin\omega t + D\cos\omega t) = 0 \qquad \therefore A = 0$$

또한

$$\left(\frac{\partial u}{\partial x}\right)_{x=l} = \left(\frac{\omega}{c}\right)\left(-B\sin\left(\frac{\omega l}{c}\right)\right)(C\sin\omega t + D\cos\omega t) = 0$$

그런데 $B \neq 0$이므로 $\sin(\omega l/c) = 0$가 되어야 한다. 따라서 다음 식이 성립해야 한다.

$$\omega_n = \frac{\omega l}{\sqrt{E/\rho}} = \pi,\ 2\pi,\ \cdots\ n\pi\ \cdots$$

즉, 고유주파수는

$$\omega_n = \frac{n\pi}{l}\sqrt{\frac{E}{\rho}}\ \text{rad/s}$$

여기서 $\omega = c/$ 파장(wavelength)을 가리킨다.

한편, 초기 변위가 제로이므로 $D=0$이며 운동방정식의 해는 다음과 같이 결정된다.

$$u = B'\cos\left(\frac{n\pi}{l}\right)x \cdot \sin\left(\frac{n\pi}{l}\right)\sqrt{\left(\frac{E}{\rho}\right)}\,t$$

이때 $B' = B \times C$로 주어지는 값이며 이 해가 바로 모드형상이다.

《 예제 33 》

상부가 고정된 길이 l, 단면적 S인 로드(rod)의 하단부에 질량이 M인 물체가 매달려 있다. 이 시스템이 종 진동을 할 경우, 고유주파수는 다음 식으로 주어짐을 보여라.

$$\omega l\sqrt{(\rho/E)}\,\tan\omega l\sqrt{(\rho/E)} = S\rho l/M$$

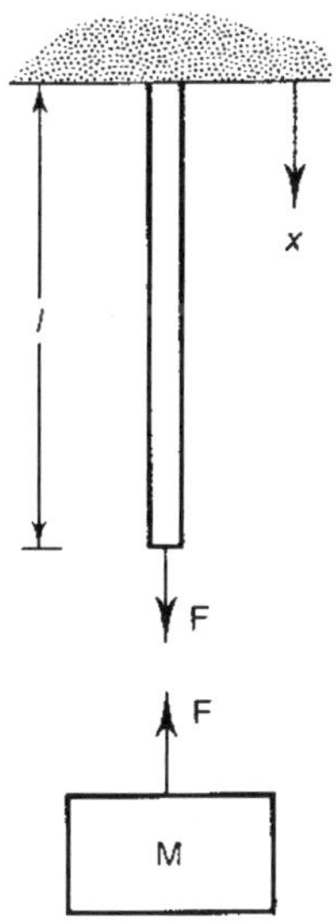

경계조건을 구하면 다음과 같다.

$x=0,\ u=0$ 그리고 $x=l,\ F=SE(\partial u/\partial x)$

그리고 동적 평형에 의해 다음 식을 세울 수 있다.

$$F = SE(\partial u/\partial x) = -M(\partial^2 u/\partial t^2)$$

이 운동방정식의 해는 다음과 같이 주어진다.

$$u = \left\{A\sin\left(\frac{\omega}{c}\right)x + B\cos\left(\frac{\omega}{c}\right)x\right\}(C\sin\omega t + D\cos\omega t)$$

이제 경계조건을 적용해보자.

$$u_{x=0} = 0 \qquad \therefore B = 0$$

따라서

$$u = \left\{A\sin\left(\frac{\omega}{c}\right)x\right\}(C\sin\omega t + D\cos\omega t)$$

그리고

$$(\partial u/\partial x)_{x=l} = \left\{\frac{A\omega}{c}\cos\left(\frac{\omega l}{c}\right)\right\}(C\sin\omega t + D\cos\omega t)$$

한편

$$(\partial^2 u/\partial t^2)_{x=l} = \left\{-A\omega^2\sin\left(\frac{\omega l}{c}\right)\right\}(C\sin\omega t + D\cos\omega t)$$

그러므로

$$F = SEA\left(\frac{\omega}{c}\right)\cos\left(\frac{\omega l}{c}\right)(C\sin\omega t + D\cos\omega t)$$

$$= MA\omega^2\sin\left(\frac{\omega l}{c}\right)(C\sin\omega t + D\cos\omega t)$$

따라서 $(\omega l/c)\tan(\omega l/c) = SlE/Mc^2$이 되며 다음과 같이 정리할 수 있다.

$$\omega l\sqrt{(\rho/E)}\,\tan\omega l\sqrt{(\rho/E)} = S\rho l/M \qquad \because\ c^2 = E/\rho$$

4.2 횡 진동

4.2.1 보의 횡 진동

또 다른 진동 문제로 단면이 일정하고 질량이 분산된 보의 횡 방향 진동을 생각해보자. 이 보의 미소 부분에 작용하고 있는 힘과 모멘트를 나타내보면 그림 4.5와 같다. 이 보의 단면적을 A, 휨 강성을 EI 그리고 밀도를 ρ라고 가정해보자.

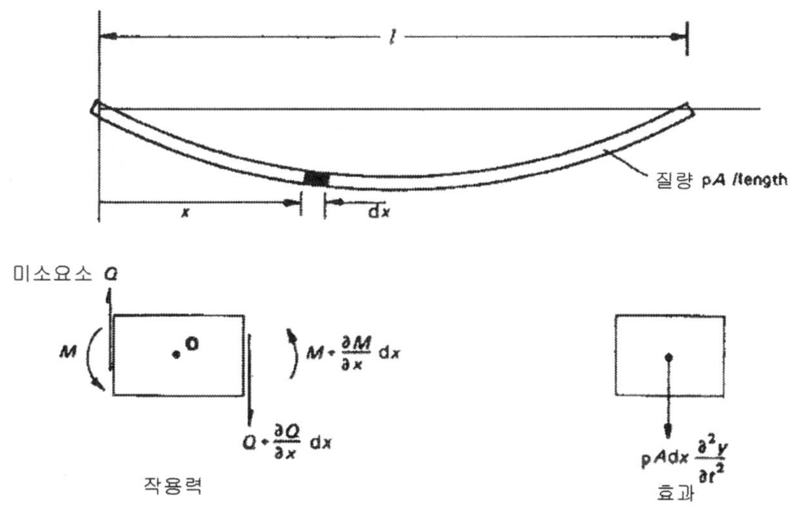

그림 4.5. 보의 횡 진동

이제, 미소 요소의 O 점에 대해 모멘트를 취해보자.

$$M + Q\frac{dx}{2} + Q\frac{dx}{2} + \frac{\partial Q}{\partial x}dx\frac{dx}{2} = M + \frac{\partial M}{\partial x}dx$$

그러므로

$$Q = \frac{\partial M}{\partial x} \tag{4.5}$$

y 방향의 힘들을 모두 합해보자.

$$\frac{\partial Q}{\partial x}dx = \rho A\, dx\, \frac{\partial^2 y}{\partial t^2}$$

따라서

$$\frac{\partial^2 M}{\partial x^2} = \rho A \frac{\partial^2 y}{\partial t^2}$$

이 보의 휨 강성은 일정하므로

$$M = -EI\frac{\partial^2 y}{\partial x^2} \qquad \therefore \frac{\partial^2 M}{\partial x^2} = -EI\frac{\partial^4 y}{\partial x^4}$$

따라서 운동방정식은 다음과 같다.

$$\frac{\partial^4 y}{\partial x^4} + \left(\frac{\rho A}{EI}\right)\frac{\partial^2 y}{\partial t^2} = 0 \tag{4.6}$$

이 식이 단면이 일정한 보의 횡 진동을 결정하는 일반 방정식이다.
이 보가 정규모드로 진동할 때 임의의 점에서 발생하는 처짐은 시간에 따라 조화적으로 변화하며 다음과 같은 식으로 나타낼 수 있다.

$$y = X(B_1 \sin\omega t + B_2 \cos\omega t)$$

여기서 X는 x의 함수로서 보의 정규모드형상을 정의한다. 이 식을 운동방정식에 대입하고 정리하면 다음과 같다.

$$\frac{\partial^4 X}{\partial x^4} = \left(\frac{\rho A}{EI}\right)\omega^2 X = \lambda^4 X \qquad 단,\ \lambda^4 = \frac{\rho A\omega^2}{EI} \tag{4.7}$$

식 (4.7)을 보방정식(beam equation)이라 하며 일반해는 다음과 같이 주어진다.

$$X = C_1\cos\lambda x + C_2 \sin\lambda x + C_3\cosh\lambda x + C_4 \sinh\lambda x$$

다만, 상수 $C_{1,2,3,4}$는 경계조건을 적용하여 결정한다.
예를 들어 스팬이 l인 보가 양단에 단순지지되어 있는 경우를 생각해보자. 이 경우, 양단에서 처짐과 휨 모멘트가 제로이므로 경계조건은 $x=0$와 $x=l$에서 각각 $X=0$, $\mathrm{d}^2X/\mathrm{d}x^2=0$가 된다.
먼저, $x=0$에 대한 경계조건을 위의 일반해에 대입해보자.

$$x=0,\quad X=0; \qquad \therefore\ 0 = C_1 + C_3$$

$$x=0,\quad \frac{d^2X}{dx^2}=0; \qquad \therefore\ 0 = C_1 - C_3$$

그러므로

$$C_1 = C_3 = 0$$

일반해는 $X = C_2 \sin\lambda x + C_4 \sinh\lambda x$이 된다. 이제, $x = l$에 대한 경계조건을 고려한다.

$$x=l,\quad X=0; \qquad \therefore\ 0 = C_2 \sin\lambda l + C_4 \sinh\lambda l$$

$$x=l,\quad \frac{d^2X}{dx^2}=0; \qquad \therefore\ 0 = C_2 \sin\lambda l - C_4 \sinh\lambda l$$

따라서

$$C_2 \sin\lambda l = C_4 \sinh\lambda l = 0$$

그런데

$$\lambda l \neq 0,\quad \sinh\lambda l \neq 0 \qquad \therefore\ C_4 = 0$$

또한, $C_2 \sin\lambda l = 0$인데 $C_2 = 0$가 되면 모든 x에 대해 $X = 0$가 되므로 $C_2 \neq 0$이어야 하며 $\sin\lambda l = 0$가 성립해야 한다. 따라서 일반해는 $X = C_2 \sin\lambda x$가 되며 다음처럼 $\sin\lambda l = 0$의 해가 고유주파수이다.

$$\lambda = 0,\ \frac{\pi}{l},\ \frac{2\pi}{l},\ \frac{3\pi}{l}\cdots$$

그러므로

$$\omega = 0,\ \left(\frac{\pi}{l}\right)^2\sqrt{\left(\frac{EI}{A\rho}\right)},\ \left(\frac{2\pi}{l}\right)^2\sqrt{\left(\frac{EI}{A\rho}\right)},\ \left(\frac{3\pi}{l}\right)^2\sqrt{\left(\frac{EI}{A\rho}\right)}\ \cdots \text{rad/s}$$

이 가운데 $\omega = 0$는 보가 정지 상태에 있음을 의미하는 자명해이므로 버린다. 따라서 기본고유주파수는 $\omega_1 = (\pi/l)^2\sqrt{(EI/A\rho)}$ rad/s이며 대응하는 모드형상은 $X = C_2 \sin \pi x/l$로서 1차 모드가 된다. 두 번째 고유주파수는 $\omega_2 = (2\pi/l)^2\sqrt{(EI/A\rho)}$ rad/s이며 2차 모드형상은 $X = C_2 \sin 2\pi x/l$이다. 이와 같이 3차 모드형상까지 구한 결과를 그림 4.6에 그려보았다. 단부의 경계조건이 다른 경우 해는 다음과 같이 주어진다.

$$\omega = \frac{\alpha}{l^2}\sqrt{\left(\frac{EI}{A\rho}\right)}\ \text{rad/s}$$

이때 α는 표 4.1에 주어진 값이다.

1차 모드형상:

$$y = C_2 \sin\pi\left(\frac{x}{l}\right)(B_1 \sin\omega_1 t + B_2 \cos\omega_1 t); \qquad \omega_1 = \left(\frac{\pi}{l}\right)^2\sqrt{\left(\frac{EI}{A\rho}\right)}\ \text{rad/s}$$

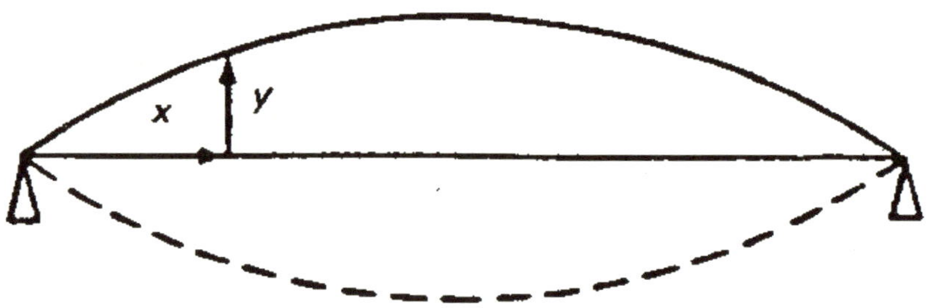

2차 모드형상:

$$y = C_2 \sin 2\pi\left(\frac{x}{l}\right)(B_1 \sin\omega_2 t + B_2 \cos\omega_2 t); \qquad \omega_2 = \left(\frac{2\pi}{l}\right)^2\sqrt{\left(\frac{EI}{A\rho}\right)}\ \text{rad/s}$$

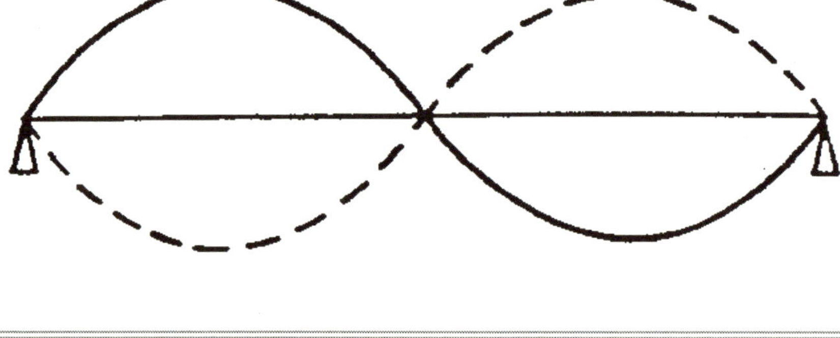

3차 모드형상:

$$y = C_2 \sin 3\pi\left(\frac{x}{l}\right)(B_1 \sin\omega_3 t + B_2 \cos\omega_3 t); \qquad \omega_3 = \left(\frac{3\pi}{l}\right)^2\sqrt{\left(\frac{EI}{A\rho}\right)}\ \text{rad/s}$$

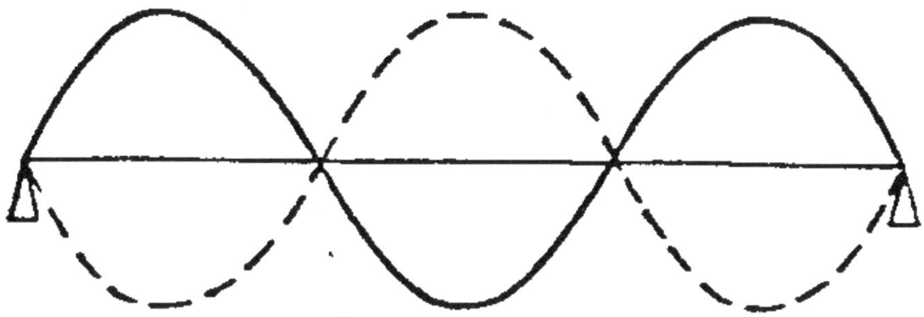

그림 4.6. 횡 진동하는 보의 모드형상 및 주파수

표 4.1

단부 조건	주파수방정식	1차 모드	2차 모드	3차 모드	4차 모드	5차 모드
고정-자유	$\cos\lambda l \cosh\lambda l = -1$	3.52	22.4	61.7	121.0	199.9
핀-핀	$\sin\lambda l = 0$	9.87	39.5	88.9	157.9	246.8
고정-핀	$\tan\lambda l = \tan\lambda l$	15.4	50.0	104.0	178.3	272.0
고정-고정 or 자유-자유	$\cos\lambda l \cosh\lambda l = 1$	22.4	61.7	121.0	199.9	298.6

보다 광범위한 형태의 보와 구조물의 고유주파수 및 모드형상에 대한 정보는 R. D. Blevins의 Formulas for Natural Frequency and Mode Shape (Van Nostrand, 1979)를 참조하여라.

4.2.2 샤프트의 휘돌림(whirling)

보의 횡 진동이론을 적용한 중요한 예로 샤프트의 휘돌림 문제를 생각해보자. 샤프트의 휘돌림속도가 일정 한계를 넘으면 불안정 상태가 격렬하게 발생한다. 이 속도를 임계휘돌림속도라 부르며, 원심력으로 인해 샤프트 위에 하중이 걸리는 효과가 야기되어 보의 횡 진동과 일치되는 운동방정식을 갖는다. 이런 원심효과가 생기는 이유는, 어떠한 단면의 질량 중심을 회전축과 완벽하게 일치시키는 일 자체가 불가능하기 때문이다.

《 예제 34 》

강재 샤프트가 양단에 있는 기다란 베어링 속에 들어있다. 유효 비지지길이(unsupported length)가 3m라고 가정할 때 처음 두 개의 휘돌림속도를 구하여라.

단, $I/A = 0.1 \times 10^{-3} m^2$, $E = 200$ GN/m^2 및 $\rho = 8000$kg/m^3이라 한다.

샤프트가 기다란 베어링 안에 지지되어 있으므로 양단부에 붙박이된 것으로 간주한다.

$$\omega = \frac{\alpha}{l^2}\sqrt{\left(\frac{EI}{A\rho}\right)} \text{ rad/s}$$

표 4.1에서 상수를 취하면 $\alpha_1 = 22.4$ 그리고 $\alpha_2 = 61.7$로 정해진다. 그러므로 첫 번째 휘돌림속도는 다음과 같이 계산된다.

$$\omega_1 = \frac{\alpha_1}{l^2}\sqrt{\left(\frac{EI}{A\rho}\right)}$$

$$= \frac{22.4}{9}\sqrt{\frac{200 \times 10^9 \times 0.1 \times 10^{-3}}{8000}}$$

$$= 122.4 \text{ rad/s}$$

$$f_1 = \frac{\omega_1}{2\pi} = \frac{124.4}{2\pi} = 19.8 \text{cycle/s} \qquad \therefore N_1 = 1188 \text{rev/min}$$

그리고 두 번째 휘돌림속도는 다음과 같이 계산된다.

$$N_2 = \frac{61.7}{22.4} 1188 = 3272 \text{rev/min}$$

이들 속도로 샤프트를 회전시키면 심한 공진 현상이 발생한다.

4.2.3 회전관성과 전단효과

보의 춤이 상당히 큰 보에 횡 진동이 생기면 회전관성과 심하게 뒤틀려 발생하는 전단변형이 보의 횡 변형에 커다란 영향을 주게 된다. 그러므로 특히 큰 춤의 보가 고주파로 진동하는 경우를 해석할 때는 회전관성과 전단효과를 반드시 고려해야한다.

식 (4.6)에 $\rho I\, \partial^3 y / (\partial x\, \partial t^2)$ 더하면 회전관성이 반영된다.

$$EI\frac{\partial^4 y}{\partial x^4} - \rho I\frac{\partial^3 y}{\partial x\,\partial t^2} + \rho A\frac{\partial^2 y}{\partial t^2} = 0$$

한편 전단변형효과를 반영하려면 다음 항을 추가시켜야 한다.

$$\frac{EI\rho}{kg}\frac{\partial^4 y}{\partial x^2\,\partial t^2}$$

여기서 k는 보의 단면에 따라 결정되는 상수로써 일반적으로 0.85이다. 그러므로 식 (4.6)는 다음과 같이 수정된다.

$$EI\frac{\partial^4 y}{\partial x^4} - \frac{EI\rho}{kg}\frac{\partial^4 y}{\partial x^2\,\partial t^2} + \rho A\frac{\partial^2 y}{\partial t^2} = 0$$

이렇게 전단변형효과를 포함시켜 주파수를 구하면 그렇지 않은 경우에 비해 정확도가 몇 퍼센트 향상되지만 실제로는 모델링 오차가 이보다 더 심각하다.

4.2.4 축 하중의 효과

보에 축 하중이 걸리는 경우가 흔히 있는데 이러한 축 하중은 보의 횡 진동에 큰 영향을 끼친다. 크기가 T인 인장력이 걸리면 $T\,\partial^2 y / \partial x^2$을 식 (4.6)에 포함시켜야 한다.

$$EI\frac{\partial^4 y}{\partial x^4} - T\frac{\partial^2 y}{\partial x^2} + \rho A\frac{\partial^2 y}{\partial t^2} = 0$$

보에 인장력이 작용하면 강성이 증가하므로 고유주파수가 올라가며 압축력이 가해지면 이와 반대현상이 생긴다.

《 예제 5 》

길이 1.5m 그리고 직경 3cm인 강재 봉이 양단에 단순지지되어 있다. 이 시스템의 고유주파수 3개를 차례대로 구하여라. 단, $\rho = 7780\,\text{kg}/m^3$이고 $E = 208\,\text{GN}/m^2$이라 가정한다.

먼저, 봉이 갖는 다음 상수를 계산해보자.

$$\sqrt{\left(\frac{EI}{A\rho}\right)} = \sqrt{\frac{208\times 10^9 \pi (0.03)^4/64}{\pi(0.03/2)^2\ 7780}} = 38.3\text{m/s}^2$$

따라서 1차 고유주파수는 다음과 같다.

$$\omega_1 = \frac{\pi^2}{1.5^2}38.8 = 170.2\text{rad/s} \qquad \therefore f_1 = 27.1\text{Hz}$$

그러므로 나머지 고유주파수는 다음처럼 간단히 계산된다.

$$f_2 = 27.1\times 4 = 108.4\text{Hz}$$

$$f_3 = 27.1\times 9 = 243.8\text{Hz}$$

이 보에 인장력 T가 걸린다면 고유주파수는 다음과 같다.

$$\omega_n^2 = \left(\frac{n\pi}{l}\right)^2 \frac{T}{A\rho} + \left(\frac{n\pi}{l}\right)^4 \frac{EI}{A\rho}$$

만일 인장력 $T= 1000$ 이라면, 이 인장력을 고려할 때 ω_1^2에 보정시켜야할 값 ω_c^2는 다음과 같다.

$$\omega_c^2 = \left(\frac{\pi}{1.5}\right)^2 \left(\frac{1000}{\pi(0.03/2)^2\ 7780}\right) = 795\ (\text{rad/s})^2$$

즉, $f_c = 4.5\,\text{Hz}$를 추가시켜야 한다. 그러므로 $f_1 = \sqrt{4.5^2 + 27.1^2} = 27.5\,\text{Hz}$가 된다.

4.2.5 이산 질량을 갖는 보의 횡 진동

질량이 이산된 보가 횡 진동을 할 때 최저 고유주파수를 구하려면 Dunkerley법을 사용하면 편리하다. 이 방법은 계산기만 있으면 쉽게 적용할 수 있는 기법으로 진동문제에 널리 쓸 수 있다. Dunkerley법은 다음 방정식을 이용하는 기법이다.

$$\frac{1}{\omega_1^2} \simeq \frac{1}{P_1^2} + \frac{1}{P_2^2} + \frac{1}{P_3^2} + \frac{1}{P_4^2} + \cdots$$

여기서 ω_1은 시스템의 최저 고유주파수이며 P_1, P_2, $P_3, \cdots$는 각각의 질량만 작용할 때 주파수를 나타낸다.

이 방정식을 구하기 위해 2자유도를 갖는 시스템의 운동방정식을 앞서 3장에서 서술했던 영향계수로 나타내보자.

$$y_1 = \alpha_{11} m_1 \omega^2 y_1 + \alpha_{12} m_2 \omega^2 y_2$$

$$y_2 = \alpha_{21} m_1 \omega^2 y_1 + \alpha_{22} m_2 \omega^2 y_2$$

주파수 방정식은 다음 행렬식으로 주어진다.

$$\begin{vmatrix} \alpha_{11} m_1 \omega^2 - 1 & \alpha_{12} m_2 \omega^2 \\ \alpha_{21} m_1 \omega^2 & \alpha_{22} m_2 \omega^2 - 1 \end{vmatrix} = 0$$

이 행렬식을 전개하면 4차 방정식이 되며 해를 구하면 다음과 같다.

$$\omega_{1,2}^2 = \frac{(\alpha_{11} m_1 + \alpha_{22} m_2) \pm \sqrt{(\alpha_{11} m_1 + \alpha_{22} m_2)^2 - 4(\alpha_{11}\alpha_{22} - \alpha_{21}\alpha_{12})}}{2(\alpha_{11}\alpha_{22} - \alpha_{21}\alpha_{12})}$$

그러므로 다음 식이 성립한다.

$$\frac{1}{\omega_1^2} + \frac{1}{\omega_2^2} = \alpha_{11} m_1 + \alpha_{22} m_2$$

이제, 오직 질량 1만 작용할 때 고유주파수를 P_1이라 하면

$$P_1^2 = \frac{k_1}{m_1} = \frac{1}{\alpha_{11} m_1}$$

마찬가지로 고유주파수를 P_2에 대하여 다음 식이 성립한다.

$$P_2^2 = \frac{k_2}{m_2} = \frac{1}{\alpha_{22} m_2}$$

따라서

$$\frac{1}{\omega_1^2}+\frac{1}{\omega_2^2}=\frac{1}{P_1^2}+\frac{1}{P_2^2}$$

물론 자유도 수가 더 많은 시스템에 대해서도 동일한 결과를 얻게 된다. 만일 $\omega_2 \gg \omega_1$이면 좌변을 $1/{\omega_1}^2$로 근사시킬 수 있으므로 다음 식이 성립한다.

$$\frac{1}{\omega_1^2} \simeq \frac{1}{P_1^2}+\frac{1}{P_2^2}$$

《 예제 36 》

직경이 0.055m이고 길이 1.25m인 강재 샤프트($\rho = 8000\text{kg/m}^3$, $E = 210\ \text{GN/m}^2$)가 베어링에 의해 지지되어 있다. 이 샤프트에는 지지베어링에서 0.4m 떨어진 곳에 질량 70kg의 회전자가 부착되어 있다. 최저 임계속도를 산정해보아라.

일단 회전자의 질량은 제외하고 샤프트만 고려하면

$$P_1 = (\pi/l)^2\sqrt{(EI/A\rho)}\ \text{rad/s} = 141\text{rad/s} = 1350\,\text{rev/min}$$

이것이 회전자를 뺀 샤프트만의 최저 임계속도이다. 그리고 샤프트의 질량을 제외시키고 회전자만 고려하면

$$P_2 = \sqrt{(k/m)}\ \text{rad/s}$$

$$k = 3EI/(x^2(l-x)^2)$$

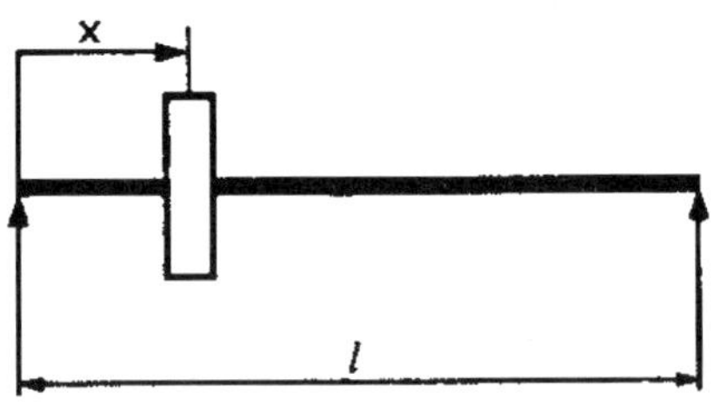

여기서 $x = 0.4\text{m}$ 그리고 $l = 1.25\text{m}$가 된다. 그러므로

$$k = 3.07\text{MN/m}$$

$$P_2 = 209\text{rad/s} = 2000\text{rev/min}$$

이제 최저 임계속도를 계산하면 다음과 같다.

$$1/N_1^2 = 1/1350^2 + 1/2000^2 \qquad \therefore N_1 = 1135\ \text{rev/min}$$

4.2.6 리셉턴스 해석

어떤 동적시스템을 여러 개의 보로 구성되었다고 간주할 수 있다면 각 보의 리셉턴스를 구하고 부시스템 해석(3.2.3절)을 수행하여 시스템의 주파수방정식을 쉽게 세울 수 있다. 그리고 필요한 리셉턴스는 보방정식의 일반해에 경계조건을 적용하여 구한다.
이 해법은 반복적으로 이루어지기 때문에 컴퓨터를 이용하면 편리하다.
예를 들어 단부 한곳($x=0$)은 핀지지, 그리고 다른 곳($x=l$)은 자유인 보를 생각해보자. 이런 형태의 보를 실제 쓰는 경우는 없지만 해석상 쓸모는 있다. 이 보의 핀지지단에 진폭 M인 모멘트를 조화가진 시켜 보았다. 이 경우 경계조건은 다음처럼 적용할 수 있다.

$x=0$: $X=0$ (처짐이 제로)

$x=l$: $\dfrac{d^2X}{dx^2}=\dfrac{M}{EI}$ (휨모멘트가 제로) 그리고 $\dfrac{d^3X}{dx^3}=0$ (전단력이 제로)

방정식의 일반해는

$$X=C_1\cos\lambda x+C_2\sin\lambda x+C_3\cosh\lambda x+C_4\sinh\lambda x$$

여기에 경계조건을 적용하면 다음과 같다.

$$0=C_1+C_3 \quad \text{그리고} \quad \frac{M}{EI}=-C_1\lambda^2+C_3\lambda^2$$

또한

$$0=-C_1\lambda^2\cos\lambda l-C_2\lambda^2\sin\lambda l+C_3\lambda^2\cosh\lambda l+C_4\lambda^2\sinh\lambda l$$

그리고

$$0=C_1\lambda^3\sin\lambda l-C_2\lambda^3\cos\lambda l+C_3\lambda^3\sinh\lambda l+C_4\lambda^3\cosh\lambda l$$

이상 네 개의 방정식을 풀어 $C_{1,2,3,4}$를 구하고 일반해에 대입한다. 그러면 핀 지지단의 모멘트/기울기 리셉턴스는 다음 식으로 주어진다.

$$\frac{1+\cos\lambda l\cosh\lambda l}{EI\lambda(\cos\lambda l\sinh\lambda l-\sin\lambda l\cosh\lambda l)}$$

그리고 자유단에 대한 값은 다음과 같다.

$$\frac{2\cos\lambda l \cosh\lambda l}{EI\lambda(\cos\lambda l \sinh\lambda l - \sin\lambda l \cosh\lambda l)}$$

주파수 방정식은 다음과 같다.

$$\cos\lambda l \sinh\lambda l - \sin\lambda l \cosh\lambda l = 0 \qquad \therefore \tan\lambda l = \tanh\lambda l$$

이와 같은 방법을 쓰면 모멘트/처짐 리셉턴스도 구할 수 있다.
일반해에 적절한 경계조건만 적용하면 자유단에 가진시킨 조화 모멘트에 대한 리셉턴스 및 단부 한곳에 가한 조화가진력에 대한 리셉턴스도 구할 수 있다. R. E. D. Bishop & D. C. Johnson (CUP, 1960/79)는 Mechanics of Vibration에 보의 모든 단부 조건에 대해 리셉턴스를 구하여 표에 정리해놓았다.

4.3 레일리(Rayleigh) 에너지법에 의한 연속계의 해석

연속계를 해석할 때 모드형상을 이미 알고 있는 경우에는 운동에너지와 위치에너지를 구할 수 있으므로 에너지법을 적용할 수 있다. 레일리는 시스템의 1차 모드형상을 적절히 추정할 수만 있다면 최저 고유주파수를 비교적 정확히 추측할 수 있다고 언급했다. 물론 이 모드형상은 시스템의 단부조건을 반드시 만족해야 하며 실제 모드형상과 차이가 크면 클수록 레일리 법으로 구한 고유주파수는 더 부정확한 값이 된다. 일반적으로 시스템의 정적(static) 처짐곡선을 사용하여 고유주파수를 산정하면 정확한 값과 불과 몇 퍼센트 차이가 나지 않는다. 이때 시스템의 에너지 보존법칙을 적용하며 위치에너지를 나타내는 값을 운동에너지를 나타내는 값으로 나눠 고유주파수를 산정한다.

4.3.1 헤비듀티(heavy duty) 스프링계의 진동

밸브 메커니즘이나 회전 시스템의 경우, 매우 튼실한 헤비듀티 스프링이 쓰이는데 스프링 질량이 시스템의 고유주파수에 상당한 영향을 끼친다.
그림 4.8과 같은 시스템을 생각해보자. 질량 M인 강체는 스프링으로 연결되어 있으며 이 스프링의 강성은 k, 길이 l 그리고 질량은 m이라 한다. 이 강체는 x방향으로만 움직인다고 가정한다. 만일 스프링의 동적 처짐곡선이 축력에 의한 정적 처짐곡선과 일치한다고 가정하면, 스프링의 미소 요소(element)의 속도는 $\dot{y} = (y/l)\dot{x}$가 되고 이 요소의 질량은 $(m/l)dy$로 주어진다.

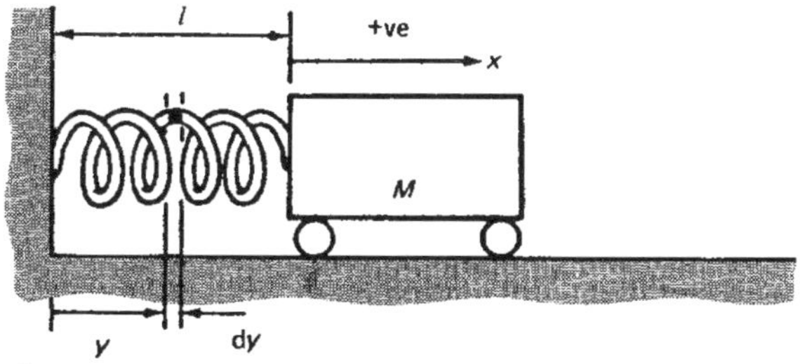

그림 4.8. 헤비듀티 스프링으로 연결된 단자유계

그러므로 운동에너지 T는 다음과 같다.

$$T = \frac{1}{2}M(\dot{x})^2 + \int_0^l \frac{1}{2}\left(\frac{m}{l}\right)\left(\frac{y}{l}\dot{x}\right)^2 \mathrm{d}y$$

$$= \frac{1}{2}\left(M + \frac{m}{3}\right)(\dot{x})^2$$

그리고 위치에너지 V는 다음과 같다.

$$V = \frac{1}{2}kx^2$$

이제, 단순조화 진동으로 거동한다고 간주하고 $T_{\max} = V_{\max}$로 놓고 풀면 고유주파수를 다음과 같이 산정할 수 있다.

$$f = \frac{1}{2\pi}\sqrt{\frac{k}{M + (m/3)}}\ \mathrm{Hz}$$

이런 결과로, 시스템의 스프링 질량을 무시하고 모델링했다면 고유주파수를 계산할 때 실제 스프링 질량의 1/3만큼 강체의 질량에 추가시켜야 한다는 것을 알 수 있다.

한편, 이 방법 대신에 $\frac{\mathrm{d}}{\mathrm{d}t}(T + V) = 0$를 계산하여 고유주파수를 구할 수도 있다.

4.3.2 보의 횡 진동

그림 4.9와 같은 보를 생각해보자. 이 보의 단위 길이 당 질량이 m이고 탄성처짐곡선의 진폭을 y라 하면 $T_{\max}$는 다음과 같이 주어진다.

$$T_{\max} = \frac{1}{2}\int (\dot{y}_{\max})^2 \mathrm{d}m = \frac{1}{2}\omega^2 \int y^2\,\mathrm{d}m$$

여기서 ω는 보의 각주파수(circular frequency)를 가리킨다.

보의 변형에너지는 보에 탄성에너지 형태로 저장된 일의 양이며 휨 모멘트를 M, 탄성곡선의 기울기를 θ라고 할 때 다음과 같이 주어진다.

$$V = \frac{1}{2}\int M \mathrm{d}\theta$$

일반적으로 실제 보의 처짐량은 미소하므로 다음 관계식이 성립한다.

$$\theta = \frac{\mathrm{d}y}{\mathrm{d}x}, \qquad R\mathrm{d}\theta = \mathrm{d}x$$

그러므로

$$\frac{1}{R} = \frac{\mathrm{d}\theta}{\mathrm{d}x} = \frac{\mathrm{d}^2 y}{\mathrm{d}x^2}$$

여기서 보의 곡률반경을 R, 휨 강성을 EI라 하면 보 이론에 의해 $M/I = E/R$로 주어진다. 따라서 변형에너지를 다음처럼 고쳐 쓸 수 있다.

$$V = \frac{1}{2}\int \frac{M}{R}\mathrm{d}x = \frac{1}{2}\int EI\left(\frac{\mathrm{d}^2 y}{\mathrm{d}x^2}\right)^2 \mathrm{d}x$$

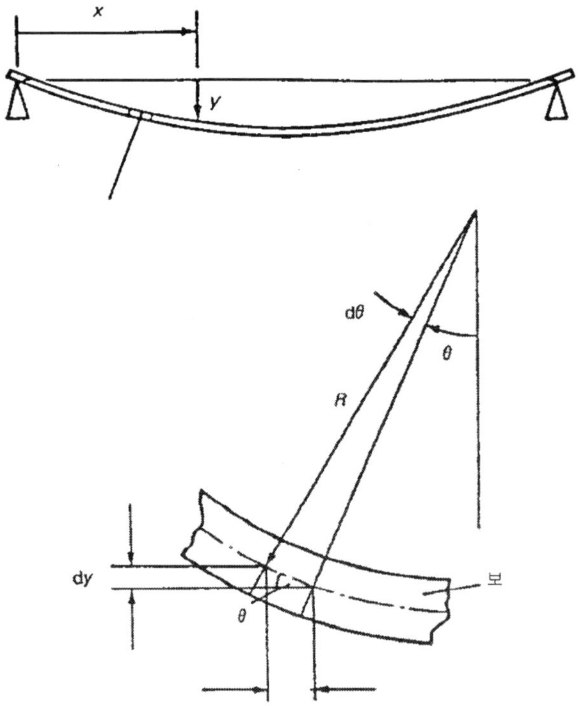

그림 4.9. 보의 변형

이제 $T_{\max} = V_{\max}$ 놓고 고유주파수를 구하면 다음과 같다.

$$\omega^2 = \frac{\int EI\left(\frac{d^2y}{dx^2}\right)^2 dx}{\int y^2 dm}$$

이 주파수가 횡 진동하는 보의 최저 고유주파수이다. 이 결과에서 알 수 있듯이, 보의 횡 진동 문제를 이 방법으로 풀려면 x의 함수로 나타낸 y를 알고 있어야 한다. 이를 위해 정적 처짐곡선이나 싸인곡선의 일부를 택하고 실제 보의 경계조건을 만족시키는 방법을 이용한다.

《 예제 38 》

다음 그림과 같은 단순보를 생각해보자. 이 보의 스팬은 l이며 중앙부에 위치하고 있는 질량 m_1인 물체를 지지하고 있다. 이 보가 횡 진동할 때 최저 고유주파수를 산정하여라.

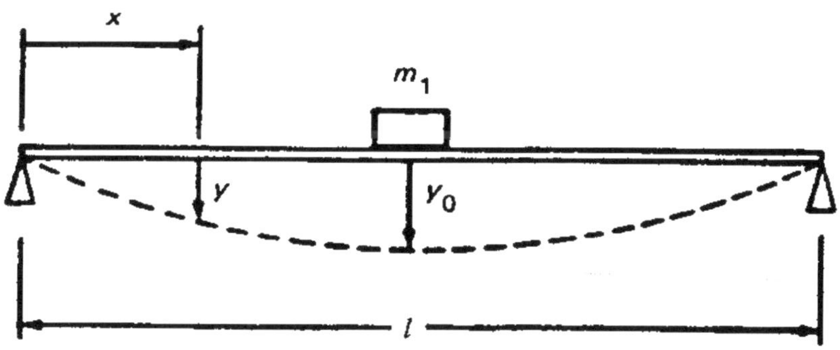

이 문제에서 경계조건은 $x=0$, $x=l$일 때 $y=0$, $d^2y/dx^2=0$가 된다. 따라서 보의 처짐곡선을 싸인곡선의 반과 일치한다고 가정하면 이 경계조건들을 만족시킬 수 있다. 물론 이런 보의 처짐곡선을 다항식으로 표현할 수도 있지만 일반적으로 싸인곡선으로 나타내면 더 편리하게 다룰 수 있다.

그러면 보의 처짐곡선을 $y = y_0 \sin(\pi x/l)$로 가정해보자. 이 처짐곡선은 주어진 경계조건을 모두 만족시키고 있다. 이 처짐곡선을 미분하면 다음과 같다.

$$\dot{y} = \dot{y}_0 \sin\left(\frac{\pi x}{l}\right) \qquad \text{그리고} \qquad \frac{d^2y}{dx^2} = -y_0\left(\frac{\pi}{l}\right)^2 \sin\left(\frac{\pi x}{l}\right)$$

그러므로

$$\int_0^l EI\left(\frac{d^2y}{dx^2}\right)^2 dx = \int_0^l EI\, y_0^{\,2}\left(\frac{\pi}{l}\right)^4 \sin^2\left(\frac{\pi x}{l}\right) dx$$

$$= EI\, y_0^{\,2}\left(\frac{\pi}{l}\right)^4 \frac{l}{2}$$

그리고

$$\int y^2 dm = \int_0^l y_0^{\,2}\sin^2\left(\frac{\pi x}{l}\right)\frac{m}{l}dx + y_0^{\,2} m_1$$

$$= y_0^{\,2}\left(m_1 + \frac{m_2}{2}\right)$$

앞서 구한 식을 이용하면

$$\omega^2 = \frac{EI\left(\frac{\pi}{l}\right)^4 \frac{l}{2}}{\left(1.015 m_1 + \frac{m_2}{2}\right)} (\mathrm{rad/s})^2$$

이 결과는 레일리 법으로 구한 결과와 거의 같음을 알 수 있다.

《 예제 39 》

다음 그림처럼 질량이 m인 캔틸레버보의 횡 진동 문제를 생각해보자. 이 보의 자유단에는 질량이 M인 강체가 붙어있다.

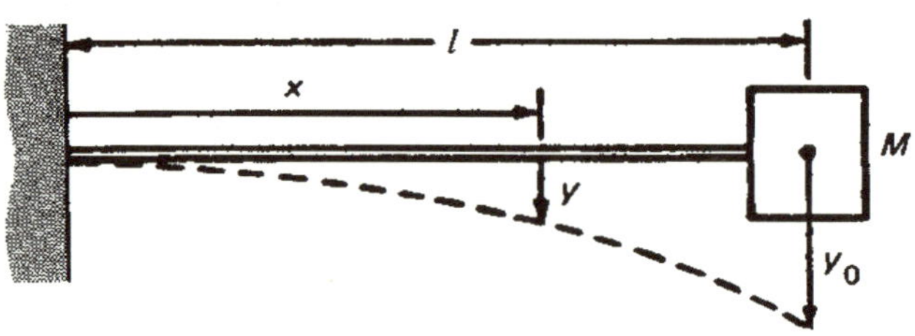

이 경우에 정적 처짐곡선은 $y = (y_0/2l^3)(3lx^2 - x^3)$으로 주어진다. 그러나 이 처짐곡선을 $y = y_0(1 - \cos \pi x/2l)$로 대신할 수도 있다.

이 시스템의 최저 고유주파수를 구하기 위해 앞서 적용한 방법을 그대로 적용해보자.

$$\int_0^l EI\left(\frac{d^2y}{dx^2}\right)^2 dx = EI\int_0^l \left(\frac{y_0}{2l^3}\right)^2 (6l-6x)^2 dx = \frac{3EI}{l^3}y_0^2$$

그리고

$$\int y^2 dm = \int_0^l y^2\left(\frac{m}{l}\right)dx + {y_0}^2 M$$

$$= \int_0^l \frac{{y_0}^2}{4l^6}\frac{m}{l}(3lx^2-x^3)^2 dx + {y_0}^2 M$$

$$= {y_0}^2\left(M+\frac{33}{140}m\right)$$

따라서

$$\omega^2 = \left\{\frac{3EI}{\left(M+\frac{33}{140}m\right)l^3}\right\}(\text{rad/s})^2$$

《 예제 40 》

양단이 핀으로 지지된 길이 l인 스트러트(strut)가 수직 축하중 P를 받고 있다. 이 스트러트의 횡 진동 고유주파수를 구하고 안정 상태를 유지하는 범위에서 가할 수 있는 최대 축하중 P를 산정하여라. 단, 스트러트의 질량은 m, 단면2차모멘트는 I 그리고 탄성계수는 E로 주어진다.

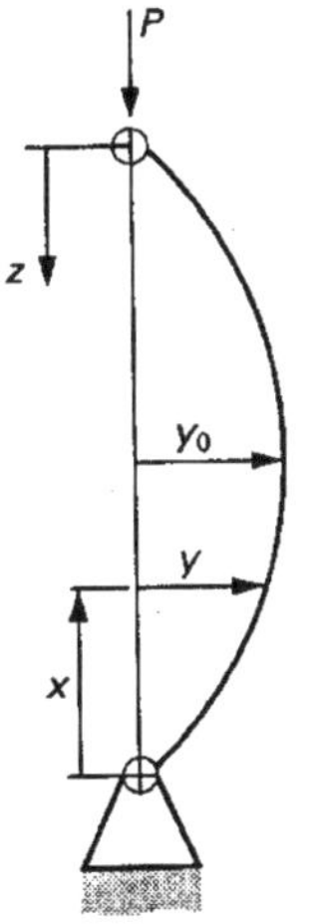

먼저, 변형곡선을 다음처럼 가정해보자.

$$y = y_0 \sin\pi\left(\frac{x}{l}\right)$$

이 변형곡선은 $x = 0$, $x = l$에서 처짐과 모멘트가 제로이므로 경계조건을 모두 만족하고 있다. 최대 변형에너지와 운동에너지를 계산해보자.

$$V_{\max} = \frac{1}{2}\int EI\left(\frac{\mathrm{d}^2 y}{\mathrm{d}x^2}\right)^2 \mathrm{d}x - Pz$$

여기서

$$\frac{1}{2}\int EI\left(\frac{\mathrm{d}^2 y}{\mathrm{d}x^2}\right)^2 \mathrm{d}x = \frac{1}{2}\int_0^l EI\left(\frac{\pi}{l}\right)^4 {y_0}^2 \sin^2\pi\left(\frac{x}{l}\right)\mathrm{d}x$$

$$= \frac{EI}{4}\frac{\pi^4}{l^3}y_0^2$$

한편

$$z = \int_0^l\left(\sqrt{1+\left(\frac{\mathrm{d}y}{\mathrm{d}x}\right)^2} - 1\right)\mathrm{d}x$$

$$= \int_0^l \frac{1}{2}\left(\frac{\mathrm{d}y}{\mathrm{d}x}\right)^2 \mathrm{d}x$$

$$= \frac{1}{2}\int_0^l {y_0}^2\left(\frac{\pi}{l}\right)^2 \cos^2\pi\left(\frac{x}{l}\right)\mathrm{d}x$$

$$= \frac{{y_0}^2}{4}\frac{\pi^2}{l}$$

따라서

$$V_{\max} = \left(\frac{EI}{4}\frac{\pi^4}{l^3} - \frac{P}{4}\frac{\pi^2}{l}\right){y_0}^2$$

이제 최대 운동에너지를 구해보자.

$$T_{\max}=\frac{1}{2}\int(\dot{y_{\max}})^2 \mathrm{d}m=\frac{1}{2}\omega^2\int_0^l y^2\,\mathrm{d}m=\frac{1}{2}\omega^2\int_0^l y^2\left(\frac{m}{l}\right)\mathrm{d}x$$

$$=\frac{1}{2}\omega^2\int_0^l\left[y_0\sin\pi\left(\frac{x}{l}\right)\right]^2\left(\frac{m}{l}\right)\mathrm{d}x=\frac{\omega^2 m}{4}y_0^2$$

따라서 고유주파수는

$$\omega^2=\frac{\left(\frac{EI}{4}\frac{\pi^4}{l^3}-\frac{P}{4}\frac{\pi^2}{l}\right)}{\frac{m}{4}}\ (\mathrm{rad/s})^2$$

따라서

$$f=\frac{1}{2}\sqrt{\frac{EI(\pi/l)^2-P}{ml}}\ \ \mathrm{Hz}$$

그리고 안정하기 위한 조건으로 $f>0$를 만족해야 하므로 $EI(\pi/l)^2>P$이어야 한다. 그러므로 $P_{\max}=EI(\pi/l)^2$이 되며 이를 오일러 좌굴하중이라 부른다.

《 예제 41 》

공장에 쓰이는 수평 파이프의 횡 진동 문제를 생각해보자. 이 파이프의 단면은 일정하며 아래 그림과 같이 단부 한쪽은 고정되어 있고 다른 쪽은 자유단으로 이루어져 있다. 이 파이프를 캔틸레버보로 간주하고 레일리 법을 적용하여 1차 모드 횡 진동 주파수를 구하여라. 단, 파이프의 대한 조건은 다음과 같다.

탄성계수	$200\mathrm{GN/m^2}$
단면2차모멘트	$0.02m^4$
질량	$6\times10^4\mathrm{kg}$
길이	$30\mathrm{m}$
외경	$1\mathrm{m}$

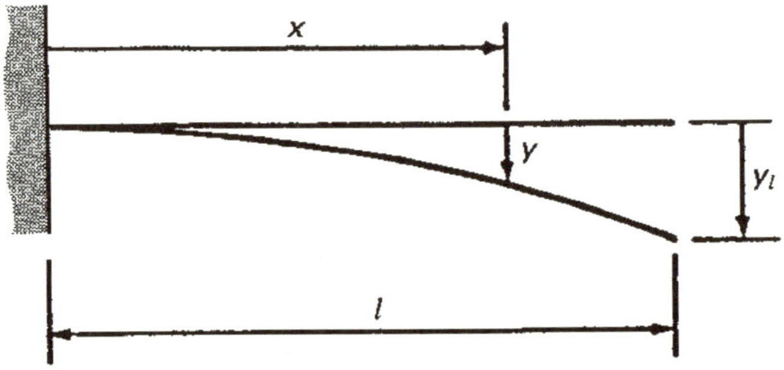

먼저, 다음과 같이 변형곡선을 가정한다.

$$y = y_l\left(1 - \cos\frac{\pi x}{2l}\right)$$

경계조건은 $x = 0$에서 처짐과 기울기가 제로, $x = l$에서 전단력과 휨 모멘트가 제로이며 이 변형곡선은 이를 모두 만족시킨다. 이제 다음과 같이 레일리 법을 적용한다.

$$\int_0^l EI\left(\frac{d^2y}{dx^2}\right)^2 dx = EI\int_0^l {y_l}^2\left(\frac{\pi}{2l}\right)^4 \cos^2\left(\frac{\pi x}{2l}\right)dx$$

$$= EI\,{y_l}^2\left(\frac{\pi}{2l}\right)^4\frac{l}{2}$$

그리고

$$\int y^2 dm = \int_0^l y_l^2\left(1 - \cos\frac{\pi x}{2l}\right)^2\frac{m}{l}dx$$

$$= {y_l}^2\, m\left(\frac{3}{2} - \frac{4}{\pi}\right)$$

시스템의 에너지는 보존되므로 전체 에너지는 진동하는 동안에도 변함이 없다. 따라서 고유주파수는 다음과 같이 계산된다.

$$\omega^2 = \frac{EI\,{y_l}^2\left(\frac{\pi}{2l}\right)^4\frac{l}{2}}{{y_l}^2\, m\left(\frac{3}{2} - \frac{4}{\pi}\right)}$$

$$= \frac{EI}{ml^3}13.4$$

그러므로

$$\omega = 3.66\sqrt{\frac{EI}{ml^3}}\ \text{rad/s} \qquad \text{또는} \quad f = \frac{3.66}{2\pi}\sqrt{\frac{EI}{ml^3}}\ \text{Hz}$$

그런데 주어진 상수에 의해

$$\frac{EI}{ml^3} = \frac{200\times10^9\times0.02}{6\times10^4\times30^3}\ /\text{s}^2$$

따라서

$$\omega = 5.75\,\text{rad/s} \qquad \text{또는} \quad f = 0.92\text{Hz}$$

4.3.3 바람과 유체 흐름에 의한 진동

유체의 흐름 속에 놓인 구조물은 유체의 진행방과 직각으로 작용하는 조화 가진력을 받게 된다. 이것은 풍하측(leeward side)의 와류가 유속이 빨라짐에 따라 구조물의 측면으로 이동하여 좌, 우 번갈아 가며 생성되기 때문이다. 선박의 마스트, 교량 및 굴뚝처럼 큰 키의 구조물은 정상풍으로 인한 진동에 매우 민감하다. 스트로할 수(Strouhal number)는 가진주파수 f_s와 구조물의 수력학적 평균직경 D(m) 및 유속 v(m/s)간의 관계를 나타낸 값으로 다음과 같이 정의된다.

$$\text{스트로할 수} = \frac{f_s D}{v}$$

만일 가진주파수 f_s가 구조물의 고유주파수에 근접하면 공진현상이 나타날 수 있다.
한편, 구조물의 수력학적 직경 D는 다음과 같이 주어진다.

$$D = \frac{4\times\text{단면적}}{\text{주장}}$$

따라서 직경이 d이고 원형 단면인 굴뚝의 경우 수력학적 직경은 다음과 같다.

$$D = \frac{4(\pi/4)d^2}{\pi d} = d$$

그리고 평면 형태가 장방형 $a\times b$인 건물의 경우

$$D = \frac{4ab}{2(a+b)} = \frac{2ab}{(a+b)}$$

실상에서 겪는 풍속 및 유속에 대한 스트로할 수는 $0.2 \sim 0.24$ 사이라는 결과가 실험으로 밝혀진 바 있다.

《 예제 42 》

유조선 터미널을 강 하구에 시공할 때는 원통형의 콘크리트 파일들을 강바닥에 가라앉혀 세운다. 각 파일의 직경이 1m, 강바닥에서 돌출되는 부분의 길이는 20m라고 가정해보자. 단, 콘크리트의 밀도는 2400kg/m^3이고 탄성계수는 $14 \times 10^6\text{kN/m}^2$로 주어진다. 파일을 통과해서 흐르는 강물의 유속이 얼마에 도달할 때 이 파일이 강물의 흐름과 직교되는 방향으로 진동하기 시작하는지 추정해보아라. 이때 각 파일을 캔틸레버로 간주하고 스트로할 수를 0.22로 가정한다.

$$\frac{f_s D}{v} = 0.22$$

여기서 f_s는 파일의 휨 진동수, D는 직경 그리고 v는 강물의 유속을 가리킨다.

이 문제를 해결하기 위해 캔틸레버 파일의 처짐곡선을 가정해야 한다. 우선, 이 파일의 질량은 m, 직경은 D 그리고 길이는 l이라고 가정한다. 그리고 다음 그림처럼 강바닥 지지부에서 x만큼 떨어진 곳의 처짐을 y로 나타내면 $y = y_l(1 - \cos \pi x / 2l)$로 나타낼 수 있다. 여기서 y_l은 파일의 자유단에서 처짐을 가리킨다.

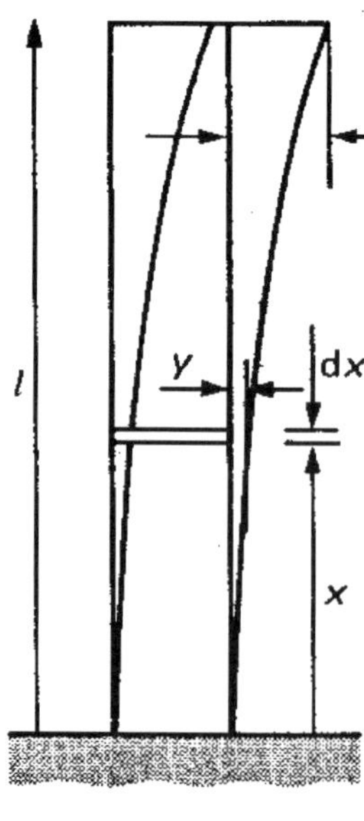

따라서

$$\int_0^l EI\left(\frac{d^2y}{dx^2}\right)^2 dx = EI\int_0^l {y_l}^2\left(\frac{\pi}{2l}\right)^4 \cos^2\left(\frac{\pi x}{2l}\right)dx$$

$$= EI\,{y_l}^2\left(\frac{\pi}{2l}\right)^4\frac{l}{2}$$

$$\int y^2 dm = \int_0^l y_l^2\left(1-\cos\frac{\pi x}{2l}\right)^2\frac{m}{l}dx$$

$$= {y_l}^2\frac{m}{l}\left(\frac{3}{2}-\frac{4}{\pi}\right)l$$

그러므로

$$\omega^2 = \frac{EI\,{y_l}^2\left(\frac{\pi}{2l}\right)^4\frac{l}{2}}{{y_l}^2\,m\left(\frac{3}{2}-\frac{4}{\pi}\right)}$$

이 결과에 주어진 상수 값을 대입하면 $\omega = 5.33\text{rad/s}$, 즉 $f = 0.88\text{Hz}$가 된다. 공진현상은 $f = 0.88\text{Hz}$에서 발생하며 이때 유속은 다음과 같이 결정된다.

$$v = \frac{f_s D}{0.22} = \frac{0.88\times 1}{0.22} = 4\text{m/s}$$

4.4 진동계의 안정

어떤 시스템이 평형 위치에 대해 진동하고 있다면 이 위치에 대해 시스템은 안정해야만 한다. 다시 말해서 평형 위치에 놓여있는 시스템을 교란시켜 진동을 일으켰다면 이 시스템은 평형 위치를 중심으로 진동한다는 뜻이다.

최소 위치에너지 원리를 이용하면 시스템의 안정도를 체크해 볼 수 있다. 즉, 평형 위치에서 구한 시스템의 위치에너지가 최소값이면 그 시스템은 안정하다. 이를 위해 다음 조건을 만족해야 한다.

$$\frac{dV}{dq} = 0 \qquad \text{그리고} \qquad \frac{d^2V}{dq^2} > 0$$

여기서 q는 일반화 좌표를 나타낸다. 그러므로 진동을 일으키기 위한 조건 또는 어떤 위치에 대해 진동하는지 알아낼 수 있다.

4.5 유한요소법

배의 선수부분이나 자동차의 크랭크 케이스처럼 형태가 복잡한 구조물은 고전적인 방법으로 해석하기 힘들기 때문에 근사 해법을 이용한다. 앞서 리셉턴스 해법을 논의할 때 복잡한 구조물을 여러 개의 부시스템으로 분할해서 해석했다. 이 결과, 많은 수의 방정식이 생성되는데 이를 풀 수 있는 도구가 마련되어 있다면 이 기법은 대단히 유용하다. 이 기법을 확장한 것이 유한요소법이며 연속 시스템(구조물)을 잘게 나눈 요소들의 결합체로 간주한다. 이때 각 요소들은 평형조건과 적합조건을 만족시키며 서로 연결되어 있다.

범용성이 유한요소법의 주된 장점이며 어떠한 형태의 탄성구조물이라도 이 방법을 쓰면 고유주파수와 모드형상을 구할 수 있다. 다만 이 방법은 일종의 수치해석법이기 때문에 성능이 우수한 컴퓨터가 필요하고, 작은 입력 변동에 출력이 어떻게 변하는지 그 민감도에 대해서 신경을 써야 한다.

보와 같은 구조물에 유한요소법을 적용하면 여러 개의 질량을 스프링으로 연결시킨 집중질량계(lumped mass system)와 흡사해지며, 무한개의 자유도를 갖는 구조물이 유한개의 자유도를 갖는 구조물로 간략화 된다.

따라서 유한요소법으로 동적 시스템을 해석할 때는, 가상의 선(imaginary line)으로 시스템을 여리 요소로 분할하고 이 선들의 각 교점에서 모든 요소들을 연결시킨다. 이 교점을 노드(node)라 부른다. 그런데 노드라는 말은 동력학에서 진동이 제로가 되는 지점을 일컫는 말과 똑같은데 그 의미는 전혀 다르므로 혼동하지 말아야 한다. 각 요소에 걸리는 응력도와 변형도는 노드의 하중과 변위로써 정의되며 요소의 질량을 각 노드에 집중시킨다. 그 결과, 각 노드의 변위에 대한 연립방정식이 생성되며 이 방정식을 풀면 시스템의 응력도, 변형도, 고유주파수 그리고 모드형상을 구할 수 있다. 이런 유한요소법은 최저차 모드형상에서 결과가 가장 정확하고 시스템을 보다 많은 요소로 분할수록 정확히 해석된다.

5

자동제어 시스템

자동제어 시스템은 이미 수 세기 전부터 사용되어 왔다. 그러나 눈부신 기술의 발전은 최근에 이루어졌다. 기계절삭기와 같이 주어진 패턴만 단순히 따르는 앞먹임(feedforward) 또는 개루프시스템(open loop system)은 단순히 입력만 조정하는 시스템이다. 개루프시스템의 초기 형태를 예로 든다면 1801년에 발명된 자카드 직기(loom)를 꼽을 수 있다. 이 직기는 무늬 없는 직물에 무늬를 넣어 짤 수 있도록 한 기계로서 무늬 형태를 천공카드로 미리 프로그램 했다. 직기의 올바른 작동을 위해 직조 결과에 대한 어떠한 정보도 사용하지 않기 때문에 개루프시스템이 된다. 한편, 되먹임(feedback) 또는 폐루프시스템(closed loop system)은 기계 작동을 조절하기 위해 프로세스에 의한 정보를 되먹이는 방식이다. 폐루프시스템의 초기 형태를 예로 들면 로마시대 수로에 쓰인 플로팅 밸브를 설치한 수위조절기를 꼽을 수 있다. 이후에는 몇 가지 제어시스템이 풍차에 적용되었다. 즉, 팬테일에 의한 풍차의 방향제어 (1745)와 원심조속기를 이용한 맷돌의 속도제어 (1783) 및 롤러 축범부(reefing)에 의한 돛의 회전속도 제어 (1789) 등이 바로 그것이다. 이 원심조속기는 18세기 말경에 증기기관의 속도를 조절하기 위해 증기 공급량을 제어하는데도 쓰였다. 낮은 비용으로 운용할 수 있었던 이러한 장치들로 인해 기계의 전반적인 효율이 크게 증대되었다. 이로 인해 보다 우수한 제어시스템이 요구되었고 기계의 효율은 한층 더 향상되었다.
이론상 우리의 능력으로 제어할 수 있는 변수들은 무수히 많다. 그러나 환경적 요인과 하중의 크기 및 빠른 응답속도 등에 지배받지 않고 시스템을 연속 동작시키고자 하는 필요성 때문에, 무수히 많은 변수를 모두 제어한다는 일은 현실적으로 매우 어렵거나 불가능하며 고비용이 발생하여 바람직하지 않은 경우가 많다. 인간이 반응하는데 걸리는 0.3sec라는 시간은 제어의 적용성 측면에서 볼 때 대단히 느린 응답속도이다.

이밖에 제어시스템의 예로써 볼밸브를 이용한 액면(liquid level) 제어, 서모스탯에 의한 온도 제어 그리고 유압서보를 이용한 항공기의 플랩 제어 등을 들 수 있다. 19세기 말에 Maxwell은 최초로 제어시스템을 이론적으로 해석하고 논문을 발표했다. 이 이론은 여러 학자들에 의해 일반화되고 확장되어 한층 발전된 제어시스템을 설명하는데 유용하게 쓰였다. 20세기 초에는 대포의 위치를 신속 정확하게 바로잡기 위해 자동제어 분야가 급성장하였으며 이로 인해 1930년 중반에 들어 서보기구가 발전되었다. 1950년대에는 멀티플루프시스템의 잠재 능력에 대한 조사가 행해졌으며 컴퓨터가 도입되어 더욱 복잡한 시스템을 다룰 수 있는 기틀이 마련되었다. 컴퓨터 제어는 산업 분야에서 다음 세 가지 중 한 방식으로 적용되었다: 첫째로 공장의 운영에 있어 최적의 작동 조건을 유지시키기 위한 감시 통제, 둘째로 디렉트디지탈콘트롤(DDC), 셋째로 하나의 서브시스템을 제어함에 있어서 다른 서브시스템의 동작도 고려해야 하는 계층계제어(hierarchy control)가 있다. 공기조화시스템, 조명 및 에스컬레이터 등을 모두 통제하는 철도역사의 유지 및 관리 시스템은 계층계제어의 일례이다. 우리는 온도, 압력, 속도, 레벨, 무게, 흐름, 전도율 등 다양한 시스템 변수를 측정하고 이를 전기적인 신호로 변환시킬 수 있기 때문에 컴퓨터 제어를 구현할 수 있는 것이다. 자동제어분야는 마이크로프로세서가 도입된 이후로 현재까지 비약적인 발전이 지속되고 있기 때문에 서론은 이 정도로 충분하리가 본다.

자동제어시스템의 특징은 성능 향상을 위한 피이드백루프가 존재한다는 점이다. 이런 시스템을 폐루프시스템이라 부른다. 한편 출력을 측정하여 이것을 입력과 비교하지 않는 경우에는 개루프가 된다. 시스템에 투입되는 입력은 특정한 형태로서, 시스템이 바람직한 형태로 응답하도록 만든다. 그림 5.1.처럼 실제 응답과 이상적인 응답과의 오차를 감지하고 이를 수정하기 위해 입력에 피이드백 시켜 오차를 줄인다.

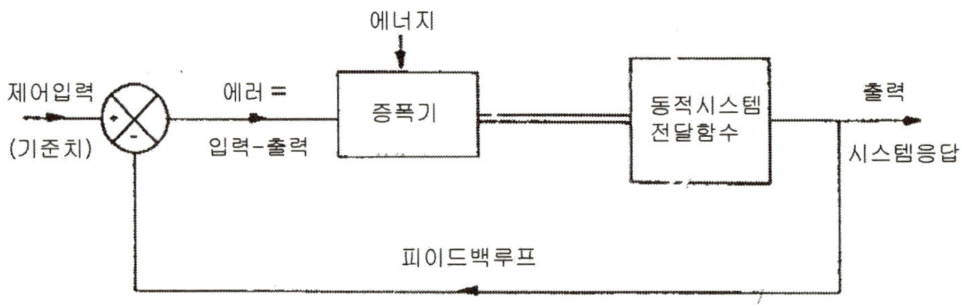

그림 5.1. 제어시스템의 블록선도

일반적으로 제어시스템의 입력과 출력 모두 시간에 따라 변하며, 시스템의 작동은 기계적, 공압 또는 전기적 및 이들의 조합방식으로 이루어진다. 시스템은 절대적으로 안정해야 하며 가진 시킬 때 특정한 값으로 수렴해야 하고 정상상태에서는 정확한 거동을 해야 한다.

그림 5.2.와 같이 간단한 시스템을 생각해보자.

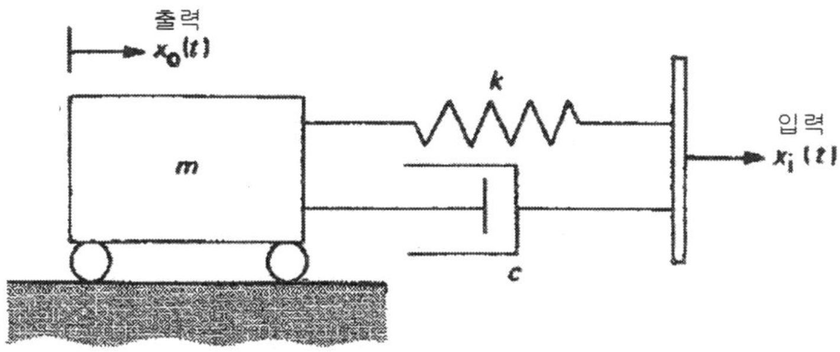

그림 5.2. 동적시스템

그림에서 보듯이 질량이 m인 강체가 스프링과 감쇠기에 의해 플랫폼에 연결되어 있으며 입력은 이 플랫폼을 통해 시스템에 투입된다. 어떤 특정한 입력 $x_i(t)$으로 이 플랫폼을 가진시킬 때 강체의 응답, 즉 출력이 $x_0(t)$와 같다고 가정해보자.
먼저, 강제에 작용하는 힘들을 고려하여 운동방정식을 세워보자.

$$m\ddot{x}_0 = k(x_i - x_0) + c(\dot{x}_i - \dot{x}_0) \tag{5.1}$$

앞서 이 운동방정식에 조화가진력을 입력으로 주고 해를 구한 경우가 있었다. 여기서는 편의상 D 연산자를 이용해서 일반해를 구해본다.
D 연산자를 이용하면 식 (5.1)은 다음처럼 바뀐다.

$$m\mathrm{D}^2 x_0 = k(x_i - x_0) + c\mathrm{D}(x_i - x_0) = (k + c\mathrm{D})(x_i - x_0)$$

D 연산자를 써서 방정식을 표현하면 깔끔하게 보기는 좋지만 방정식의 해를 푸는데 도움을 주는 것은 아니다.
여기서 강체에 작용하는 힘 F는 $m\mathrm{D}^2 x_0$이므로 $F = m\mathrm{D}^2 x_0$가 된다.
그러므로

$$F\left(\frac{1}{m\mathrm{D}^2}\right) = x_0$$

전달함수(transfer function)란 출력과 같아지기 위해 입력에 곱해야할 함수를 가리킨다. 따라서 여기서 입력은 F이고 출력은 x_0이므로 $(1/m\mathrm{D}^2)$이 강체에 대한 전달함수이다. 이 개념을 그림 5.3과 같이 블록선도로 표현해보았다.

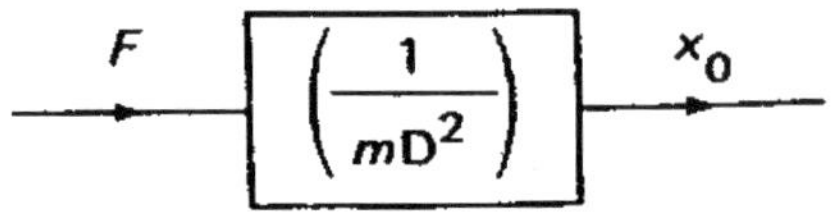

그림 5.3. 강체에 대한 블록선도

스프링-감쇠기에 대해서 $F=(k+c\mathrm{D})(x_i-x_0)$ 이므로 그림 5.4와 같이 블록선도를 그릴 수 있다.

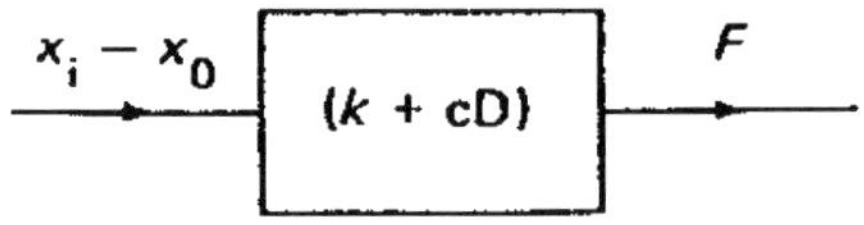

그림 5.4. 스프링-감쇠기에 대한 블록선도

즉, 스프링-감쇠기에는 투입되는 입력이 (x_i-x_0), 출력이 F이므로 전달함수는 $(k+c\mathrm{D})$가 된다. 이 두 시스템을 결합하면 그림 5.5와 같이 표현된다.

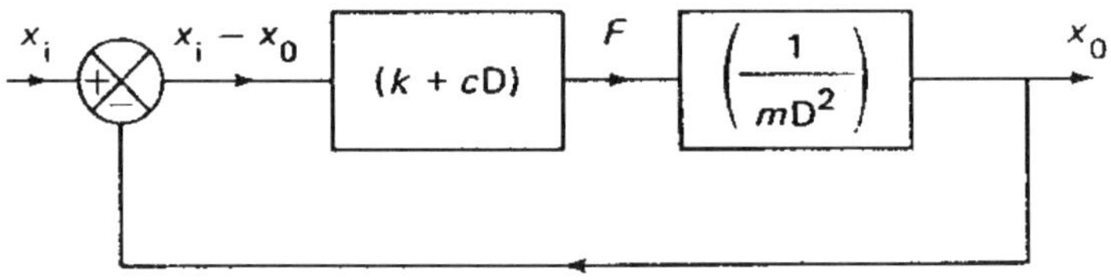

그림 5.5. 블록선도

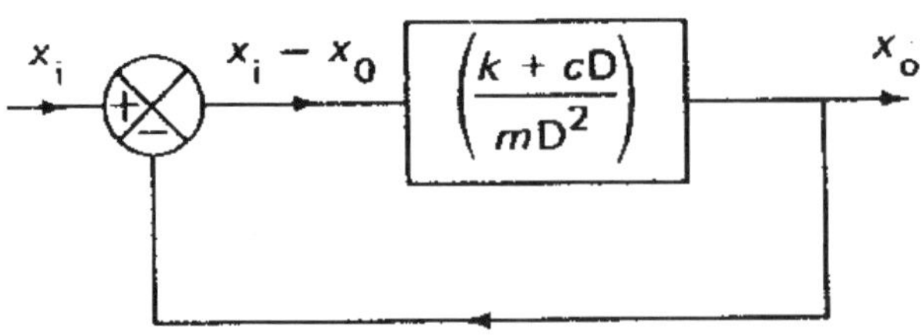

그림 5.6. 시스템 블록선도

그림 5.6이 전형적인 단위 피이드백루프 형태이며 블록선도에 의해 다음 식이 성립한다.

$$(x_i - x_0)\left(\frac{k + c\mathrm{D}}{m\mathrm{D}^2}\right) = x_0$$

$$x_0 = \left(\frac{c\mathrm{D} + k}{m\mathrm{D}^2 + c\mathrm{D} + k}\right)x_i$$

그러므로 이 식을 출력과 입력의 비로 나타내면

$$\frac{x_0}{x_i} = \frac{c\mathrm{D} + k}{m\mathrm{D}^2 + c\mathrm{D} + k}$$

이것이 그림 5.6의 시스템 전달함수로서 폐루프전달함수가 된다.
조화가진력 $x_i = X_i \cos \nu t$을 가하면 출력 x_0는 $X_0 \cos(\nu t - \phi)$로 주어진다. 이 입력과 출력을 위의 전달함수(x_0/x_i)에 대입하여 다음과 같이 전개한다.

$$-m\nu^2 X_0 \cos(\nu t - \phi) - c\nu X_0 \sin(\nu t - \phi) + kX_0 \cos(\nu t - \phi)$$
$$= -c\nu X_i \sin \nu t + k X_i \cos \nu t$$

이 식을 풀기 위상자 법에 대해 먼저 간략히 서술하고 이 방법을 적용해보자.

【 위상자 】

여러 가지의 조화진동이 합해져서 만드는 복합진동을 계산하는 일은 역학, 전자공학, 파동학, 광학 등 여러 영역에서 나온다. 특히 각각의 진동수가 동일한 경우는 합성된 진동도 역시 같은 진동수를 갖는 조화진동이 되는데 이 합성된 진동의 진폭이나 위상은 각각의 진동의 진폭이나 위상과 관련이 있다.
전자공학에서 교류전류가 저항이나 콘덴서, 코일에 걸리는 교류회로의 경우 합성된 전압을 계산할 때 이러한 계산을 쉽게 하기 위하여 복소수를 도입하거나, 이 복소수의 개념을 보다 쉽게 도식화 한 위상자(페이저: phasor)방법을 쓴다. 위상자는 복소수로 표현한 파의 복소 진폭을 말하는데 이는 2차원 벡터공간에서 벡터로 볼 수 있고, 파의 합성을 이 벡터공간에서 벡터의 합성과 같이 취급할 수 있다.
어떤 물리량이 다음처럼 시간에 따라 변하고 있다고 하자. 이 물리량 E는 용수철에 매달린 물체의 운동, 혹은 교류전류일 수 있으며 조화파동이 분포된 영역의 한 지점에서 파동량일 수도 있다

$E(t) = E_0 \sin(\omega t + \epsilon)$

여기서 E_0는 진폭이고 ω는 진동수, ϵ는 위상이다.
E가 도선을 따라서 흐르는 전류나 파동처럼 동시에 여럿 존재한다면 모두 더하기로 결과가 나타난다. 이렇게 중첩되는 성질을 가진 두 개의 진동하는 양 $E_1(t)$, $E_2(t)$가 있다고 하자.

$$E_1(t) = E_{01} \sin(\omega t + \epsilon_1)$$

$$E_2(t) = E_{02} \sin(\omega t + \epsilon_2)$$

이들은 조화진동으로 진동수는 같지만 진폭과 위상은 서로 다르게 주어져 있다. 이 둘을 합하면 다음과 같다.

$$\begin{aligned} E(t) &= E_1(t) + E_2(t) \\ &= E_{01}(\sin\omega t \cos\epsilon_1 + \cos\omega t \sin\epsilon_1) + E_{02}(\sin\omega t \cos\epsilon_2 + \cos\omega t \sin\epsilon_2) \\ &= (E_{01}\cos\epsilon_1 + E_{02}\cos\epsilon_2)\sin\omega t + (E_{01}\sin\epsilon_1 + E_{02}\sin\epsilon_2)\cos\omega t \end{aligned}$$

여기서 괄호 안의 양은 시간과 무관한 상수이므로 다음과 같이 둔다.

$$E_0 \cos\epsilon = E_{01}\cos\epsilon_1 + E_{02}\cos\epsilon_2$$

$$E_0 \sin\epsilon = E_{01}\sin\epsilon_1 + E_{02}\sin\epsilon_2$$

그러므로

$$E(t) = E_0 \cos\epsilon \sin\omega t + E_0 \sin\epsilon \cos\omega t = E_0 \sin(\omega t + \epsilon)$$

결국 합성하면 동일한 진동수의 단진동이 됨을 알 수 있다. 이때 E_0와 ϵ은 다음과 같다.

$$E_0^2 = E_{01}^2 + E_{02}^2 + 2E_{01}E_{02}\cos(\epsilon_2 - \epsilon_1)$$

$$\tan\epsilon = \frac{E_{01}\sin\epsilon_1 + E_{02}\sin\epsilon_2}{E_{01}\cos\epsilon_1 + E_{02}\cos\epsilon_2}$$

특히 새로운 진폭 E_0는 사이 각이 $(\epsilon_2 - \epsilon_1)$이고 각각의 변이$E_{01}, E_{02}$인 두 변으로 형성시킨 평행사변형의 한 대각선임을 알 수 있어, 마치 벡터의 합성처럼 작도로서 진폭을 계산할 수 있게 된다. 즉, 하나의 조화진동에서 그 진폭과 위상을 극좌표에서의 크기와 편각으로 한 벡터로 대표시켜서 나타내면 여러모로 편리한데 이 벡터를 위상자라 한다. 다음 그림에서 위상자의 정의와 두 위상자가 합성되는 원리를 보여주고 있다.

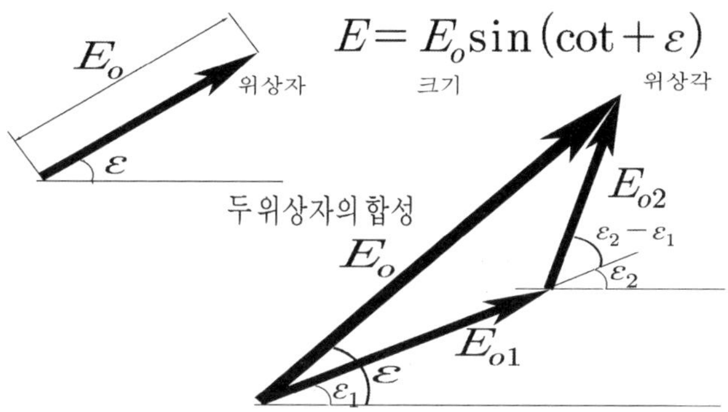

<설명: 두 위상자는 벡터의 합성처럼 평행사변형으로나, 화살을 이어 붙이는 방식으로 합해진다. 그림에서 진폭 E_{01}, E_{02}와 위상각 ϵ_1, ϵ_2를 가지고 있는 두 위상자가 벡터처럼 합성되어 진폭E_0, 위상각 ϵ의 위상자가 되는 것을 보여주고 있다>

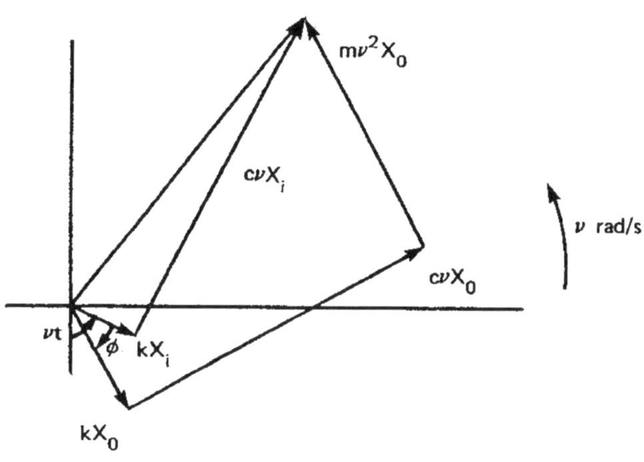

그림 5.7. 위상자 다이어그램

그림 5.7의 위상자 다이어그램에 의해

$$(kX_i)^2 + (c\nu X_i)^2 = (kX_0 - m\nu^2 X_0)^2 + (c\nu X_0)^2$$

그러므로

$$X_i \sqrt{k^2 + (c\nu)^2} = X_0 \sqrt{(k - m\nu^2)^2 + (c\nu)^2}$$

이 방정식이 강체가 지속하는 진동, 즉 정상상태의 진폭을 가리킨다. 물론 초기에 나타나는 과도응답도 존재하지만 시스템에 있는 감쇠기에 의해 이것은 곧바로 소멸되고 만다. 제어시스템에 있어 이런 과도응답이 중요한 경우는 신속 정확히 위치를 찾는 위치제어를 시행할 때이다.
제어시스템을 학습할 때는, 임펄스나 계단 및 램프입력 등 다양한 형태의 입력에 대해 시스템이 어떻게 응답하는지 조사할 필요가 있다. 임펄스에 대해서는 앞서 2.3.6절에서 이미 언급한 바가 있다.

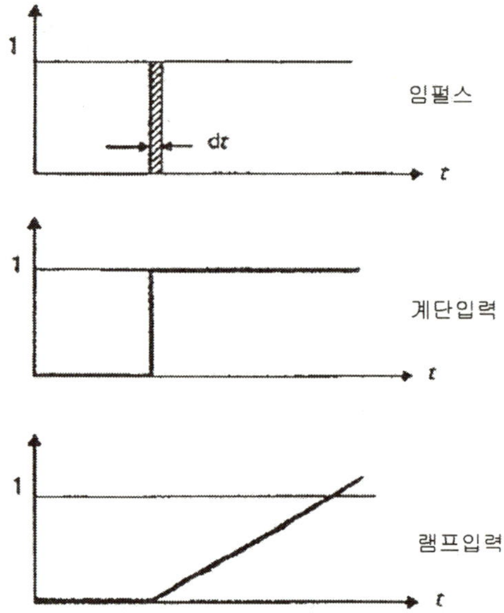

그림 5.8. 시스템 입력의 형태

주어진 시스템에 입력 x_i가 X로 주어지면 출력은 다음과 같이 쉽게 구할 수 있다.

$$\begin{aligned} x_0 &= \left(\frac{k + c\mathrm{D}}{m\mathrm{D}^2 + c\mathrm{D} + k}\right) x_i \\ &= \left(1 + \frac{c}{k}\mathrm{D} + \frac{m}{k}\mathrm{D}^2\right)^{-1} \left(1 + \frac{c}{k}\mathrm{D}\right) X \\ &= \left(1 - \frac{c}{k}\mathrm{D} + \cdots\right) X \\ &= X \end{aligned}$$

즉, 정상상태의 출력은 $x_0 = X$로 응답하며 입력과 출력간의 오차는 없다. 그러나 이 미분방정식의 제차해, 다시 말해 $(m\mathrm{D}^2 + c\mathrm{D} + k)x_0 = 0$의 해 $x_0 = Ae^{-\zeta\omega t}\sin(\omega\sqrt{(1-\zeta^2)}\,t+\phi)$도 존재한다.
그러므로 출력 x_0에는 초기에 사라지는 과도응답이 포함되므로 그림 5.9와 같이 나타난다.

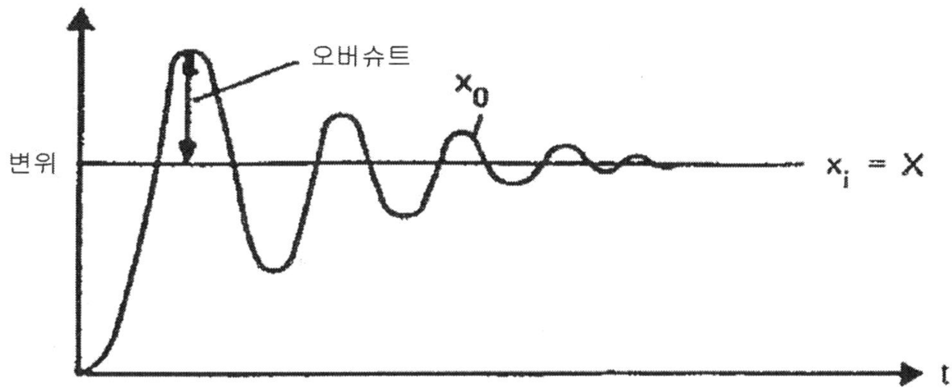

그림 5.9. 계단입력(step input)에 대한 응답

그림의 시스템 응답에서 첫 번째 진폭이 x_i를 초과하여 치솟는데 이를 오버슈트라 부른다. 안정한 시스템에서는 이 오버슈트가 최대오버슈트이며 이런 과도응답은 시간이 지나면서 소멸된다.
한편 이 시스템에 램프 입력, $x_i = \beta t$을 주면 응답은 다음과 같다.

$$
\begin{aligned}
x_0 &= \left(\frac{k + c\mathrm{D}}{m\mathrm{D}^2 + c\mathrm{D} + k}\right)x_i \\
&= \left(1 + \frac{c}{k}\mathrm{D} + \frac{m}{k}\mathrm{D}^2\right)^{-1}\left(1 + \frac{c}{k}\mathrm{D}\right)(\beta t) \\
&= \left(1 - \frac{c}{k}\mathrm{D} + \cdots\right)\left(\beta t + \frac{c}{k}\beta\right) \\
&= \beta t + \frac{c}{k}\beta - \frac{\mathrm{c}}{\mathrm{k}}\beta = \beta \mathrm{t}
\end{aligned}
$$

이 결과에 의하면 정상상태 에러는 없다. 그러나 응답초기에 발생하는 과도응답성분으로 인하여 시스템의 응답은 그림 5.10처럼 나타난다.

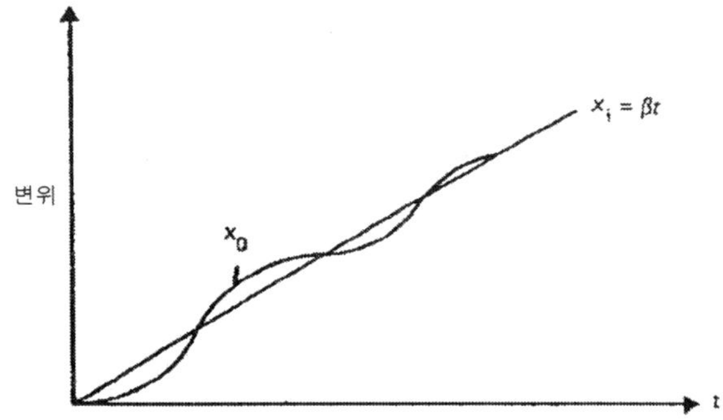

그림 5.10. 램프 입력에 대한 응답

산업분야에는 멀리 떨어진 곳에 있는 장비를 정확한 위치로 옮겨 놓는 제어시스템이 필요한 경우가 많다. 이런 작동에 필요한 입력으로 핸들을 돌리거나 레버를 당기든지 아니면 다른 장치에서 받아들인 신호 및 동작을 이용한다. 서보시스템은 물체의 위치 · 방위 · 자세 등의 변위를 제어량(출력)으로 하고, 목표값(입력)의 임의의 변화에 추종하도록 한 제어계이다. 서보시스템은 제2차 세계대진 중 군사적인 필요성에 의해 급속히 발전한 것으로서 자동조종, 병기의 자동조준, 공작기계의 모방제어, 자동평형계기 등 주로 추종제어에 사용되고 있다. 자동제어 분야에서는 비교적 초기단계에 개발된 기술이며, 이것이 다른 제어분야, 예를 들면 프로세스제어에도 영향을 끼쳐, 간혹 자동제어계를 서보계, 자동제어이론을 서보이론이라고도 한다.

5.1 단순 유압서보(servo)

원격유압위치제어는 다방면에 쓰이며 구동기, 펌프 및 유압모터를 피딩(feeding)하는 일종의 공급제어밸브 형태로 되어 있다. 제어밸브의 형태는 다양하지만 가장 보편적으로 쓰이는 것은 그림 5.11과 같은 스풀밸브(spool valve)이다.

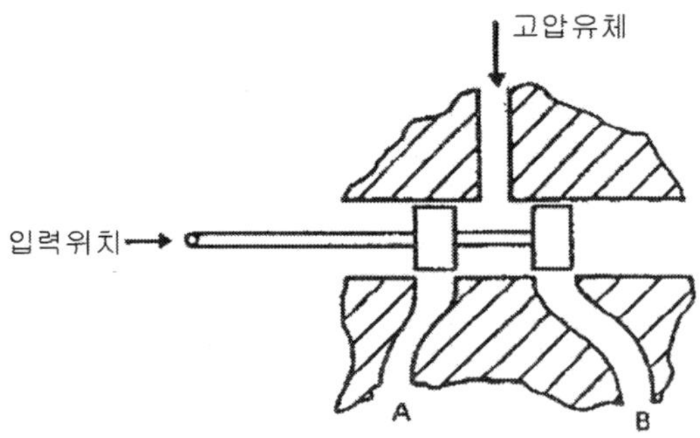

그림 5.11 단순 스풀밸브

이 밸브에서 실패같이 생긴 스풀의 입력위치를 제어하기 위해 기계적인 연결 장치를 사용하거나 전기적인 방법을 이용하기도 한다. 그림에서 보는 것처럼 이 스풀이 중앙에 오면 두 포트(port)가 동시에 닫혀서 채널 A, B가 차단된다. 스풀이 오른쪽으로 이동하면 채널 B만 유압 공급라인과 연결되며, 반대로 스풀이 왼쪽으로 이동하면 채널 A만 유압 공급라인과 연결된다. 밸브의 오프닝(opening)이 작은 경우 유출률은 밸브의 오프닝에 비례한다. 한편 그림 5.12처럼 **3**중 밸브씰(valve seal)로 만들어 성능을 개선시키는 경우도 있다.

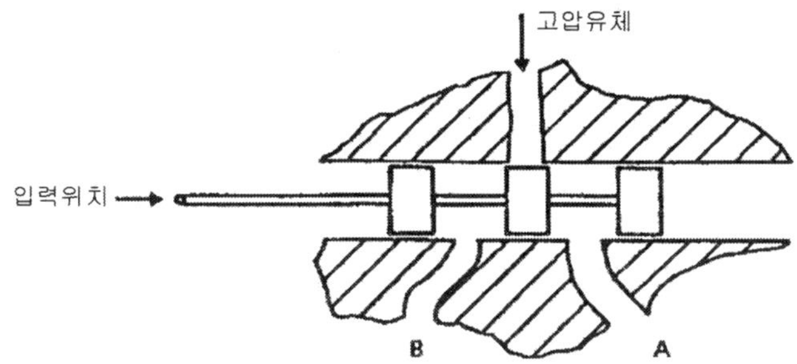

그림 5.12. 3중 씰 스풀밸브

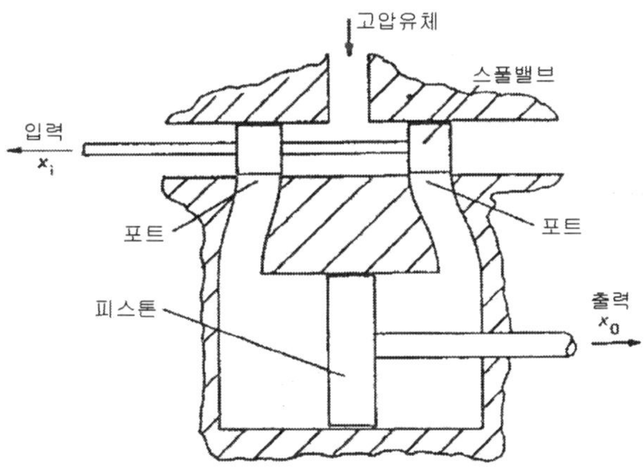

그림 5.13. 개루프 유압서보

5.1.1 개루프 유압서보

그림 5.13에 나타낸 개루프 유압서보를 생각해보자. 입력을 이용해서 스풀밸브의 위치를 제어하며 이 스풀밸브가 포트를 개폐하여 가압된 유체 흐름의 방향을 바꾼다. 이 그림에서 피스톤은 제어대상에 연결되어 있기 때문에 이 피스톤의 위치가 바로 출력이라고 간주할 수 있다.

여기서 피스톤의 면적을 A, 그리고 포트 상수를 b라고 하면 유량방정식(flow equation)은 다음과 같이 정의된다.

$$Q = A\mathrm{D}x_0 = bx_\mathrm{i}$$

단, Q는 유출률을 가리킨다. 이 식은 다음과 같이 바꿔 쓸 수 있다.

$$x_0 = \left(\frac{b}{A}\right)\left(\frac{1}{\mathrm{D}}\right)x_\mathrm{i}$$

그러므로 시스템이 입력을 적분하고 있음을 알 수 있다.
이 시스템에 스텝입력을 가하기 전에 다음과 같이 정의해보자.

$t < 0$일 때 $\quad x_\mathrm{i} = x_0 = 0$

$t \geq 0$일 때 $\quad x_\mathrm{i} = X$

따라서 $t \geq 0$일 때 출력은 다음과 같다.

$$x_0 = \left(\frac{b}{A}\right)\left(\frac{1}{\mathrm{D}}\right)X = \left(\frac{b}{A}\right)Xt$$

이 결과는 그림 5.14와 같이 시간에 지남에 따라 출력이 증가한다는 것을 보여준다.

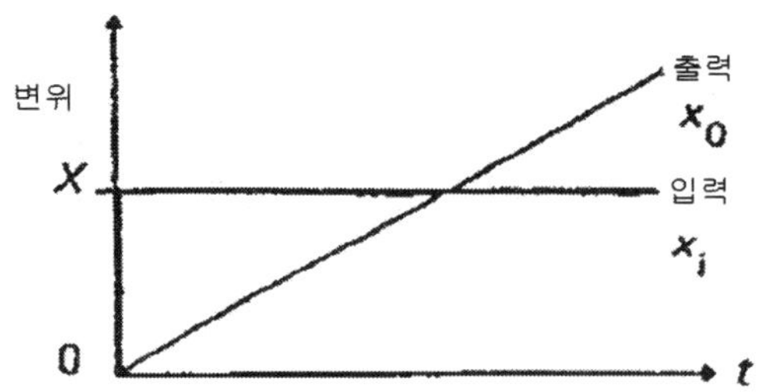

그림 5.14. 서보 출력

이런 형태로 제어시스템이 응답하는 것은 결코 바람직하지 못하므로, 루프가 닫힌 피이드백 시스템 형태로 바꿔서 시스템 성능을 개선시킨다.

5.1.2 폐루프 유압서보

개루프 서보 시스템은 그 성능에 한계가 있기 때문에 그림 5.15처럼 출력을 피이드백 시킨다. 즉, 원하는 값에 출력이 도달하면 이것이 스풀밸브를 움직여서 포트를 닫아버린다.
아래 그림을 참고하면 스풀밸브의 변위 y에 대한 관계식을 다음과 같이 세울 수 있다.

$$\frac{x_i + x_0}{l + m} = \frac{x_i - y}{l}$$

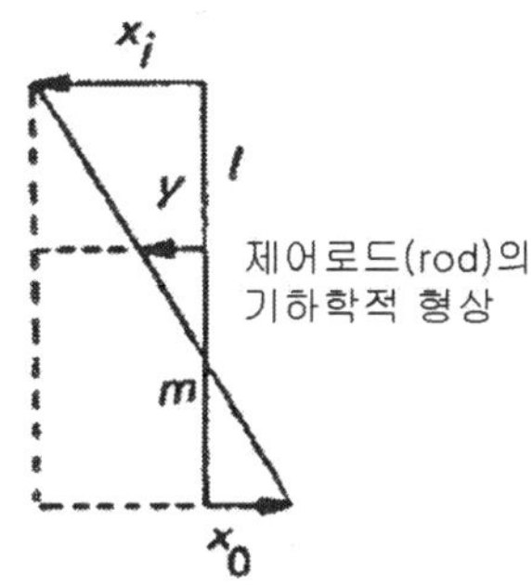

따라서

$$y = x_i - (l/(l+m))(x_0 + x_i)$$

이 식과 유량방정식에 의한 $by = AD x_0$에서 y를 소거해보자.

$$AD x_0 = -\left(\frac{bl}{l+m}\right)x_0 + \left(\frac{bm}{l+m}\right)x_i$$

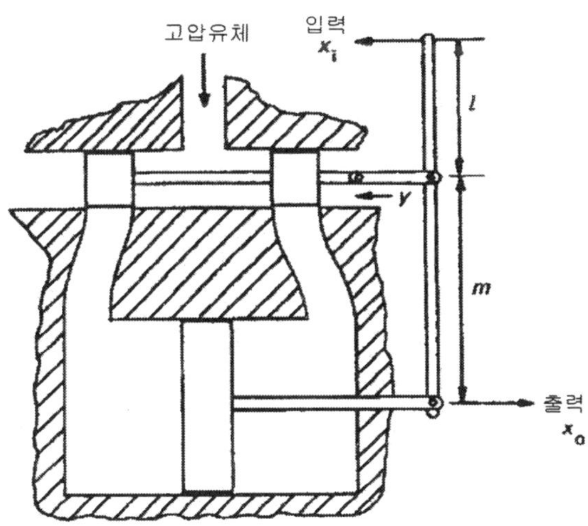

그림 5.15. 폐루프 유압서보

이 식은 다음과 같이 정리된다.

$$\left(1 + \frac{l+m}{bl}AD\right)x_0 = \left(\frac{m}{l}\right)x_i$$

또는

$$(1+T\mathrm{D})x_0 = \left(\frac{m}{l}\right)x_i \tag{5.2}$$

여기서 $T=[(l+m)/bl]A$ 이며 차원(dimension)이 시간인 시스템의 시정수(time constant)이다. 그리고 식 (5.2)이 시스템의 운동방정식이며 입력과 출력 간의 관계를 나타내고 있다. 입력과 출력간의 차이를 에러 ϵ라 하면 $\epsilon = x_i - x_0$으로 주어지며 식 (5.2)는 다음과 같이 쓸 수 있다.

$$(1+T\mathrm{D})x_0 = \left(\frac{m}{l}\right)(\epsilon + x_0)$$

그러므로

$$x_0 = \left(1-\frac{m}{l}+T\mathrm{D}\right)^{-1}\left(\frac{m}{l}\right)\epsilon$$

이 식을 블록선도로 표현하면 그림 5.16과 같다.

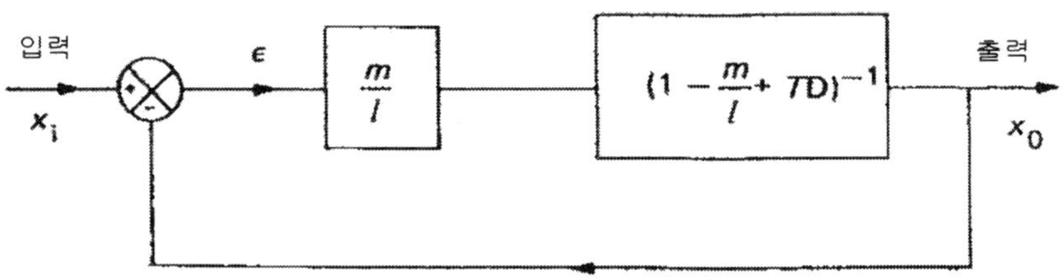

그림 5.16. 서보 블록선도

이렇게 이상화시켜서 유압서보문제를 다루면 마찰, 접합부의 이완, 스풀밸브의 비선형성, 압력손실, 유체의 압축 및 금속부의 연성도 등 여러 요인을 무시한 셈이 된다. 물론 이들 요인 가운데 실제 시스템 응답에 큰 영향을 주는 것들은 반드시 해석에 반영해야 한다.

스텝입력에 대한 응답

시스템 입력 x_i가 다음과 같이 정의되는 경우에 시스템 출력을 구해보자.

$$t<0, \quad x_i = 0$$

$$t \geq 0, \quad x_i = X$$

출력 x_0를 구하기 위해 입력을 식 (5.2)에 대입하고 미분방정식을 풀면 특수해가 $(m/l)X$, 변수분리시켜 미분방정식을 푼 제자해는 $Be^{-t/T}$가 된다. 그러므로 일반해는 다음과 같다.

$$x_0 = (m/l)X + Be^{-t/T}$$

그런데 $t = 0$일 때 $x_0 = 0$이므로 $B = -(m/l)X$가 된다. 결국 응답은 다음과 같이 주어진다.

$$x_0 = (m/l)X\left[1 - e^{-t/T}\right]$$

이 결과는 출력이 지수적으로 증가하며 $(m/l)X$ 로 수렴한다는 것을 나타낸다. 그리고 그림 5.17처럼 시스템의 시정수가 응답에 상당한 영향을 끼치는 것을 알 수 있다.

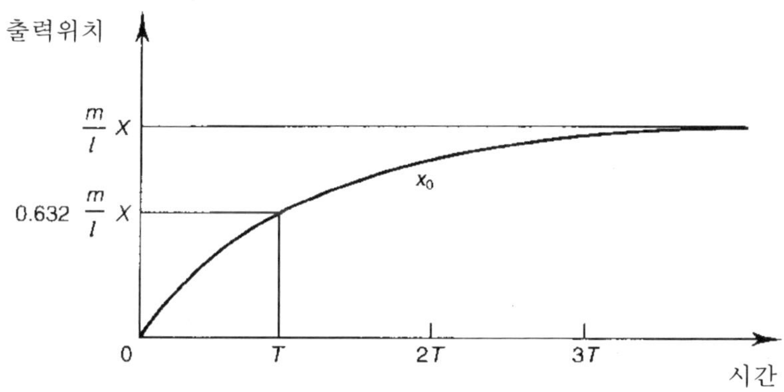

그림 5.17. 스텝입력 응답

시점 T에서 이 서보의 시정수는

$$x_0 = \left(\frac{m}{l}\right)X\left[1 - e^{-1}\right] = \left(\frac{m}{l}\right)X(0.632)$$

즉, 시점 T에서 이 서보의 응답은 최종치의 63.2%에 도달함을 알 수 있다. 또한 시점 $2T$에서 최종치의 86.5%, 시점 $3T$에서 최종치의 95%까지 도달한다. 반면에 피이드백을 걸지 않은 경우에 응답은 $x_0 = (b/A)Xt$으로서 시간이 지남에 따라 서서히 증가되는 모습을 보인다.

램프(ramp)입력에 대한 응답

시간에 따라 일정하게 증가하는 램프입력에 대한 응답을 생각해보자. 램프입력은 $x_i = \beta t$로서 β는 상수를 가리킨다.

식 (5.2)에 입력을 대입하고 미분방정식을 풀면 출력 x_0에 대한 특수해는 $(m/l)\beta t-(m/l)T\beta$, 그리고 제차해는 $Be^{-t/T}$로 주어진다.

그러므로 일반해는 다음과 같다.

$$x_0 = Be^{-t/T} + (m/l)\beta t - (m/l)T\beta$$

이때 $t=0$일 때 $x_0=0$이므로 $B=(m/l)T\beta$가 된다. 결국 응답은 다음과 같이 주어진다.

$$x_0 = (m/l)T\beta\left(e^{-t/T}-1\right) + (m/l)\beta t$$

그런데 $m=l$인 경우에는

$$x_0 = T\beta\left(e^{-t/T}-1\right) + \beta t$$

따라서 x_0는 기하급수적으로 증가하여 입력 $x_i = \beta t$로 수렴한다. 그리고 입력과 출력간의 에러는 $T\beta\left(e^{-t/T}-1\right)$이다.

이 에러가 $t=\infty$인 경우에 $-T\beta$로 되며, 그림 5.18처럼 시스템이 정상상태에 도달해도 줄어들지 않기 때문에 이것을 정상상태 에러라고 부른다.

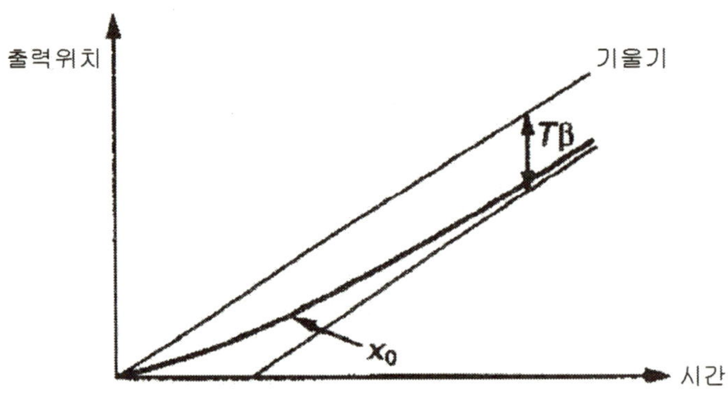

그림 5.18. 램프입력 응답

정현파(sinusoidal)입력에 대한 응답

조화가진력 $x_i = X_i \cos \nu t$을 대입하고 방정식을 풀면 제차해 부분은 기하급수적으로 감소하므로 무시할 수 있다. 특수해를 구하기 위해 $x_0 = X_0 \cos(\nu t - \phi)$로 가정하고 식 (5.2)에 대입하면

$$X_0 \cos(\nu t - \phi) - \nu T X_0 \sin(\nu t - \phi) = (m/l) X_i \cos \nu t$$

앞서 설명했던 위상자 다이어그램을 이용하여 해를 구하면 그림 5.19와 같다.

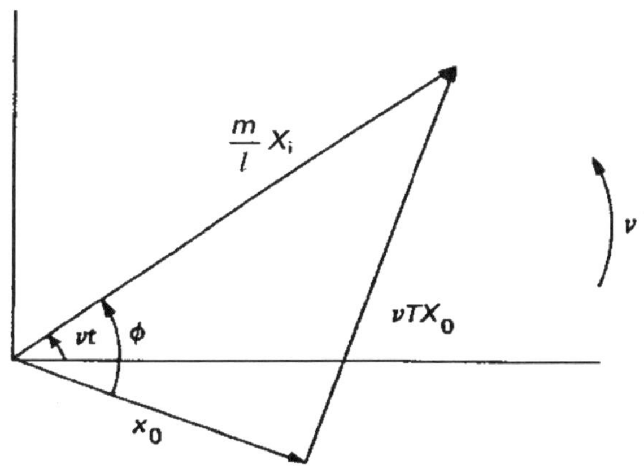

그림 5.19. 정현파입력에 대한 응답

따라서

$$(m/l)^2 X_i^2 = (1 + \nu^2 T^2) X_0^2$$

또는

$$X_0 / X_i = (m/l) / \sqrt{1 + \nu^2 T^2} \qquad \text{그리고} \quad \phi = \tan^{-1} \nu T \tag{5.3}$$

다양한 주파수의 정현파입력으로 가진시킬 때 정상상태 응답이 어떻게 변화하는지 그래프로 나타내보자. 여러 가지 방법으로 응답을 표현할 수 있지만 그 중에서 보드(Bode)선도라고 부르는 그래프를 이용해 보자. 보드선도는 주파수 변화에 따른 이득(gain, X_0/X_i)의 크기 변화를 로그(log) 스케일 상에 dB로써 플로팅한 그래프를 말한다.

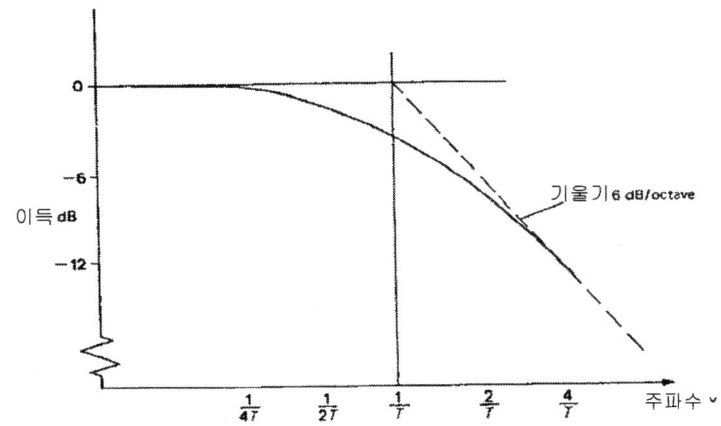

그림 5.20. 보드선도

이득의 크기를 dB로 환산하면 dB =20 $\log_{10}(X_0/X_i)$이므로 식(5.3)의 경우, 다음과 같이 계산된다.

$$\text{Gain(dB)} = 20\log_{10}(m/l) - 10\log_{10}[1+\nu^2T^2]$$

그림 5.20은 $m = l$인 경우에 대해 플로팅한 보드선도이다.
보드선도를 이용한 제어해석법에 대해서는 5.7.2절에서 다시 설명하기로 한다.
또 따른 방법으로 조화응답궤적(harmonic response locus)라는 기법이 있으며, 이 그래프는 이득과 위상을 극선도(polar diagram)로 나타낸 것이다. 이 문제의 경우, 조화응답궤적을 이용하려면 우선 다음과 같이 식을 정리해야 한다.

$$X_i = (m/l)X_0/\sqrt{1+\nu^2T^2} = \left[(lX_0/m)^2 + (lX_0\nu T/m)^2\right]^{1/2}$$

이것은 그림 5.21과 같은 극선도로 나타낼 수 있다.

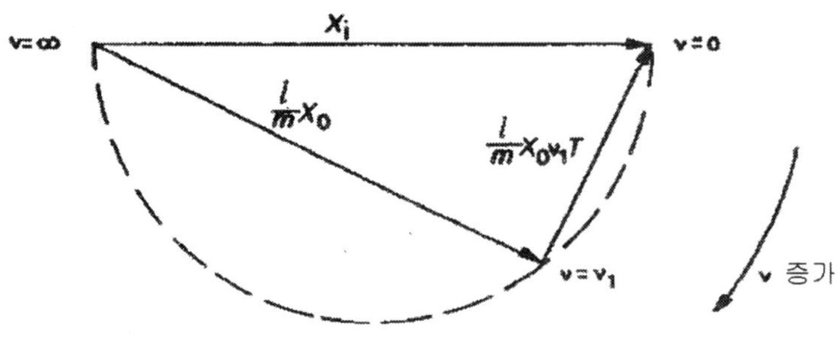

그림 5.21. 조화응답궤적

5.2 단순 유압서보의 변형

5.2.1 미분제어

인공지능 제어기는 입력의 순간 크기뿐만 아니라 이것의 변화율 혹은 에러의 변화율까지도 고려한다. 이런 방식을 채용하면 시스템의 오버슈트 및 응답성능을 개선시킬 수 있다. 단순 유압서보를 이와 같이 거동하도록 그림 5.22처럼 변형시켜보자.
로드(rod)의 기하학적 형태에 의해 밸브의 변위는 다음과 같이 정해진다.

$$y = (x_i - v)/2 \tag{5.4}$$

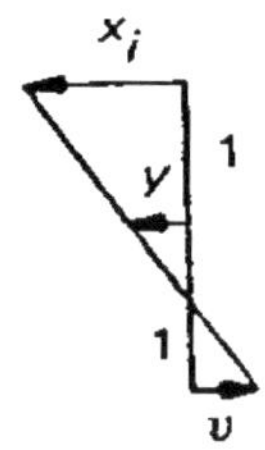

유량방정식을 생각해보자.

$$by = A\mathrm{D}x_0 \tag{5.5}$$

힘의 평형조건을 이용하면 다음 식을 얻을 수 있다.

$$k(rx_0 - v) - c\mathrm{D}v = 0 \tag{5.6}$$

이제, x_0를 $f(x_i)$로서 나타내기 위해 v와 y를 소거해야 한다.
식 (5.6)에 의해

$$v = [kr/(k + c\mathrm{D})]x_0$$

이 식을 식 (5.4)에 대입해보자.

$$y = (x_i/2) - [kr/(k + c\mathrm{D})](x_0/2)$$

그리고 식 (5.5)에 대입하여 정리해보자.

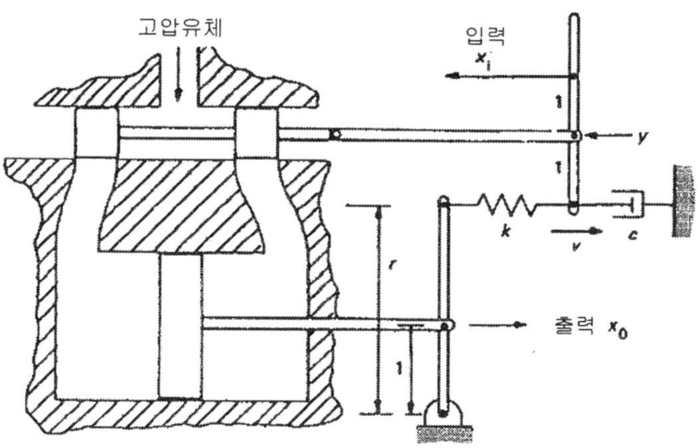

그림 5.22. 미분제어의 유압서보

$$A\,\mathrm{D}x_0 = bx_i/2 - (b/2)[kr/(k + c\mathrm{D})]x_0$$

즉,

$$(2Ac\mathrm{D}^2 + 2kA\mathrm{D} + bkr)x_0 = (bk + bc\mathrm{D})x_i$$

이 식을 다음과 같이 정리해보자.

$$[(2Ac/bkr)\mathrm{D}^2 + (2A/br)\mathrm{D} + 1)]x_0 = (1 + c/k\mathrm{D})x_i/r \tag{5.7}$$

속도 요소만 빠진 식 (5.2)와 (5.7)을 비교하면 양변의 미분차수가 한 차수 증가한 점을 알 수 있다. 식 (5.7)을 다음과 같이 정리해보자.

$$x_0 = \left(1 + \frac{2A}{br}\mathrm{D} + \frac{2Ac}{bkr}\mathrm{D}^2\right)^{-1}\left(1 + \frac{c}{k}\mathrm{D}\right)\frac{x_i}{r}$$

그러므로 입력이 스텝, $x_i = X$으로 주어지면 출력은 다음과 같이 정해진다.

$$x_0 = \left(1 - \frac{2A}{br}\mathrm{D} - \cdots\right)\left(\frac{X}{r}\right) = \frac{X}{r}$$

한편, x_0의 제차해는 감쇠진동으로서 소멸되므로 스텝입력에 대한 응답은 그림 5.23과 같이 주어진다.

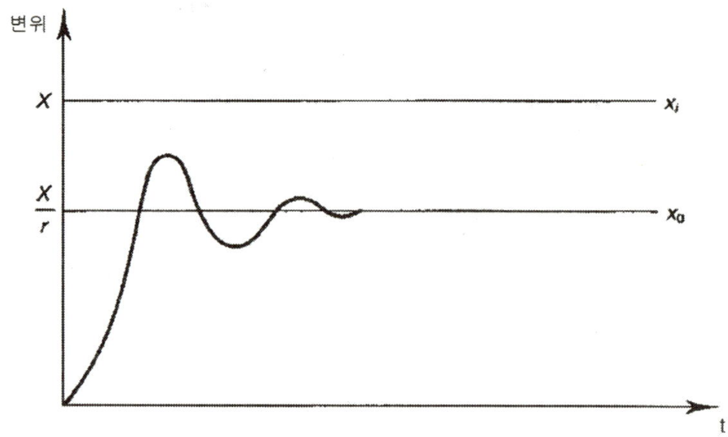

그림 5.23. 스텝입력에 대한 응답

그리고 입력이 램프, $x_\mathrm{i} = \beta t$로 주어지면 응답은 다음과 같다.

$$\begin{aligned} x_0 &= \left(1 - \frac{2A}{br}\mathrm{D} - \cdots\right)\left(\frac{\beta t}{r} + \frac{c}{kr}\beta\right) \\ &= \frac{\beta t}{r} + \frac{c\beta}{kr} - \frac{2A}{br}\frac{\beta}{r} \end{aligned}$$

따라서 정상상태 오차가 존재한다. 그리고 진동초기에 포함되는 제차해는 위의 경우와 동일하게 주어진다.

정현파입력에 대한 정상상태 응답을 위상자 다이어그램을 이용해서 구해보자. 만일 입력이 $x_\mathrm{i} = X_\mathrm{i}\cos(\nu t + \phi)$로 주어지면 $x_0 = X_0\cos(\nu t + \phi)$이므로 그림 5.24의 위상자 다이어그램에 의해 다음 식을 얻을 수 있다.

$$X_0 = \frac{\sqrt{1 + (c\nu/k)^2}}{\sqrt{\left[r - (2Ac/bk)\nu^2\right]^2 + (2A\nu/b)^2}} X_\mathrm{i}$$

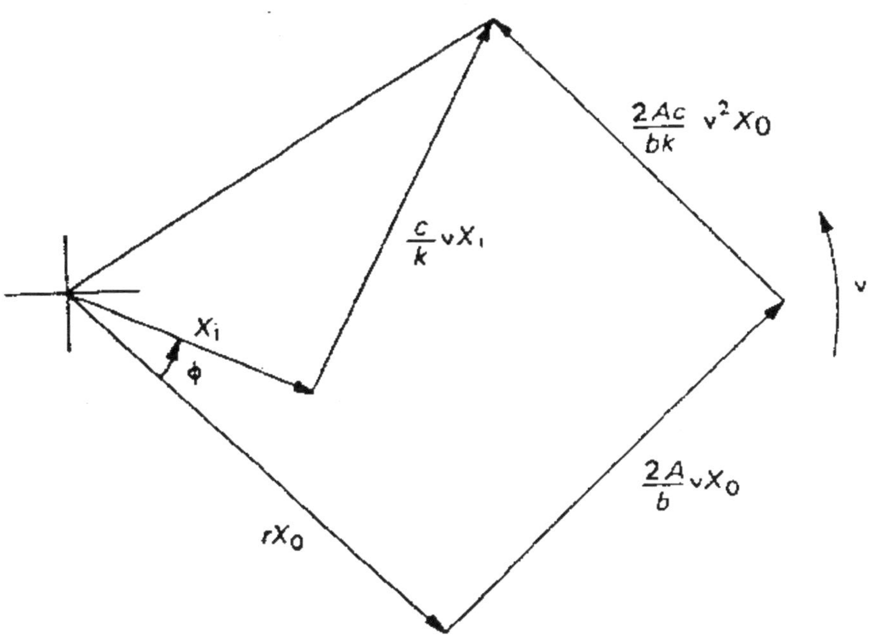

그림 5.24. 위상자 다이어그램

이 식을 살펴보면 저주파 입력($\nu \simeq 0$)에 대해 $X_0 \to X_i/r$ 그리고 $\phi \to 0$이다.
고주파 입력($\nu \simeq \infty$)이면 $X_0 \to 0$ 그리고 $\phi \to \pi/2$로 접근한다. 이와 같이 단순한 시스템과 단순한 시스템에 미분제어기를 추가한 시스템의 상대적 성능은 시스템 파라메타에 따라 달라질 수 있으나, 일반적으로 미분제어는 과도응답을 보다 빠르게 만든다 (응답이 매우 빠른 경우에는 오버슈트가 동반됨).

5.2.2 적분제어

앞서 설명한 바와 같이 단순한 시스템과 이런 시스템에 미분제어기를 추가시킨 시스템에 램프입력 $x_i = \beta t$를 가하면 정상상태 오차가 발생한다. 실제 상황에서는 이런 시스템에 다른 형태의 입력을 주어도 정상상태 오차가 생길 수 있다. 이런 오차를 줄이려면 그림 5.25처럼 시스템을 수정해야 한다. 이 시스템은 그림 5.22의 미분제어시스템의 k와 c의 위치를 바꾼 시스템이다.

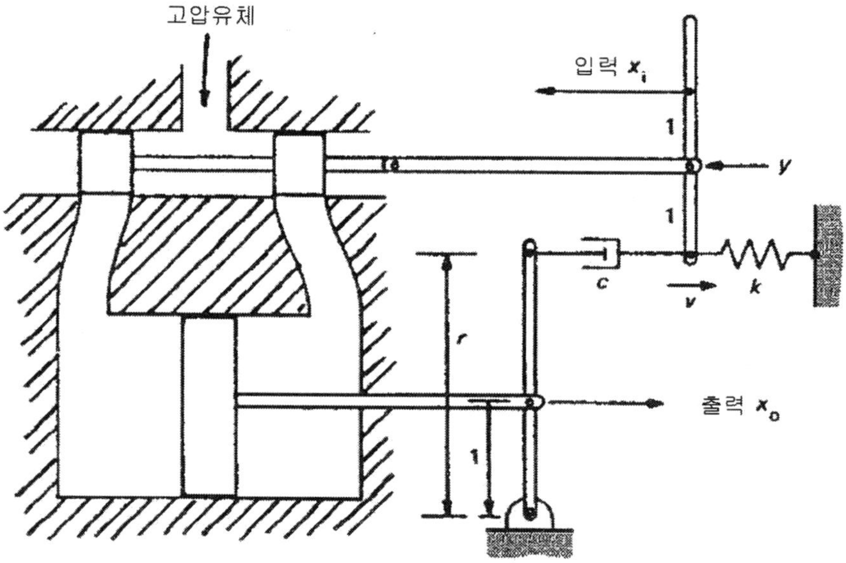

그림 5.25 적분 제어되는 유압 서보

이 경우, 힘의 평형 방정식을 $c\mathrm{D}(rx_0 - v) - kv = 0$로 바꾸고 식 (5.4)와 (5.5)를 적용하면 다음과 같은 관계식을 얻을 수 있다.

$$\left(1 + \frac{2Ac}{2Ak + bcr}\mathrm{D}\right)x_0 = \left(\frac{bc}{2Ak + bcr} + \frac{bk}{2Ak + bcr}\frac{1}{\mathrm{D}}\right)x_i \tag{5.8}$$

식 (5.8)을 (5.2)와 비교하면 식 (5.8)에는 x_i의 적분에 비례하는 항 하나가 더 추가되어 있음을 알 수 있다. 그리고 이 시스템의 스텝 또는 정현파입력에 대한 응답은 식 (5.8)을 이용하여 구하면 된다.

《 예제 43 》

다음 그림처럼 감쇠기와 스프링을 통해 변위를 피이드백 하는 유압 릴레이가 달린 서보메커니즘을 생각해보자.

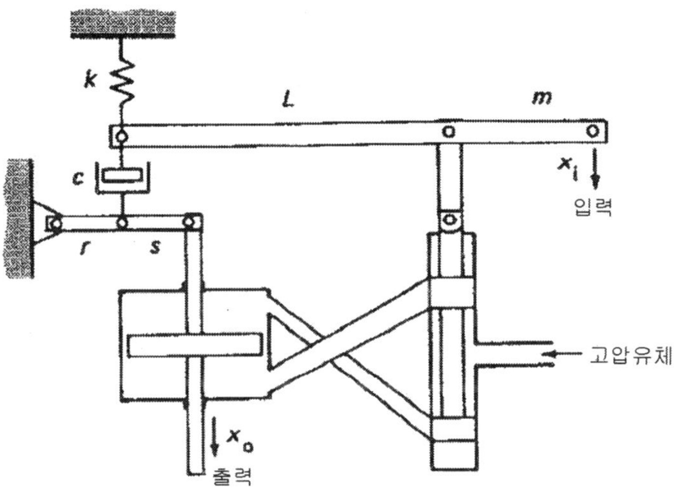

출력 피스톤(ram)의 속도(Dx_0)는 파일로트밸브의 중립 위치에서 떨어진 거리와 K를 곱한 값이라 가정한다. 이 경우, 각 파트의 관성력 및 감쇠기를 제외한 마찰력을 모두 무시하고 시스템의 운동방정식을 구해보아라.

먼저, 제어 로드(rod)에 대해 다음과 같이 기하학적 다이어그램을 그려보자.

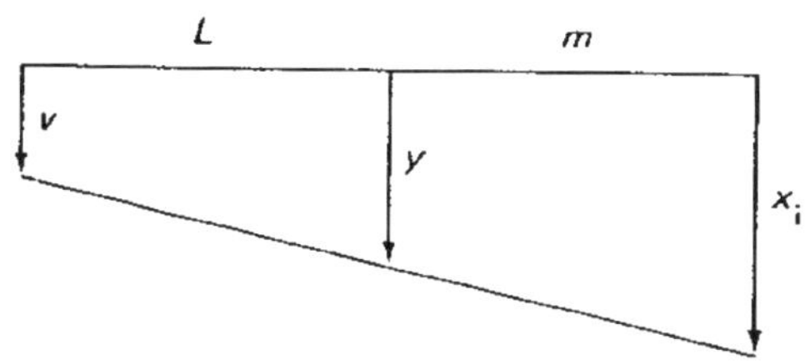

여기서 v는 스프링의 변위, 그리고 y는 스풀밸브의 변위를 가리킨다. 이 그림에 의해 다음 관계식을 구할 수 있다.

$$\frac{y-v}{L}=\frac{x_i-v}{L+m}$$

그리고

$$y=\left(\frac{L}{L+m}\right)x_i-\left(\frac{m}{L+m}\right)v$$

한편, 스프링과 감쇠기에 대한 힘의 평형에 의해

$$kv= c\mathrm{D}\left[\left(\frac{r}{r+s}\right)x_0-v\right]$$

그러므로

$$(k+c\mathrm{D})v=\left(\frac{r}{r+s}\right)c\,\mathrm{D}x_0$$

이 문제의 경우, 유량방정식은 $\mathrm{D}x_0=Ky$이며 이 식에 위의 y, v를 대입하여 정리하면 다음과 같다.

$$\mathrm{D}x_0= K\left[\left(\frac{L}{L+m}\right)x_{\mathrm{i}}-\left(\frac{L}{L+m}\right)\left(\frac{r}{r+s}\right)\left(\frac{c\mathrm{D}}{k+c\mathrm{D}}\right)x_0\right]$$

끝으로 이 식을 입, 출력간의 운동방정식으로 나타내기 위해 다음과 같이 정리한다.

$$\left[\mathrm{D}^2+\mathrm{D}\left(\frac{k}{c}+\frac{Kmr}{(L+m)(r+s)}\right)\right]x_0=\left(\frac{KL}{L+m}\right)\left(\frac{k+c\mathrm{D}}{C}\right)x_{\mathrm{i}}$$

《 예제 44 》

다음 그림과 같은 유압서보를 생각해보자. 단, 아래와 같은 사항에 대해 가정한다.

(a) 감쇠 계수 c로 주어진 점성 감쇠기외의 모든 마찰력은 무시한다.
(b) 서보에 사용된 유체는 압축 불가하다.
(c) 관성력은 무시한다.
(d) 단위 시간당 밸브 각 포트에 유체가 흐르는 체적은, 스풀밸브의 중립위치로부터의 변위에 b를 곱한 값이다.

이 경우, 출력 변위 z와 입력 변위 x 사이의 전달함수를 유도해 보아라. 단, 서보에 유체가 전혀 흐르지 않을 때의 위치가 이 두 변위의 측정 기준점이다. 그리고 급격히 x가 X만큼 변화할 때 출력 변위 z를 시간의 함수로 구하여라.

이 문제의 경우 y가 스풀밸브의 변위라고 할 때 유량방정식은 $by = ADz$로 주어진다. 스프링의 신장된 길이를 p라고 하면 다음 관계식이 성립한다.

$$2(y+p) = (x+p)$$

따라서

$$y = \frac{x-p}{2}$$

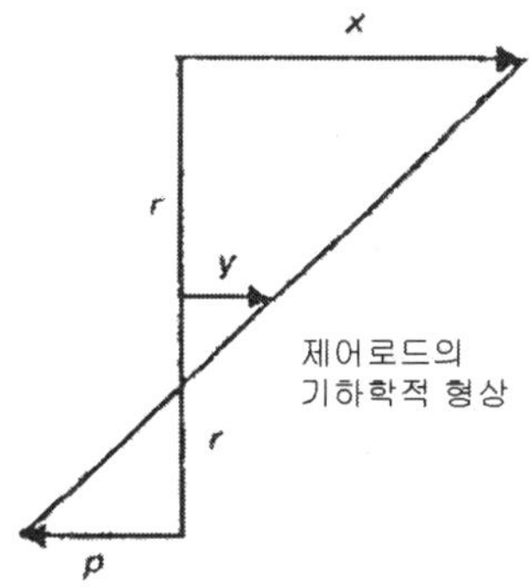

그러므로 유량방정식은 다음과 같다.

$$b\left(\frac{x-p}{2}\right) = A\,Dz$$

한편, 힘의 평형조건에 의해 다음 식을 구할 수 있다.

$$kp = cD(nz - p)$$

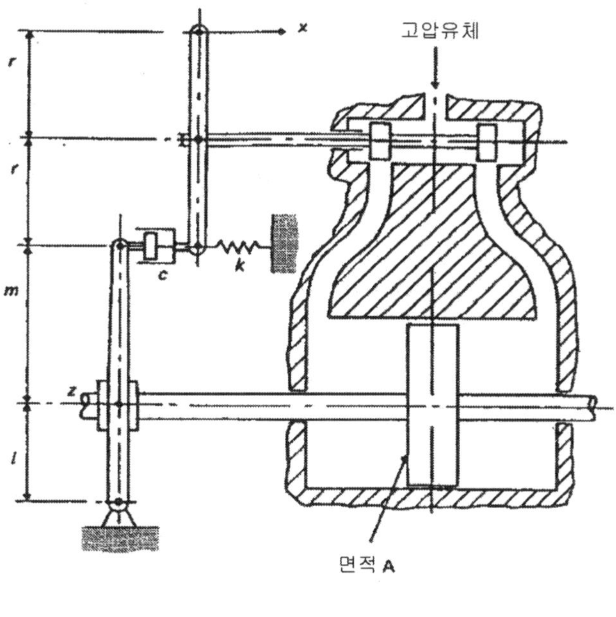

이 식에서 n은 다음과 같이 주어진다.

$$n = \frac{l+m}{l}$$

그런데

$$p = x - \frac{2A}{b}\mathrm{D}z$$

$$cn\mathrm{D}z - c\mathrm{D}x + \frac{2Ac}{b}\mathrm{D}^2 z = kx - \frac{2kA}{b}\mathrm{D}z$$

따라서

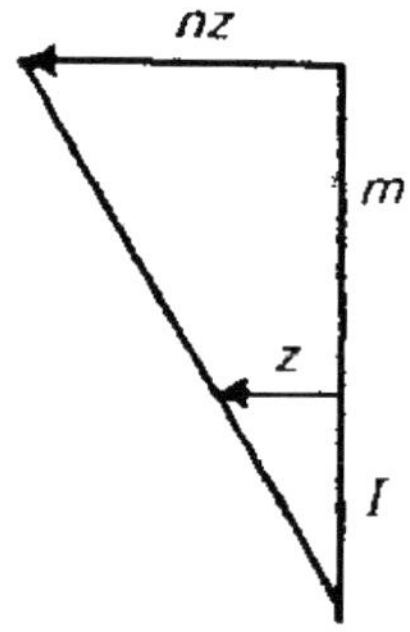

$$z = \left[\frac{k + c\mathrm{D}}{cn\mathrm{D} + (2Ak/b)\mathrm{D} + (2Ac/b)\mathrm{D}^2}\right]x$$

그러므로 전달함수는 다음과 같다.

$$\frac{z}{x} = \left[\frac{b(k + c\mathrm{D})}{\mathrm{D}(cnb + 2Ak + 2Ac\mathrm{D})}\right]$$

이제 x를 스텝 X만큼 변화시키면 응답은 어떻게 되는지 구해보자. 먼저, 특수해는 다음과 같이 주어진다.

$$\left(\frac{bk}{(cnb + 2Ak)\mathrm{D}(1 + \cdots)}\right)X = \left(\frac{bk}{cnb + 2Ak}\right)Xt$$

또한 제차해는 다음과 같이 주어진다.

$$P + Q\exp\left[-\left(\frac{cnb + 2Ak}{2Ac}\right)t\right]$$

따라서

$$z = P + Q\exp\left[-\left(\frac{cnb + 2Ak}{2Ac}\right)t\right] + \left(\frac{bk}{cnb + 2Ak}\right)Xt$$

여기에 초기조건을 적용해서 상수 P, Q를 구해보자. 먼저 $t = 0$일 때 $z = 0$이므로 $P + Q = 0$가 된다. 또한 $t = 0$일 때 스프링 신장 길이 $p = 0$이므로 $\mathrm{D}z = (b/2A)X$이다.

그러므로

$$\frac{bX}{2A} = \mathrm{D}z = 0 + P\left(\frac{cnb+2Ak}{2Ac}\right) + \left(\frac{bk}{cnb+2Ak}\right)X$$

따라서

$$-P\left(\frac{cnb+2Ak}{2Ac}\right) = b\left(\frac{k}{cnb+2Ak} - \frac{1}{2A}\right)X$$

이 식에서 P를 구하면 다음과 같다.

$$P = \frac{b^2c^2nX}{(cnb+2Ak)^2}$$

따라서 일반해, 즉 응답은 다음과 같이 주어진다.

$$z = \left(\frac{bkX}{cnb+2Ak}\right)t + \frac{b^2c^2nX}{(cnb+2Ak)^2}\left\{1 - \exp\left[-\left(\frac{cnb+2Ak}{2Ac}\right)t\right]\right\}$$

《 예제 45 》

다음 그림과 같은 위치제어 유압서보를 생각해보자. 원하는 입력 위치를 전압 V_i로 변환시켜 출력 위치 전압 V_0와 비교한다. 이때 오차가 발생하면 이것을 증폭기와 위치변환기로 보내서 유체의 흐름을 제어하는 스풀밸브를 동작시킨다. 스풀밸브를 통과한 유체는 실린더로 이동하여 필요한 만큼 피스톤을 움직인다. 위치변환기는 신호 V_0를 다음 그림과 같이 발생시킨다. 그림에 주어진 파라메타를 이용하여, 다음과 같은 입력위치와 출력위치간의 관계식을 구해보자.

$$\frac{X_0}{X_i}$$

그리고 $5\,\mathrm{cm/s}$의 입력을 가할 때 2sec 후에 입력과 출력 사이에 발생하는 에러는 얼마인지 산정해라. 이 에러를 최소화시키기 위해 필요한 출력 위치변환기의 계수도 구하고, 최소화시킨 값도 계산해보아라.

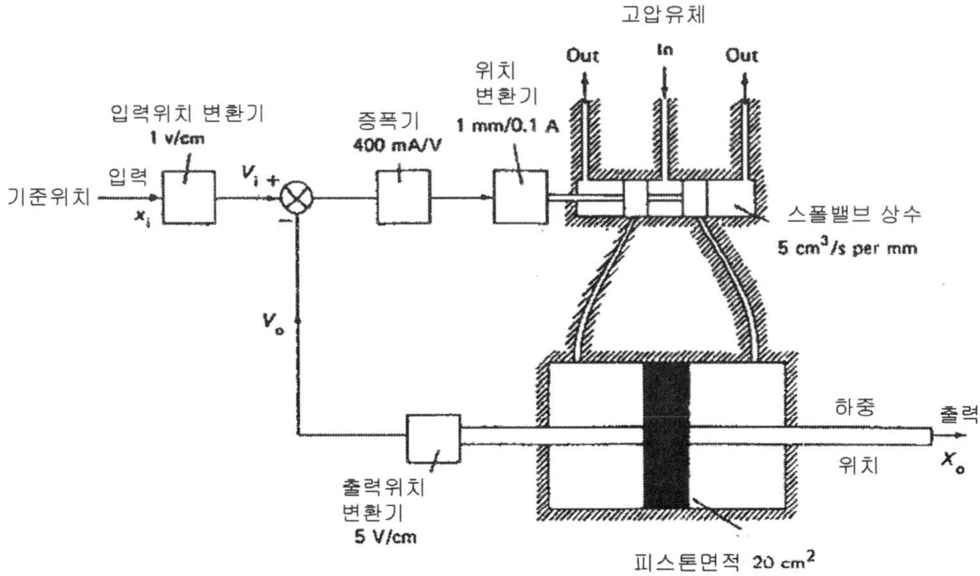

$$\text{스풀밸브의 오프닝} = (V_i - V_0)400\frac{1}{100}\text{mm.}$$

$$\text{유량} = 20DX_0\text{cm}^3$$

$$= 5(V_i - V_0)4\ \text{cm}^3$$

그런데

$$V_0 = 5X_0 \quad \text{및} \quad V_i = X_i$$

그러므로

$$20DX_0 = 5(X_i - 5X_0)4$$

다음과 같이 정리해보자.

$$\frac{X_0}{X_i} = \frac{0.2}{1 + 0.2D}$$

입력이 5cm/s이므로 $X_i = 5t$ cm이 된다.

그러므로 정상상태 응답은 다음과 같이 구할 수 있다.

$$X_0 = \left(\frac{0.2}{1+0.2\mathrm{D}}\right)X_\mathrm{i}$$

$$= 0.2(1-0.2\mathrm{D}+\cdots)5t$$

$$= t-0.2$$

$$\text{정상상태 오차} = X_\mathrm{i} - X_0$$

$$= 5t-(t-0.2)$$

$$= 4t+0.2$$

따라서 8sec 후의 정상상태 오차는 +8.2cm이 된다.
한편, 최소 오차를 구하기 위해 출력 위치를 α V/cm이라 두면

$$V_0 = \alpha X_0$$

그리고

$$20\mathrm{D}X_0 = 5(X_\mathrm{i} - \alpha X_0)4$$

따라서

$$\mathrm{D}X_0 = X_\mathrm{i} - \alpha X_0$$

그러므로

$$\frac{X_0}{X_\mathrm{i}} = \frac{1}{\mathrm{D}+\alpha}$$

정상상태 응답 $X_0 = \dfrac{1}{\alpha}\left(1-\dfrac{\mathrm{D}}{\alpha}+\cdots\right)5t$

$$= \frac{5}{\alpha}t - \frac{5}{\alpha^2}$$

$t = 2$sec에서 정상상태 오차는 다음과 같다.

$$\epsilon = 5\times 2 - \frac{5}{\alpha}\times 2 + \frac{5}{\alpha^2}$$

따라서 ϵ의 최솟값을 구하기 위해 $d\epsilon/d\alpha = 0$를 구하면

$$d\epsilon/d\alpha = \frac{10}{\alpha^2} - \frac{10}{\alpha^3} = 0 \qquad \therefore\ \alpha = 1$$

그러므로 정상상태 오차의 최솟값 $= 10 - 10 + 5 = 5$cm이다.

5.3 전기 위치 서보메커니즘

제어시스템에 널리 쓰이는 전기 위치서보에 대해 다루어보려 한다. 앞서 1장에서 서술했던 턴테이블 문제도 위치제어의 한 예가 된다.

개루프 시스템인 위치제어시스템도 있긴 하지만, 보편적으로 정확히 위치를 제어하기 위해 피이드백 시스템으로 구성한다. 그러므로 본 절에서는 폐루프서보에 대해서만 다루고자 한다.

5.3.1 기본 폐루프서보

그림 5.26처럼 나타낸 블록선도에 각 요소로 들로 구성된 폐루프서보를 생각해보자. 오차 신호를 발생시키기 위해 부하의 위치를 원하는 위치와 비교한다. 증폭기와 모터는 이 오차신호에 반응하여 위치를 제어하게 된다.

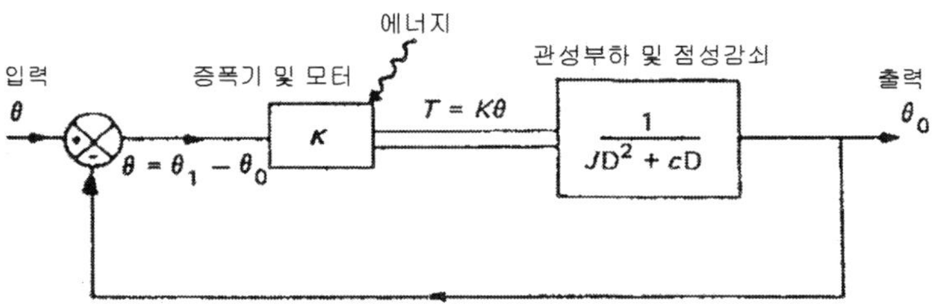

그림 5.26. 폐루프 위치서보

오차신호 θ는 원하는 위치 θ_i와 실제위치 θ_0 사이의 차, 즉 $\theta = \theta_i - \theta_0$으로 정의된다. 모터에 의해 발생되는 토크 T는 $K\theta$라 한다. 이제 감쇠력과 관성력을 고려하여 부하(load)에 대한 방정식을 다음처럼 세워보자.

$$T = (JD^2 + cD)\theta_0$$

그러므로

$$K(\theta_i - \theta_0) = (JD^2 + cD)\theta_0$$

또는

$$(J\mathrm{D}^2 + c\mathrm{D} + K)\theta_0 = K\theta_\mathrm{i}$$

이 식은 감쇠 강제진동에 대한 운동방정식과 동일하므로 입력에 대한 해도 똑같다.

스텝입력 $\theta_\mathrm{i} = X$에 대한 서보의 응답

응답 θ_0의 제차해 $= Ae^{-\zeta\omega t}\sin(\omega\sqrt{(1-\zeta^2)}\,t+\phi)$가 되며, 여기서 $\zeta = c/c_c$ 및 $\omega = \sqrt{K/J}$ rad/s로 정의된다. 한편, 특수해는 다음과 같이 산정된다.

$$\begin{aligned}\text{특수해} &= [1 + (c/K)\mathrm{D} + (J/K)\mathrm{D}^2]^{-1}X \\ &= [1 - (c/K)\mathrm{D} + \cdots]X \\ &= X\end{aligned}$$

따라서

$$\theta_0 = Ae^{-\zeta\omega t}\sin(\omega\sqrt{(1-\zeta^2)}\,t+\phi) + X \tag{5.9}$$

그러므로 주어진 서보시스템의 응답은 그림 5.27과 같다.

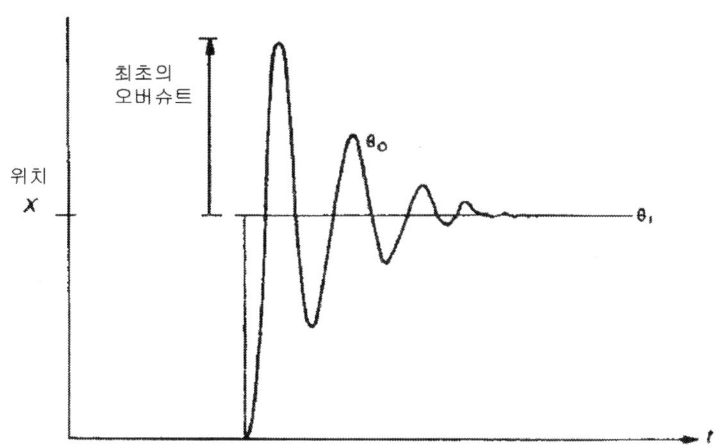

그림 5.27. 스텝입력에 대한 응답

그림에서 보는 것처럼 커다란 오버슈트가 응답초기에 발생하고 진동이 멈추는데 꽤 오랜 시간이 걸리는 등 과도응답 성능이 그다지 좋지 않다. 감쇠를 증가시키면 응답은 더뎌지지만 오버슈트가 감소하며 과도응답 성능이 개선된다. 한편, 오버슈트가 없는 가장 빠른 응답은 시스템에 임계감쇠를 부여하는 경우이다.
오버슈트의 크기를 구하려면 $\mathrm{d}\theta_0/\mathrm{d}t = 0$를 풀어서 발생 시간을 구하고, 이 시간을 식 (5.9)에 대입하여 θ_0를 계산하면 된다. 그리고 이 문제의 경우, 정상상태 오차는 발생하지 않음을 알 수 있다.

램프입력 $\theta_\mathrm{i} = \beta t$에 대한 서보의 응답

응답 θ_0의 제차해는 위의 경우와 동일하고 특수해만 다음과 같이 바뀐다.

$$\begin{aligned}\text{특수해} &= \left[1 + (c/K)\mathrm{D} + (J/K)\mathrm{D}^2\right]^{-1}\beta t = \beta t - (c/K)\beta \\ &= \theta_\mathrm{i} - (c/K)\beta\end{aligned}$$

따라서 정상상태 오차는 $(c/K)\beta$이다.
램프입력의 경우, 감쇠비를 크게 하면 과도응답 성능은 개선되지만 정상상태 오차가 커진다.

정현파입력 $\theta_\mathrm{i} = A\sin\nu t$에 대한 서보의 응답

이 경우도 강제 감쇠 진동시스템의 경우와 동일하므로 응답은 다음과 같이 주어진다.

$$\theta_0 = \frac{KA}{\sqrt{(K - J\nu^2)^2 + c^2\nu^2}}\sin(\nu t - \phi), \quad \text{여기서} \quad \phi = \tan^{-1}\left(\frac{c\nu}{K - J\nu^2}\right)$$

그러므로 응답에 이득과 위상차 오차가 발생하는 것을 알 수 있다. 이와 같이 기본적인 시스템에는 단점이 있으므로 응답을 개선하기 위해 이를 수정한다.

《 예제 46 》

그림 5.26과 같은 폐루프시스템에 스텝입력 θ_i가 작용한다고 한다. 출력 θ_0를 시간의 함수로 구하여라. 단, $t = 0$일 때 θ_0와 $\mathrm{d}\theta_0/\mathrm{d}t$ 는 모두 제로라고 가정한다. 오버슈트가 처음 발생하는 시간을 구하고, 그때 θ_0의 크기를 산정하여라.

식 (5.9)에 따라서

$$\theta_0 = \theta_i + e^{-\zeta\omega t}\left[A\sin\omega\sqrt{(1-\zeta^2)}\,t + B\sin\omega\sqrt{(1-\zeta^2)}\,t\right]$$

초기 조건을 적용하면 $t=0$에서 $\theta_0=0$이므로 $\theta_i=-B$가 된다. 그리고 $t=0$에서 $\mathrm{d}\theta_0/\mathrm{d}t=0$이므로 $0=-\zeta\omega B+\omega\sqrt{1-\zeta^2}\,A$이다.
따라서

$$A=-\frac{\zeta}{\sqrt{1-\zeta^2}}\theta_i$$

그러므로 시스템의 응답은 다음과 같이 주어진다.

$$\theta_0 = \theta_i - \theta_i e^{-\zeta\omega t}\left[\frac{\zeta}{\sqrt{1-\zeta^2}}\sin\omega\sqrt{(1-\zeta^2)}\,t + \cos\omega\sqrt{(1-\zeta^2)}\,t\right]$$

이 식을 다음과 같이 정리해보자.

$$\theta_0 = \theta_i\left[1-\frac{\zeta}{\sqrt{1-\zeta^2}}e^{-\zeta\omega t}\left\{\sin\omega\sqrt{(1-\zeta^2)}\,t+\phi\right\}\right]$$

이때

$$\tan\phi = \frac{\sqrt{1-\zeta^2}}{\zeta}$$

이제 오버슈트가 처음 발생하는 시점을 구하기 위해 $\mathrm{d}\theta_0/\mathrm{d}t=0$를 구하면

$$0=\zeta\omega e^{-\zeta\omega t}\frac{\theta_i}{\sqrt{1-\zeta^2}}\sin(\omega\sqrt{1-\zeta^2}\,t+\phi)$$
$$-\frac{\theta_i}{\sqrt{1-\zeta^2}}e^{-\zeta\omega t}\omega\sqrt{1-\zeta^2}\left[\cos(\omega\sqrt{1-\zeta^2}\,t+\phi)\right]$$

그러므로

$$\frac{\sqrt{1-\zeta^2}}{\zeta} = \tan(\omega\sqrt{1-\zeta^2}\,t+\phi)$$
$$= \tan\left[\omega\sqrt{1-\zeta^2}\,t + \tan^{-1}\frac{\sqrt{1-\zeta^2}}{\zeta}\right]$$

또는

$$\omega\sqrt{1-\zeta^2}\,t = 0,\ \pi,\ 2\pi,\ \ldots$$

따라서 오버슈트가 발생하는 첫 시점은 다음과 같다.

$$t = \frac{\pi}{\omega\sqrt{1-\zeta^2}}$$

이것은 감쇠 진동의 반주기와 같은 값이다.
이제, 이 시간을 응답에 대입하여 오버슈트의 크기를 구해보자.

$$\begin{aligned}\theta_0 &= \theta_{\mathrm{i}} - \frac{\theta_{\mathrm{i}}}{\sqrt{1-\zeta^2}}\exp\left(\frac{-\zeta\omega\pi}{\omega\sqrt{1-\zeta^2}}\right)\sin(\pi+\phi)\\ &= \theta_{\mathrm{i}} - \frac{\theta_{\mathrm{i}}}{\sqrt{1-\zeta^2}}\exp\left(\frac{-\zeta\pi}{\sqrt{1-\zeta^2}}\right)(-\sin\phi)\\ &= \theta_{\mathrm{i}} + \frac{\theta_{\mathrm{i}}}{\sqrt{1-\zeta^2}}\exp\left(\frac{-\zeta\pi}{\sqrt{1-\zeta^2}}\right)\sqrt{1-\zeta^2}\end{aligned}$$

따라서

$$\theta_0 = \theta_{\mathrm{i}}\left[1+\exp\left(-\frac{\zeta\pi}{\sqrt{1-\zeta^2}}\right)\right]$$

만일, 주어진 서보에 $\omega = 5\,\mathrm{rad/s}$, $\zeta = 0.1$ 그리고 $\theta_{\mathrm{i}} = 10\,\mathrm{deg}$인 경우를 가정해서 오버슈트가 발생하는 첫 시점을 구하면

$$\frac{\pi}{5\sqrt{1-0.1^2}} = 0.63\,\mathrm{sec}$$

그리고 이때 오버슈트 크기를 구하면

$$\theta_0 = 10\left[1+\exp\left(-\frac{0.1\pi}{\sqrt{1-0.1^2}}\right)\right] = 17.3^\circ$$

즉, ζ를 증가시키면 θ_0는 감소하나 오버슈트가 처음 발생하는 시간이 길어진다.

《 예제 47 》

턴테이블(turn table)의 위치를 제어하기 위해, 점성 마찰력에 의한 임계감쇠의 폐루프 서보 메커니즘을 이용하려 한다. 이 턴테이블의 관성모멘트는 400kg m^2이고, θ_0와 원하는 θ_i 사이의 비틀어짐에 대한 모터의 토크는 3.6kNm/rad으로 주어진다. 여기서 $\dot{\theta}_i = 10$rev/min이라고 할 때 정상상태 위치 오차는 얼마인지 계산하여라.

이 문제에 대한 운동방정식은 다음과 같다.

$$(J\mathrm{D}^2 + c\mathrm{D} + K)\theta_0 = K\theta_i$$

그러므로

$$\theta_0 = \left[1 + \frac{c}{K}\mathrm{D} + \frac{J}{K}\mathrm{D}^2\right]^{-1}\theta_i$$

만일 $\theta_i = \beta t$라면 $\theta_0 = \beta t - (c/k)\beta$이므로 정상상태 오차는 $\frac{c}{K}\beta$가 된다.

그런데 시스템이 임계 감쇠, $c_c = 2\sqrt{JK}$를 가지므로 $(c/K)\beta = 2\sqrt{(J/K)}\beta$가 된다.

따라서

$$\theta_{ss} = 2\sqrt{\left(\frac{400}{3600}\right)}\left(\frac{2\pi 10}{60}\right)\left(\frac{180}{\pi}\right) = 40^\circ$$

급격한 하중에 대한 서보의 응답

서보메커니즘은 돌풍(gust) 및 임팩트하중으로 유발되는 쇼크나 임펄스처럼 급격히 작용하는 외력을 견뎌야 할 경우가 있다. 그림 5.28은 이런 급격한 하중 T_L이 서보에 작용하고 있는 모습을 나타낸 블록선도이다.

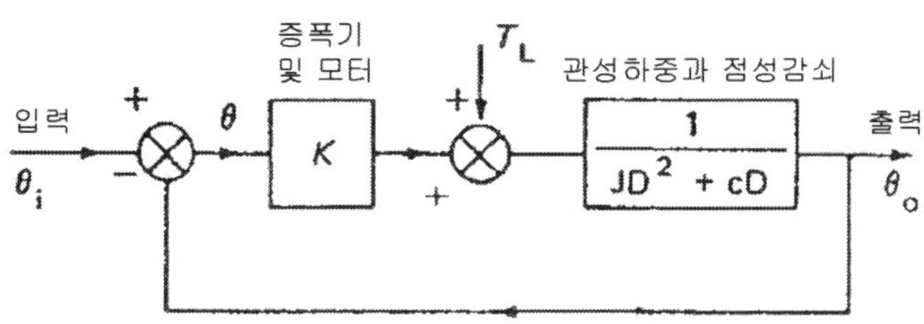

그림 5.28. 하중 T_L이 작용하고 있는 서보

이 시스템의 운동방정식은 다음과 같이 주어진다.

$$K(\theta_i - \theta_0) + T_L = (JD^2 + cD)\theta_0$$

따라서

$$(JD^2 + cD + K)\theta_0 = T_L + K\theta_i$$

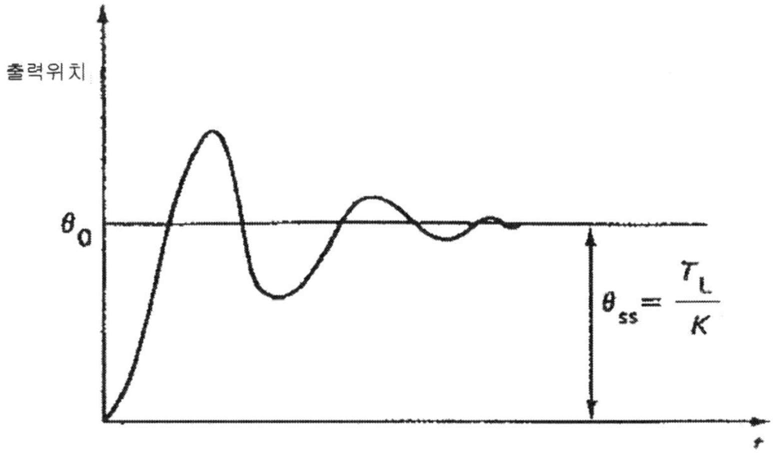

그림 5.29. 급격히 작용하는 하중에 대한 서보의 응답

한편, 입력 θ_i가 제로일 때 하중 T_L에 대한 서보 응답의 정상상태 에러는 T_L/K이며 제차해에 의한 과도응답의 모습은 그림 5.29와 같다.

《 예제 48 》

단순 서보메커니즘의 $J = 0.1\text{kg } m^2$, $K = 20\text{Nm/rad error}$, 그리고 $c = 0.5c_c$라고 한다. 이 시스템에 스텝입력을 가한다고 가정하고 다음 사항들을 생각해보자.

(i) 과도응답의 주파수를 구하고 최고 응답에 도달하는 시간을 산정하여라.

(ii) 출력이 10rev/min일 때 정상상태 오차를 구하여라.

(iii) 하중이 1Nm으로 주어질 때 정상상태 오차를 구하여라.

(i) $$\omega = \sqrt{\frac{K}{J}} = \sqrt{\frac{2.0}{0.1}} = 14.1\text{rad/s}$$

그리고

$$\zeta = 0.5$$

따라서

$$\omega_v = \omega\sqrt{1-\zeta^2} = 14.1\sqrt{1-0.5^2} = 12.3\text{rad/s}$$

즉, 주파수 $f = 12.3/(2\pi) = 1.95\text{Hz}$가 된다.
한편, 최초 발생하는 최고 응답에 도달하는 시간 $t = 1/2(1/f) = 0.256\text{sec}$이다.

(ii) 정상상태 오차$= \frac{c}{K}\beta$

$$= \frac{\sqrt{KJ}}{K}\beta = \frac{\beta}{\omega}$$

$$= \frac{2\pi 10}{60 \times 14.1} = 0.074\,\text{rad} = 4.2°$$

(iii) 정상상태 오차$= \frac{F}{K} = \frac{1}{20} = 0.05\text{rad} = 2.9°$

《 예제 49 》
다음 그림과 같은 블록선도의 인공위성 추적시스템을 생각해보자.

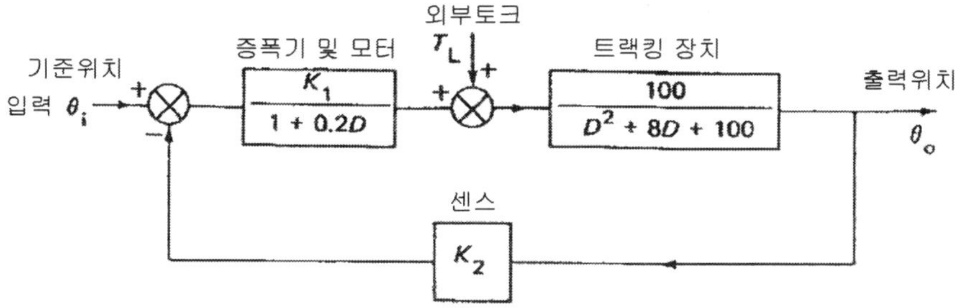

모터를 포함한 증폭기 및 추적 장치와 센서에 대한 전달함수는 그림에 나타낸 것과 같다.

이 시스템에 원하는 위치를 기준 입력으로 간주하고 풍하중에 의한 토크 T_L이 외란으로 작용한다고 가정해보자.

(i) $T_L = 0$일 때 폐루프 전달함수 θ_0/θ_i를 구하라.

(ii) 다음과 같은 가정 하에 K_1과 K_2를 산정하여라.

  (a) 스텝위치입력을 주었을 때 정상상태 오차는 제로다.

  (b) 램프위치입력 2rad/s를 주었을 때 정상상태 오차는 0.056rad이다.

(iii) 급격히 작용하는 풍하중을 $T_L = 2\text{Nm}$로 간주하고 이로 인한 변위를 구해보아라.

(i) $T_L = 0$일 때 운동방정식을 구하면 다음과 같다.

$$(\theta_i - K_2\theta_0)\left(\frac{K_1}{1+0.2\text{D}}\right)\left(\frac{100}{\text{D}^2+8\text{D}+100}\right) = \theta_0$$

그러므로

$$(\theta_i - K_2\theta_0) = \theta_0\left(\frac{(\text{D}^2+8\text{D}+100)(1+0.2\text{D})}{100K_1}\right)$$

이 식을 정리하면

$$\theta_i = \theta_0\left(\frac{(\text{D}^2+8\text{D}+100)(1+0.2\text{D})+100K_1K_2}{100K_1}\right)$$

따라서 폐루프 전달함수는 다음과 같다.

$$\frac{\theta_0}{\theta_i} = \left(\frac{100K_1}{(\text{D}^2+8\text{D}+100)(1+0.2\text{D})+100K_1K_2}\right)$$

$$= \left(\frac{100K_1}{100+100K_1K_2+28\text{D}+2.6\text{D}^2+0.2\text{D}^3}\right)$$

(i) 스텝 입력 $\theta_i = X$를 주는 경우에는

$$\theta_0 = \frac{100K_1}{100+100K_1K_2}(1-\cdots\ \text{D}\cdots)X$$

따라서 정상상태 오차는 다음과 같이 주어진다.

$$\theta_{ss} = X\left(\frac{100K_1}{100+100K_1K_2} - 1\right)$$

정상상태 오차 θ_{ss}가 제로이므로 $K_1 = 1 + K_1K_2$가 된다.
한편, 램프입력 $\theta_{\mathrm{i}} = \beta t$를 주는 경우에는

$$\theta_0 = \frac{K_1}{1+K_1K_2}\left(1 - \frac{28\mathrm{D}}{100+100K_1K_2} \cdots \mathrm{D}^2 \cdots\right)\beta t$$

$$= \frac{K_1}{1+K_1K_2}\left(\beta t - \left(\frac{28}{100+100K_1K_2}\right)\beta\right)$$

그런데 $K_1 = 1 + K_1K_2$이므로

$$\theta_0 = \beta t - \frac{28}{100K_1}\beta$$

또한 $\beta = 2$rad/s일 때 θ_{ss}는 0.056rad가 되어야 하므로

$$\frac{28 \times 2}{100K_1} = 0.056$$

그러므로 $K_1 = 10$ 따라서 $K_2 = 0.9$가 된다.

(iii) 하중 T_{L}에 대한 운동방정식은 다음과 같다.

$$\left[-K_2\theta_0\left(\frac{K_1}{1+0.2\mathrm{D}}\right) + T_{\mathrm{L}}\right]\left[\frac{100}{\mathrm{D}^2+8\mathrm{D}+100}\right] = \theta_0$$

즉

$$\theta_0\left(\frac{\mathrm{D}^2+8\mathrm{D}+100}{100} + \frac{K_1K_2}{1+0.2\mathrm{D}}\right) = T_{\mathrm{L}}$$

그런데 $K_1K_2 = 9$이므로

$$\theta_0\left(\frac{(\mathrm{D}^2+8\mathrm{D}+100)(1+0.2\mathrm{D})+900}{100(1+0.2\mathrm{D})}\right) = T_{\mathrm{L}}$$

이식을 정리하면

$$\theta_0 = \left(\frac{100(1+0.2\mathrm{D})}{1000+28\mathrm{D}+2.6\mathrm{D}^2+0.2\mathrm{D}^3}\right)T_\mathrm{L}$$

$$= \frac{100}{1000}(1+0.2\mathrm{D})\left(1-\frac{28}{1000}\mathrm{D}\cdots\right)T_\mathrm{L}$$

따라서 $T_\mathrm{L} = 2$일 때 변위는 $(100/1000) \times 2 = 0.2\,\mathrm{rad}$.

5.3.2 부출력(negative output) 속도피이드백서보

시스템의 점성 감쇠가 다소 부족한 경우에는 $\mathrm{D}\theta_0$와 비례하는 신호를 주어 감쇠효과를 시뮬레이션 할 수 있다. 그림 5.30을 보면 이 개념을 이해할 수 있을 것이다.

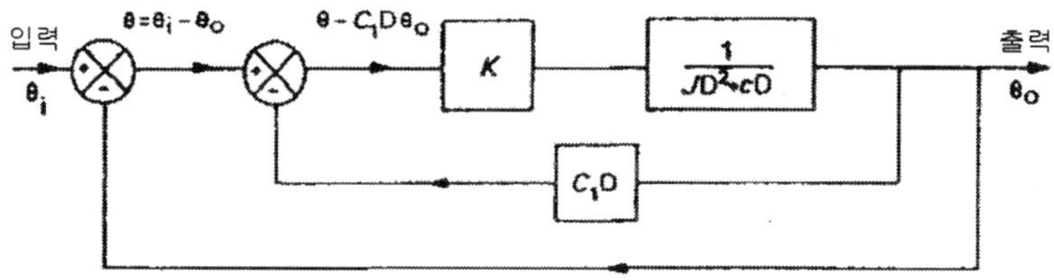

그림 5.30. 부출력 속도피이드백서보

이 시스템의 운동방정식을 세워보자.

$$K(\theta_\mathrm{i} - \theta_0 - C_1\mathrm{D}\theta_0) = (J\mathrm{D}^2 + c\mathrm{D})\theta_0$$

그러므로

$$\left(J\mathrm{D}^2 + (c+KC_1)\mathrm{D} + K\right)\theta_0 = K\theta_\mathrm{i}$$

따라서 C_1값으로 전체 감쇠를 제어할 수 있으며 스텝 및 과도응답 성능을 향상시킬 수 있다. 그러나 $C_1\mathrm{D}\theta_0$를 θ에 더하는 대신에 빼주는 부감쇠로 인해 불안정한 응답을 초래할 가능성이 있음을 유의해야 한다.

《 예제 50 》

부하의 회전 관성모멘트가 J일 때 각위치(angular position) θ_0를 제어하는 서보메커니즘이 있다고 하자. 이 부하가 회전하며 단위 각속도 당 점성마찰토크 c를 받고 있다. 이 메커니즘은 속도피이드백을 갖추고 있으며 모터 토크는 다음과 같이 주어진다.

$$K\left(\epsilon - C_1 \frac{d\theta_0}{dt}\right)$$

여기서 ϵ은 기준 입력 각위치 θ_i와 출력위치 θ_0 사이의 오차를 가리키며, K와 C_1은 상수이다.

(i) 시스템의 블록선도를 그리고 운동방정식을 세워라.

(ii) 입력 신호가 다음과 같이 일정한 속도를 가질 때 정상상태 에러를 산정해보아라.

$$\frac{d\theta_i}{dt} = \beta$$

(iii) 스텝입력을 가할 경우에는 오버슈트가 10%를 초과해서는 안 된다. 필요한 최소 감쇠비를 구하고 이 감쇠비를 주어진 파라메타로 나타내어라.

(i) 블록선도를 그리면 다음과 같다.

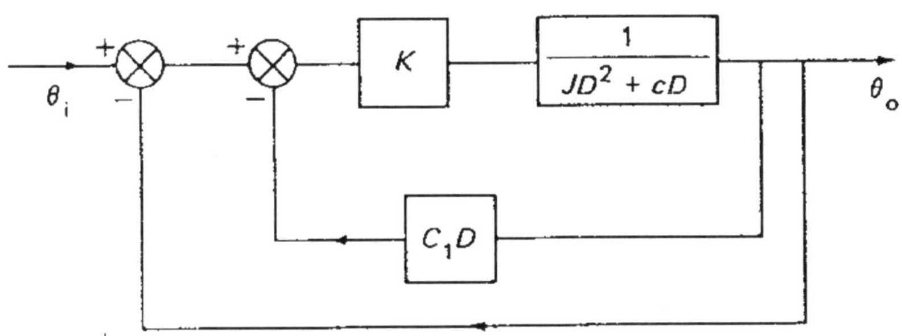

따라서

$$K[\theta_i - \theta_0 - C_1 D\theta_0] = (JD^2 + cD)\theta_0$$

그러므로 운동방정식은 다음과 같다.

$$JD^2\theta_0 + (c + KC_1)D\theta_0 + K\theta_0 = K\theta_i$$

(ii) 입력 $\theta_i = \beta t$인 경우에 응답을 구하면

$$\theta_0 = \left[1 + \left(\frac{c+KC_1}{K}\right)D + \frac{JD^2}{K}\right]^{-1} \beta t$$

$$= \beta t - \left(\frac{c+KC_1}{K}\right)\beta$$

그러므로 정상상태 오차는 $\left(\frac{c+KC_1}{K}\right)\beta$가 된다.

(iii) 감쇠비 $\zeta = \frac{c}{c_c} = \frac{c+KC_1}{2\sqrt{KJ}}$로 주어진다.

한편, 처음 발생하는 오버슈트의 시점은 다음과 같다.

$$t = \frac{\pi}{\omega\sqrt{1-\zeta^2}} \qquad \text{그리고} \quad \theta_0 = 1.1\theta_i$$

따라서

$$0.1 = \exp\left[-\zeta\pi/\sqrt{1-\zeta^2}\right]$$

그러므로

$$2.3 = \frac{\zeta\pi}{\sqrt{1-\zeta^2}}$$

따라서 주어진 파라메타로 감쇠비를 나타내면 다음과 같다.

$$\zeta = 0.59 = \frac{c+KC_1}{2\sqrt{KJ}}$$

《 예제 51 》

부출력(negative output) 피드백이 되는 원격 선형위치제어기가 있다. 이 시스템의 전위차계가 증폭기에 8V/rad error를 주며, 모터가 부하에 가하는 토크는 3Nm/V라고 한다. 이 부하의 관성은 6kgm^2이며 점성마찰계수는 12Nm s/rad라고 한다.

(i) 이 시스템의 블록선도를 그리고 운동방정식을 유도하라.

(ii) 스텝입력 2rad를 주고 출력응답에서 최초로 발생하는 오버슈트의 극값을 구하여라.

(iii) 부출력 속도피이드백하기 위해 속도검출기(tacho generator)를 적용할 때, 운동방정식을 구하고 임계감쇠를 만들기 위해 필요한 속도피이드백 계수를 계산하라.

(i) 이 시스템에 대한 블록선도는 다음과 같다.

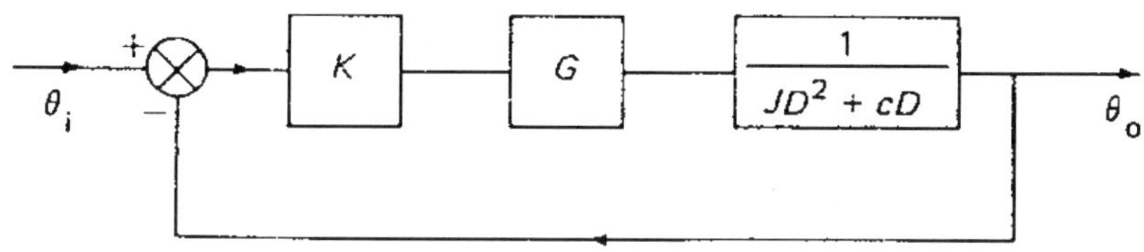

이 블록선도에 의해 다음 식을 얻을 수 있다.

$$(\theta_i - \theta_0)KG = (JD^2 + cD)\theta_0$$

따라서 운동방정식은 다음과 같다.

$$(JD^2 + cD + KG)\theta_0 = KG\theta_i$$

이때 $K = 8$V/rad error, $G = 3$Nm/V, $J = 6$kgm^2, 그리고 $c = 12$Nms/rad로 주어진다.

(ii) 시스템에 스텝입력을 주면 오버슈트는 $\theta_i e^{-\zeta\pi/\sqrt{1-\zeta^2}}$이며, 감쇠비는 다음과 같이 정의된다.

$$\zeta = \frac{c}{2\sqrt{KGJ}} = \frac{12}{2\sqrt{8\times3\times6}} = \frac{1}{2}$$

따라서

$$e^{-1/2\pi/\sqrt{1-(1/2)^2}} = e^{-1.813} = 0.163\text{rad}$$

그러므로 입력을 2rad로 줄 때 오버슈트는 다음과 같다.

$$\text{오버슈트} = \theta_i e^{-\zeta\pi/\sqrt{1-\zeta^2}} = 2\times0.163 = 0.326\text{rad.}$$

(iii) 출력 속도피이드백을 수행하면 다음과 같은 블록선도를 얻을 수 있다.

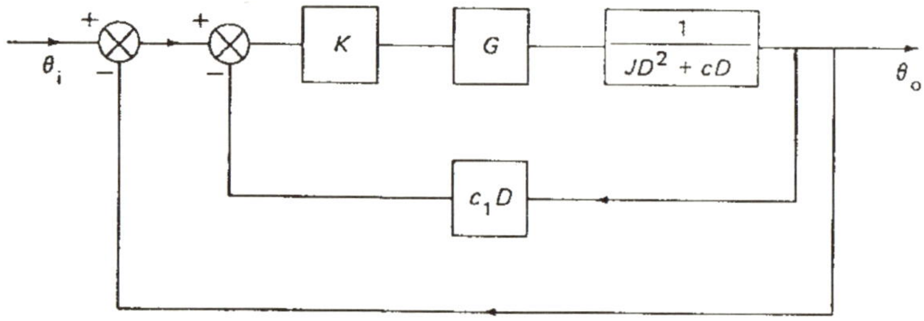

이 블록선도에 의해 다음 식을 세울 수 있다.

$$\left[\theta_{\mathrm{i}}-\theta_0-c_1\mathrm{D}\theta_0\right]KG=\left(J\mathrm{D}^2+c\mathrm{D}\right)\theta_0$$

따라서 운동방정식은 다음과 같다.

$$\left[J\mathrm{D}^2+\left(c+c_1KG\right)\mathrm{D}+KG\right]\theta_0=KG\theta_{\mathrm{i}}$$

여기서 임계감쇠를 갖기 위해 다음 식이 성립해야 한다.

$$c+c_1KG=2\sqrt{KGJ}$$

그러므로

$$12\times(c_1\times8\times3)=2\sqrt{8\times3\times6}$$

여기서 c_1을 구하면

$$c_1=0.5\,(\mathrm{Nms/rad})/(\mathrm{Nm/rad})\qquad\therefore c_1=0.5\,\mathrm{s}.$$

5.3.3 오류제어의 미분 서보

단순피이드백 서보를 변경하는 한 방편으로, 신호를 피이드포워드(feedforward, 앞먹임)하는 오류 미분기가 부가된 경우를 생각해보자.
이 시스템을 블록선도로 나타낸 그림이 5.31이다.

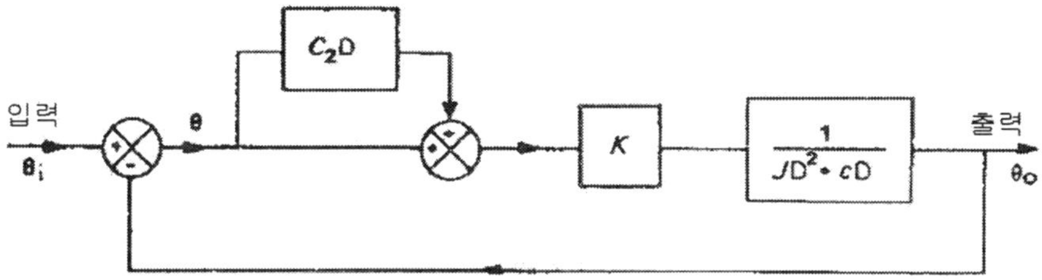

그림 5.31. 오류제어 미분 서보

이 시스템은 다음과 같은 식으로 표현된다.

$$K[\theta_{\mathrm{i}} - \theta_0 + C_2\mathrm{D}(\theta_{\mathrm{i}} - \theta_0)] = (J\mathrm{D}^2 + c\mathrm{D})\theta_0$$

이 식은 다음과 같이 정리된다.

$$[J\mathrm{D}^2 + (c + KC_2)\mathrm{D} + K)]\theta_0 = K(1 + C_2\mathrm{D})\theta_{\mathrm{i}}$$

이 식에서 보는 것처럼 감쇠 항의 크기가 증가되기 때문에 과도응답이 더욱 신속히 소멸된다.
이 시스템에 램프입력 $\theta_{\mathrm{i}} = \beta t$를 주고 제차해를 구해보자.

$$\begin{aligned}\text{제차해} &= \frac{K(1 + C_2\mathrm{D})\beta t}{K[1 + (c/K + C_2)\mathrm{D} + \cdots]} \\ &= [1 + (c/K + C_2)\mathrm{D} + \cdots]\ (\beta t + C_2\beta) \\ &= \beta t - (c/K)\beta\end{aligned}$$

따라서 감쇠로 인해 정상상태 오차 $(c/K)\beta$가 생긴다. 그러나 이 부분은 부가시킨 미분제어기와는 무관하다. 결국 미분제어는 정상상태 오차에 영향을 주지 않으면서 시스템 감쇠를 임시로 증가시켜서 과도응답을 신속히 소멸시키는 방법이다.

5.3.4 오류제어의 적분 서보

또 다른 대안으로 오차 신호를 적분기에 보내 피이드포워드 시키는 방법으로 그림 5.32와 같은 시스템을 생각해보자.
이 시스템은 다음과 같은 식으로 표현된다.

$$K[\theta_i - \theta_0 + K_1/D(\theta_i - \theta_0)] = (JD^2 + cD)\theta_0$$

따라서

$$[JD^2 + cD + K + KK_1/D]\theta_0 = K(1 + K_1/D)\theta_i$$

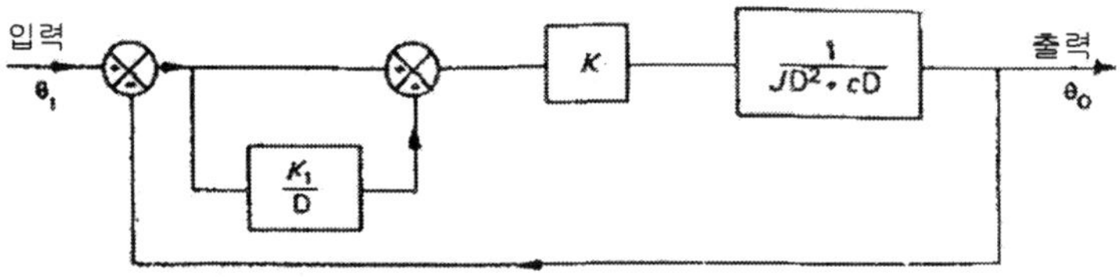

그림 5.32. 오류제어 적분 서보

이 식은 다음과 같은 운동방정식으로 정리할 수 있다.

$$[JD^3 + cD^2 + K + KK_1]\theta_0 = K(D + K_1)\theta_i$$

이 시스템에 램프입력 $\theta_i = \beta t$를 주고 제차해를 구하면 다음과 같다.

$$\text{제차해} = \frac{K(D + K_1)}{K(K_1 + D + \cdots)}\beta t = (1 + D/K_1 + \cdots)^{-1}(K_1\beta t + \beta)/K_1 = \beta t$$

그러므로 램프입력에 대한 정상상태 오차는 없다. 이런 점은 대단히 바람직스러우나 이 시스템은 불안정해질 가능성이 있다. 정현파입력을 주고 응답을 구해서 이 문제를 살펴보기로 한다.
앞서 구한 운동방정식은 좌변에 의해 3차 미분방정식임을 알 수 있다. 여기서도 위상자 법을 이용해서 조화가진에 대한 응답을 구한다.
입력 $\theta_i = A\cos\nu t$일 때 정상상태의 출력 $\theta_0 = B\cos(\nu t - \phi)$이라면 운동방정식은 그림 5.33처럼 표현된다.

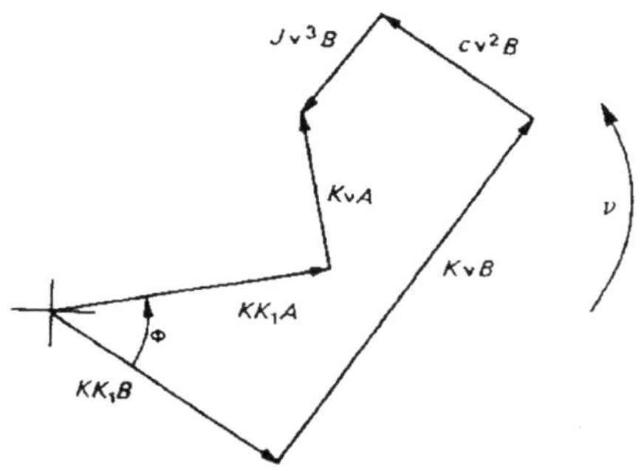

그림 5.33. 위상자 다이어그램

따라서

$$\theta_0 = \frac{A\sqrt{\left[(K\nu)^2 + (KK_1)^2\right]}}{\sqrt{\left[(K\nu - J\nu^3)^2 + (KK_1 - c\nu^2)^2\right]}} \cos(\nu t - \phi)$$

그런데 분모가 제로가 되면 B가 무한대가 되어 시스템이 불안정해진다. 분모가 제로로 되는 조건은 다음과 같다.

$$K\nu = J\nu^3 \quad \text{및} \quad KK_1 = c\nu^2$$

그러므로

$$c = JK_1 \quad \text{및} \quad \nu^2 = K/J$$

이 식이 시스템 응답이 안정하기 위한 조건이다.
전기 위치서보의 주요 형태별 성능 비교를 표 5.1에 정리했으니 참고하기 바란다.

《 예제 52 》

다음 그림과 같이 주어진 위치제어서보를 생각해보자. 증폭기의 전압이득은 100이며 에러검출기가 알리는 오차는 단위각도 당 2V라 한다.

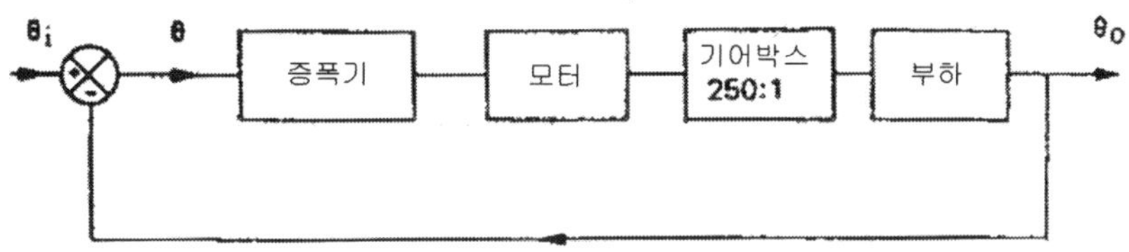

모터가 발생하는 토크는 100V 당 10Nm이며, 부하의 관성은 0.1Kgm^2 및 점성감쇠계수는 10Nms/rad라 한다. 이 시스템의 감쇠비를 구하여라. 그리고 입력 속도가 5rad/s일 때 정상상태 오차는 얼마인지 구하여라.

모터 토크 $= 0.1/100 \times 2 \times 57.3 \times 100 = 11.46$Nm/rad error

부하에 주는 토크 $= 250 \times 11.46 = 2865$ Nm/rad error

감쇠비(ζ) $= c/c_c = 10/2\sqrt{2865 \times 0.1} = 0.295$

그러므로 입력 속도가 5rad/s일 때 정상상태 오차는 다음과 같다.

정상상태 오차 $= 10/2865 \times 5 \times 57.3^\circ = 1^\circ$

《 예제 53 》

예측할 수 없이 변화하는 모멘트 부하를 운전하고 있는 엔진을 생각해보자. 부하의 변동으로 인한 속도 변화를 제한하기 위해 조속기(governor)를 장착했다. 이 조속기는 엔진의 회전속도를 감지하고 출력 모멘트를 변화시켜 일정한 회전속도를 유지하도록 하며, 다음 관계식을 갖는다.

$$(1 + T\mathrm{D})m = -ks$$

여기서 T는 상수
m은 초기값에 대한 엔진 모멘트의 변화
k는 상수
s는 초기값에 대한 회전속도의 변화

부하 모멘트를 스텝형태로 증가시켜 m_L로 일정하게 줄때, 속도의 변화를 시간 함수로 유도해보아라. 만일, 엔진과 부하의 관성이 4.0kgm^2, T는 0.35s 그리고 폐루프 감쇠가 임계감쇠의 0.6이 되도록 k를 정할 때 m_L을 11Nm로 증가시키면 어느 정도의 속도저하가 발생하는지 구하여라.

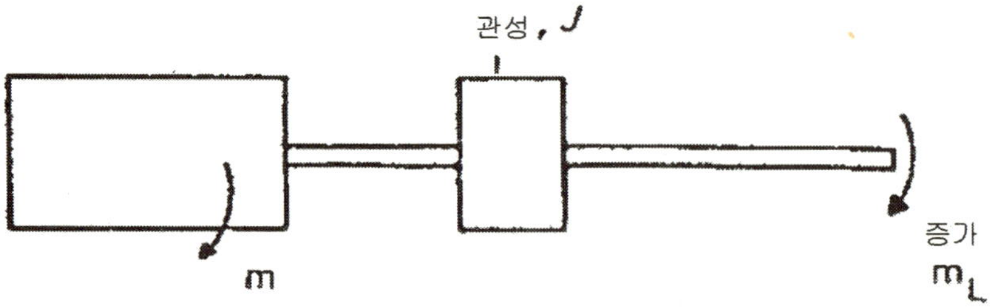

표 5.1 주요 전기위치제어 서보의 비교

입력		기본 시스템	출력속도피이드백의 기본 시스템	미분제어기 갖춘 기본 시스템	적분제어기 갖춘 기본 시스템
스텝	응답	지수적 감쇠 진동, 감쇠율 증가 →			불안정할 가능성
	정상상태오차	해당 없음			
램프	응답	지수적 감쇠 진동, 감쇠율 증가 →			불안정할 가능성
	정상상태오차	$D\theta_i$에 비례	$D\theta_i$보다 큼	$D\theta_i$에 비례	해당 없음
조화	응답	이득과 위상오차가 시스템 파라메타와 가진주파수에 비례			불안정할 가능성

s를 속도 변화라고 하면 다음 식이 성립한다.

$$m - m_L = JDs$$

그리고

$$(1+TD)m = -ks$$

그러므로

$$m = \frac{-ks}{1+TD} = JDs + m_L$$

부하가 스텝형태로 변화하므로 $Dm_L = 0$이며, 다음과 같은 운동방정식을 얻을 수 있다.

$$JTD^2 s + JDs + ks = -m_L$$

따라서 이 미분방정식의 일반해는 다음과 같이 구해진다.

$$s = -\frac{m_L}{k} + e^{-\zeta\omega t}(A\sin\omega t + B\cos\omega t)$$

일반해의 상수를 구하기 위해 초기조건 $t=0$일 때 $s=0$ 및 $\dot{s}=0$를 적용하면

$$A=\frac{\zeta m_{\mathrm{L}}}{k} \qquad \text{그리고} \qquad B=\frac{m_{\mathrm{L}}}{k}$$

그러므로

$$s=\frac{m_{\mathrm{L}}}{k}\left[-1+e^{-\zeta\omega t}(\zeta\sin\omega t+\cos\omega t)\right]$$

정상상태 오차는 $-\frac{m_{\mathrm{L}}}{k}$이 된다.

한편, 운동방정식에 의해 임계감쇠비, $c_c=\sqrt{kJT}$이므로 감쇠계수는 다음과 같다.

$$c=1.2\sqrt{kJT}=J$$

따라서

$$k=\frac{J}{1.44T}=\frac{4}{1.44\times 0.35}=7.936\,\mathrm{kgm^2/s}$$

또한, 정상상태 오차 $=-\frac{11}{7.936}=-1.386\,\mathrm{rad/s}$가 된다.

《 예제 54 》

하나의 비례제어기를 갖고 있는 선형서보메커니즘을 생각해보자. 이 비례제어기는 입력 위치와 출력 위치 간의 오차에 K를 곱한 만큼의 토크를 공급한다. 이 시스템은 질량관성모멘트 J와 점성감쇠계수 c(임계감쇠보다 작은 값)인 회전 부하를 운전하고 있다.

이 메커니즘에 대한 블록선도를 그리고 운동방정식을 세워라.

이 메커니즘에 $J=5\mathrm{kg}m^2$을 주고 시험을 한 결과 다음 사항들을 확인하였다.

(i) 출력샤프트에 100Nm의 외부 토크를 주면 정상상태 오차가 0.2rad로 나온다.

(ii) 입력 속도의 크기를 일정하게 3rad/s로 주면 정상상태 오차가 0.3rad로 나온다.
정지상태에서 이 메커니즘에 10°의 스텝변위를 줄 때 최초로 발생하는 오버슈트의 크기를 산정하라.

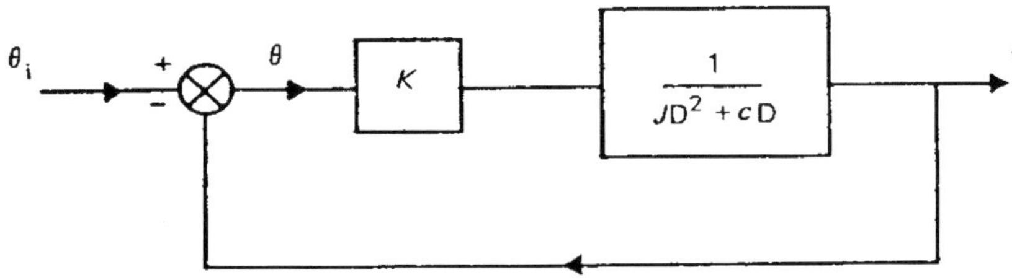

운동방정식을 세우면 다음과 같다.

$$(J\mathrm{D}^2 + c\mathrm{D} + K)\theta_0 = K\theta_i$$

(i) $$K = \frac{100}{0.2} 500\,\mathrm{Nm/rad}$$

(ii) $$0.3 = \frac{c}{500} \times 3 \qquad \therefore c = 50\,\mathrm{Nms/rad}$$

그런데 $c_c = 2\sqrt{kJ} = 2\sqrt{500 \times 5} = 100$ Nms/rad이므로 감쇠비는 다음과 같다.

$$\zeta = \frac{c}{c_c} = 0.5$$

최초의 오버슈트 크기는 예제 46에 따라 다음과 같이 주어진다.

$$\theta_0 = X\left[1 + \exp\left(-\frac{\zeta\pi}{\sqrt{1-\zeta^2}}\right)\right]$$

이 식을 계산하면

$$-\frac{\zeta\pi}{\sqrt{1-\zeta^2}} = -\frac{0.5\pi}{0.866} = -1.82 \qquad \therefore e^{-1.82} = 0.162$$

$$\theta_0 = 10 \times 1.162 = 11.62^\circ$$

따라서 최초 발생하는 오버슈트의 크기는 1.6° 이다.

《 예제 55 》

턴테이블의 각위치 θ_0를 제어하는 서보메커니즘을 생각해보자. 이 서보메커니즘은 양가속도

(positive acceleration) 피이드백을 수행한다. 이 턴테이블의 관성 모멘트는 대략 5kgm^2이며 유효감쇠계수는 10Nms/rad라 한다.

한편, 모터의 토크를 $20(\epsilon + k\ddot{\theta}_0)$Nm라 할 때 ϵ는 턴테이블의 위치와 입력 간의 오차를 라디안으로 나타낸 것이다. 그리고 $k\ddot{\theta}_0$는 턴테이블의 가속도와 비례하는 피이드백 신호를 말한다.

(i) 이 메커니즘에 대한 블록선도를 그리고 운동방정식을 세워라.

(ii) 스텝 입력을 줄 때 정상상태 오차의 크기를 산정하고, 최대 오버슈트가 정상상태 응답의 5%가 되도록 k를 정하여라.

(iii) 토크 5Nm를 급격히 턴테이블에 가할 때 정상상태 위치 오차를 구하여라.

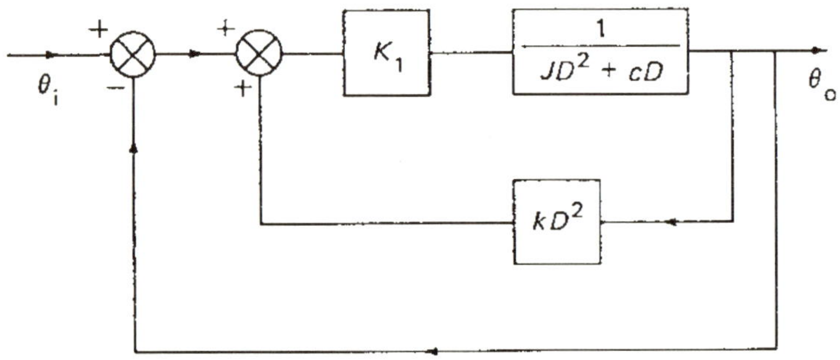

(i) 운동방정식을 세우면 다음과 같다.

$$K_1(\theta_i - \theta_0 + kD^2\theta_0) = (JD^2 + cD)\theta_0$$

이 식을 정리하면 다음과 같다.

$$(JD^2 + cD - kK_1D^2 + K_1)\theta_0 = K_1\theta_i$$

그러므로 운동방정식은 다음과 같다.

$$\left[(J - kK_1)D^2 + cD - K_1)\right]\theta_0 = K_1\theta_i$$

(ii) 스텝 입력, $\theta_i = X$를 운동방정식에 대입하고 특수해를 구하면 다음과 같다.

$$\theta_0 = \left[\left(\frac{J - kK_1}{K_1}\right)D^2 + \frac{c}{K_1}D + 1\right]^{-1} X$$

$$= \left[1 - \frac{c}{K_1}D + \cdots\right] X = X$$

즉, $\theta_0 = \theta_i$ 이므로 정상상태 오차는 제로이다.
한편 스텝 입력을 주는 경우에 일반해는 다음과 같다.

$$\theta_0 = \theta_i - \frac{\theta_i}{\sqrt{(1-\zeta^2)}} e^{-\zeta\omega t} \sin(\omega\sqrt{(1-\zeta^2)}\, t + \phi)$$

여기서 $\phi = \tan^{-1}\dfrac{\sqrt{1-\zeta^2}}{\zeta}$

다음은 최초의 오버슈트가 발생하는 시점을 구하기 위해 $D\theta_0 = 0$을 계산한다.

$$\zeta \sin(\omega\sqrt{(1-\zeta^2)}\, t + \phi) = \sqrt{(1-\zeta^2)} \cos(\omega\sqrt{(1-\zeta^2)}\, t + \phi)$$

이 식을 다음과 같이 정리해보자.

$$\tan(\omega\sqrt{(1-\zeta^2)}\, t + \phi) = \tan\phi$$

이 식을 풀면

$$t = 0,\ \frac{\pi}{\omega\sqrt{1-\zeta^2}},\ \cdots$$

그러므로 오버슈트가 발생하는 첫 시점은

$$t = \frac{\pi}{\omega\sqrt{1-\zeta^2}} \qquad \text{그리고} \quad \theta_0 = 1.05\theta$$

따라서

$$0.05 = e^{-\zeta\pi/\sqrt{1-\zeta^2}}$$

그러므로

$$3 = \zeta\pi / \sqrt{1-\zeta^2} \qquad \therefore \zeta = 0.69$$

한편, 운동방정식에 의해 감쇠비는 다음과 같이 정의된다.

$$\zeta = \frac{c}{c_c} = \frac{c}{2\sqrt{[K_1(J - kK_1)]}}$$

그런데 $c = 10\,\mathrm{Nms/rad}$, $K_1 = 20\,\mathrm{Nm/rad}$ 및 $J = 5\,\mathrm{kgm^2}$이므로

$$0.69 = \frac{10}{2\sqrt{[20(5-20k)]}}$$

따라서

$$k = 0.119\,\mathrm{s^2/rad}.$$

(iii) 외부에서 일정한 크기의 토크 T_L를 가하는 경우, 운동방정식은 다음과 같다.

$$K_1(\theta_\mathrm{i} - \theta_0 + k\mathrm{D}^2\theta_0) + T_\mathrm{L} = (J\mathrm{D}^2 + c\mathrm{D})\theta_0$$

여기서 $\theta_0 = 0$이면

$$\left[(J - kK_1)\mathrm{D}^2 + c\mathrm{D} - K_1\right]\theta_0 = T_\mathrm{L}$$

따라서 $\theta_{0\,steady\,state} = \dfrac{T_\mathrm{L}}{K_1}$.

이 식에 $T_\mathrm{L} = 5\,\mathrm{Nm}$와 $K_1 = 20\,\mathrm{Nm/rad}$를 대입하면

$$\theta_{0\,steady\,state} = \frac{5}{20} = 0.25\,\mathrm{rad}$$

《 예제 56 》

비례제어기를 갖고 있는 선형 서보메커니즘을 생각해보자. 이 제어기는 K_p와 회전부하에 대한 입출력 위치간의 오차를 곱한 크기의 토크를 공급한다. 단, 부하의 질량관성모멘트 $J = 0.5\text{kg}m^2$, 감쇠계수 $c = 1$Nms/rad 그리고 $K_p = 32$Nm/rad error라고 한다.

(i) 이 메커니즘에 대한 블록선도를 그리고 운동방정식을 세워라.

(ii) 폐루프전달함수를 유도하고, 입력을 2rad/s의 비율로 일정하게 증가시킬 때 정상상태오차를 계산하여라.

(iii) 에러미분제어기를 추가하여 K_p와 병렬로 연결한다고 생각해보자. 이 미분제어기의 이득상수는 K_D 라고 한다. 이 경우에 대해 블록선도를 다시 그려보아라. 그리고 램프 입력 2 rad/s를 줄때 정상상태오차가 얼마인지 산정하고 과도응답의 영향에 대해 설명하여라. 또한 임계감쇠를 갖기 위해 필요한 미분제어기의 이득 상수 K_D 는 얼마인지 계산하여라.

(iv) 에러적분제어기를 추가하여 K_p 및 K_D 와 병렬로 연결한다고 생각해보자. 이 적분제어기의 이득 상수는 K_i라고 한다. 이 경우에 램프입력을 주면 정상상태오차가 제로로 됨을 보여라. 그리고 안정적인 응답을 갖기 위한 K_i의 범위를 구하여라.

(i)

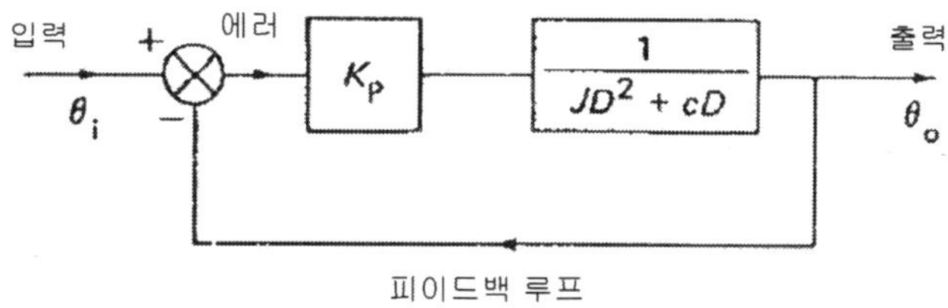

운동방정식은 다음과 같이 주어진다.

$$K_p(\theta_i - \theta_0) = (JD^2 + cD)\theta_0$$

따라서

$$(JD^2 + cD + K_p)\theta_0 = K_p\theta_i$$

(ii) 그러므로 폐루프전달함수는 다음과 같다.

$$\frac{\theta_0}{\theta_i} = \frac{K_p}{JD^2 + cD + K_p}$$

이 시스템에 램프입력 $\theta_i = \beta t$를 주면 응답은 다음과 같다. 단, $\beta = 2\text{rad/s}$이다.

$$\theta_0 = \left[1 + \frac{c}{K_p}D + \frac{J}{K_p}D^2\right]^{-1}\theta_i$$

$$= \left[1 - \frac{c}{K_p}D + \cdots\right]\beta t$$

$$= \beta t - \frac{c}{K_p}\beta$$

따라서 정상상태오차는 $\frac{c}{K_p}\beta$, 즉 $\frac{1}{32}(2) = \frac{1}{16}\text{rad}$ 만큼 뒤짐(lag)이 발생한다.

(iii)

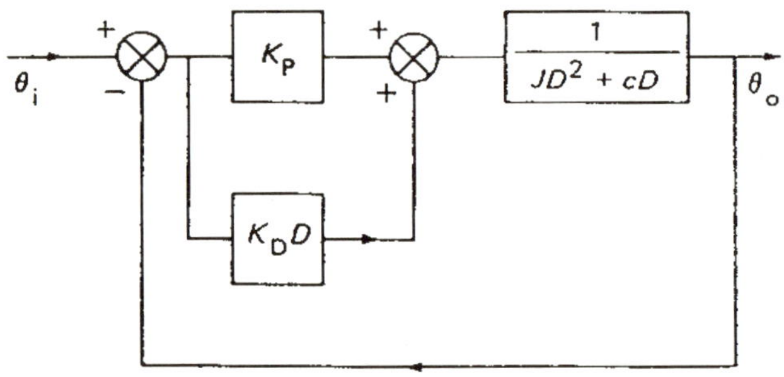

운동방정식은 다음과 같이 주어진다.

$$(\theta_i - \theta_0)(K_p + K_D D) = (JD^2 + cD)\theta_0$$

따라서

$$(JD^2 + (c + K_D)D + K_p)\theta_0 = (K_p + K_D D)\theta_i$$

여기에 램프입력 $\theta_i = \beta t$을 주면 응답은 다음과 같다.

$$\theta_0 = \left[1+\left(\frac{c+K_D}{K_p}\right)D+\frac{J}{K_p}D^2\right]^{-1}\left[1+\frac{K_D}{K_p}D\right]\beta t$$

$$= \left[1-\left(\frac{c+K_D}{K_p}\right)D+\cdots\right]\left[\beta t+\frac{K_D}{K_p}\beta\right]$$

$$= \beta t+\frac{K_D}{K_p}\beta-\left(\frac{c+K_D}{K_p}\right)\beta$$

$$= \beta t-\frac{c}{K_p}\beta$$

그러므로 정상상태오차는 변함없이 $\frac{c}{K_p}\beta = \frac{1}{16}$ rad이다. 그러나 감쇠항이 c에서 $c+K_D$로 증가했기 때문에 과도응답이 더 신속하게 소멸된다.

이제, 임계감쇠를 갖기 위해 필요한 K_D의 크기를 구해보자.

$$c+K_D = 2\sqrt{K_D J}$$

따라서

$$1+K_D = 2\sqrt{32\times\frac{1}{2}} = 8 \qquad \therefore K_D = 7\,\text{Nms/rad.}$$

(iv)

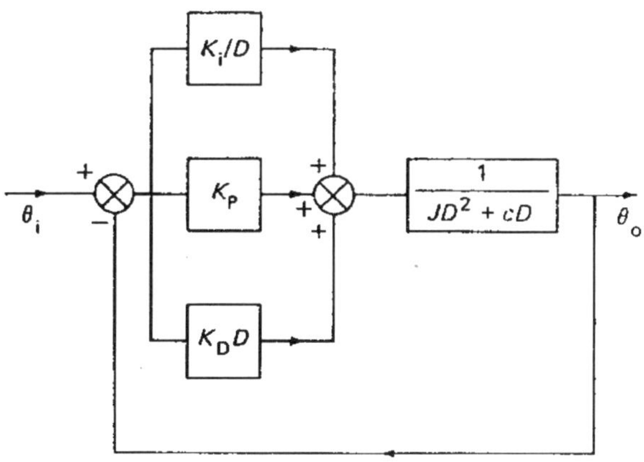

운동방정식은 다음과 같이 주어진다.

$$\left(\frac{K_i}{D}+K_p+K_D D\right)(\theta_i-\theta_0) = (JD^2+cD)\theta_0$$

따라서

$$\left[J\mathrm{D}^3+(c+K_\mathrm{D})\mathrm{D}^2+K_\mathrm{p}\mathrm{D}+K_\mathrm{i}\right]\theta_0=(K_\mathrm{D}\mathrm{D}^2+\mathrm{K}_\mathrm{p}\mathrm{D}+K_\mathrm{i})\theta_\mathrm{i}$$

여기에 램프입력 $\theta_\mathrm{i}=\beta t$을 주면 응답은 다음과 같다.

$$\begin{aligned}\theta_0&=\left[1+\left(\frac{K_\mathrm{p}}{K_\mathrm{i}}\right)\mathrm{D}+\left(\frac{c+K_\mathrm{D}}{K_\mathrm{i}}\right)\mathrm{D}^2+\frac{J}{K_\mathrm{i}}\mathrm{D}^3\right]^{-1}\left[\frac{K_\mathrm{D}}{K_\mathrm{i}}\mathrm{D}^2+\frac{K_\mathrm{p}}{K_\mathrm{i}}\mathrm{D}+1\right]\beta t\\&=\left[1-\left(\frac{K_\mathrm{p}}{K_\mathrm{i}}\right)\mathrm{D}+\cdots\right]\left[\frac{K_\mathrm{p}}{K_\mathrm{i}}\beta+\beta t\right]\\&=\frac{K_\mathrm{p}}{K_\mathrm{i}}\beta+\beta t-\frac{K_\mathrm{p}}{K_\mathrm{i}}\beta t=\beta t\end{aligned}$$

따라서 정상상태오차는 없다.
안정한 응답을 갖는 한계를 구하기 위해 다음 주파수방정식에 $\mathrm{D}=\mathrm{j}\omega$를 대입해보자.

$$J\mathrm{D}^3+(c+K_\mathrm{D})\mathrm{D}^2+K_\mathrm{p}\mathrm{D}+K_\mathrm{i}=0$$

여기에 $\mathrm{D}=\mathrm{j}\omega$를 대입하면

$$-J\mathrm{j}\omega^3-(c+K_\mathrm{D})\omega^2+K_\mathrm{p}\mathrm{j}\omega+K_\mathrm{i}=0$$

실수부를 정리하여 제로로 놓으면

$$-(c+K_\mathrm{D})\omega^2+K_\mathrm{i}=0 \qquad \therefore\ \omega^2=\frac{K_\mathrm{i}}{c+K_\mathrm{D}}$$

허부수를 정리하여 제로로 놓으면

$$-J\omega^3+K_\mathrm{p}\omega=0 \qquad \therefore\ \omega=0,\ \ \omega^2=\frac{K_\mathrm{p}}{J}$$

따라서

$$K_\mathrm{i}=0 \qquad \text{또는} \qquad K_\mathrm{i}=\left(\frac{c+K_\mathrm{D}}{J}\right)K_\mathrm{p}$$

그러므로 안정한계는 $K_i = 0$ 및 $K_i = \left(\frac{1+7}{0.5}\right) \times 32 = 512$이므로 다음 범위로 정의된다.

$$512 > K_i > 0$$

《 예제 57 》

제지 공장에서 사용하는 다음 그림과 같은 장력제어 장치를 생각해보자. 제조가 완료된 종이를 감을 때는 장력을 일정하게 유지시킬 필요가 있다. 종이에 걸리는 장력 F를 증가시키려면 장력조절레버를 아래로 내려서 종이 감는 모터의 토크 T_m을 올린다. 이 모터에 의한 토크의 변화 t_m은 다음과 같이 주어진다.

$$t_m = \frac{K_m Z}{1 + \tau D}$$

여기서 K_m은 모터 상수, Z는 장력조절레버 중점의 변위, 그리고 τ는 시정수(time constant)를 가리킨다.

장력조절레버의 자유단에 하향으로 스텝변위 X를 줄 때, 종이에 걸리는 장력의 변화를 구하고 이 장력을 시간의 함수로 플로팅 하여라. 또한, 이 변화량이 $k = 20$kN/m, $R = 0.4$m, $K_m = 10$kN 및 $X = 10$mm일 때 얼마인지 산정해보아라.

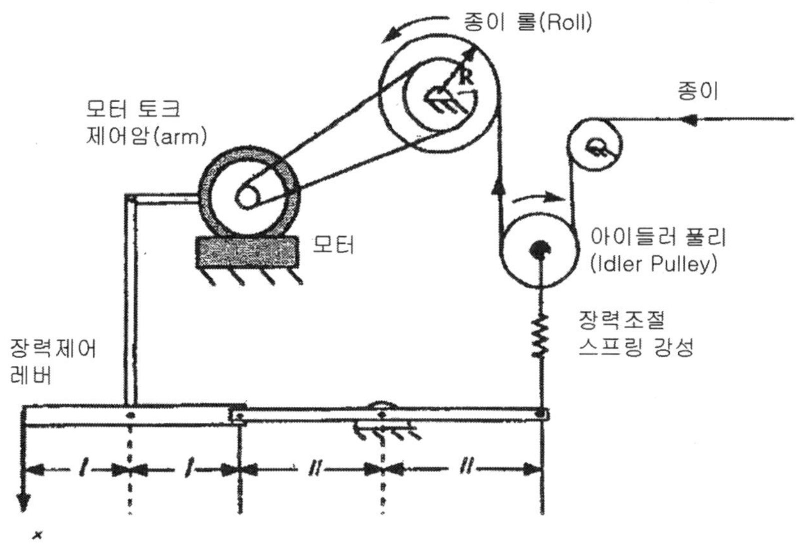

장력조절레버에 대한 각 변위는 다음과 같다.

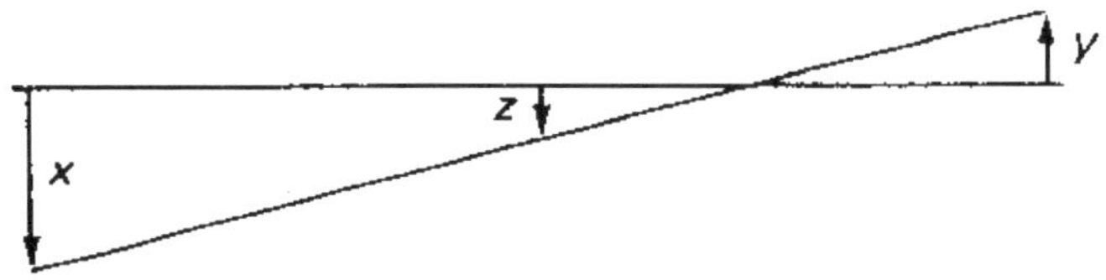

$$x + y = 2(z + y) \qquad \therefore\ z = \frac{x-y}{2}$$

종이 감는 롤(roll)에 대해 $T_m = FR$이며, f를 종이에 걸리는 장력 변화라고 하면 $t_m = Rf$로 주어진다. 한편, 장력조절 스프링에 관해서 $ky = 2f$이므로 $y = 2f/k$가 된다.
변위를 x로 줄 때 모터 토크의 변화 t_m은 다음과 같이 주어진다.

$$t_m = \frac{K_m Z}{1+\tau D} = fR$$

따라서

$$fR = \left(\frac{K_m}{1+\tau D}\right)\left(\frac{x-y}{2}\right)$$
$$= \left(\frac{K_m}{1+\tau D}\right)\left(x - \frac{2f}{k}\right) \times \frac{1}{2}$$

이 식은 다음과 같이 정리된다.

$$f\left[\frac{2R}{K_m}(1+\tau D) + \frac{2}{k}\right] = x$$

그러므로

$$f = \left[\frac{kK_m}{2kR(1+\tau D) + 2K_m}\right]x$$

장력조절레버의 자유단에 하향으로 스텝변위 X를 주면 $x = X$이므로, 제차해는 다음과 같다.

$$[2kR(1+\tau \mathrm{D}) + 2K_{\mathrm{m}}]f = 0$$

따라서

$$f\left[1 + \left(\frac{kR}{K_{\mathrm{m}} + kR}\right)\tau \mathrm{D}\right] = 0$$

이 미분방정식에 대한 해는 다음과 같다.

$$f = A\exp\left[-t/\left(\frac{kR\tau}{K_{\mathrm{m}} + kR}\right)\right]$$

한편, 특수해는 다음과 같다.

$$\left[\frac{kK_{\mathrm{m}}/2(K_{\mathrm{m}} + kR)}{(1+2kR\tau \mathrm{D})/2(K_{\mathrm{m}} + kR)}\right]X$$

$$= [1 - \cdots \mathrm{D}]\left(\frac{kK_{\mathrm{m}}}{2(K_{\mathrm{m}} + kR)}\right)X$$

$$= \left(\frac{kK_{\mathrm{m}}}{2(K_{\mathrm{m}} + kR)}\right)X$$

그러므로 일반해는 다음과 같다.

$$f = A\exp\left[-t/\left(\frac{kR\tau}{K_{\mathrm{m}} + kR}\right)\right] + \left(\frac{kK_{\mathrm{m}}}{2(K_{\mathrm{m}} + kR)}\right)X$$

이때 초기조건 $t = 0$, $f = 0$을 적용한 해는 다음과 같다.

$$f = \left(\frac{kK_{\mathrm{m}}}{2(K_{\mathrm{m}} + kR)}\right)X\left[1 - \exp\left[-t/\left(\frac{kR\tau}{K_{\mathrm{m}} + kR}\right)\right]\right]$$

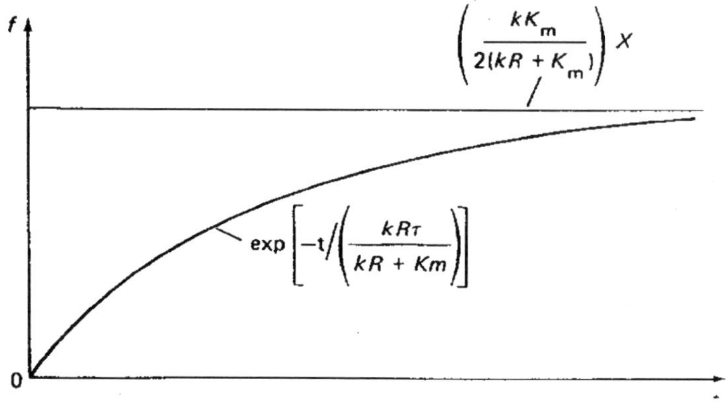

그러므로 정상상태 응답은 다음과 같다.

$$\left[\frac{kK_{\rm m}}{2(K_{\rm m}+kR)}\right]X$$

이 식에 주어진 상수 값을 모두 대입하면

$$f_{ss}=\left[\frac{20\times10^3\times10\times10^3}{2\left[(20\times10^3\times0.4)+(10\times10^3)\right]}\right]0.01\text{N}$$

$$=55.6\text{N}$$

5.4 라플라스 변환

앞서 시스템의 동적 거동을 묘사하는 미분방정식의 해를 구할 때, $\mathrm{d}/\mathrm{d}t$을 D 연산자로 취급했다. 그러나 일반적으로 제어시스템을 해석할 때는 미분방정식을 라플라스 변환을 시켜 다룬다. 라플라스 변환을 통해 시간 영역함수를 주파수 영역함수로 선형 변환시킬 수 있으며, 전달함수를 라플라스 변환 형태로 바꾸면 매우 편리하다. 동적시스템의 응답은 기본적으로 조화적인 특성을 갖기 때문에 시간 영역함수로 나타내는 것보다 주파수 영역함수로 나타내는 편이 훨씬 간단하다. 우선 라플라스 변환의 정의를 살펴보자.

$$\mathcal{L}\left[f(t)\right]=F(s)=\lim_{t\to\infty}\int_0^\infty f(t)e^{-st}\mathrm{d}t$$

여기서 $F(s)$는 라플라스 변환, $f(t)$는 시간 영역함수, 그리고 s는 복소변수를 가리킨다. 일반적으로 초기조건을 제로로 가정하므로 미분방정식을 라플라스 변환할 때는 d/dt를 s, d^2/dt^2을 s^2으로 대치시키면 된다. s는 라플라스 연산자로써 $a+jb$이다. 이때 s는 복소변수, 그리고 a, b는 실수이고 $j=\sqrt{-1}$이다.
제어시스템 해석에 일반적으로 쓰이는 라플라스 변환 공식을 다음 표에 정리했으니 참고하기 바란다.
라플라스 변환에 대해 보다 상세한 설명은 공업수학교재에 다 나와 있다.
앞서 식 (5.2)의 유압 페루프서보에 대한 문제를 라플라스 변환법으로 해석해보자.

$$(1+Ts)x_0=\left(\frac{m}{l}\right)x_i$$

	시간 영역함수 $f(t)$	라플라스 변환 $F(s)$
단위 임펄스	$\delta(t)$	1
시간지연 임펄스	$\delta(t-T)$	e^{-Ts}
단위 스텝	$u(t)$ 또는 1	$\frac{1}{s}$
시간지연 스텝	$u(t-T)$	$\frac{1}{s}e^{-Ts}$
구형 펄스	$u(t)-u(t-T)$	$\frac{1}{s}(1-e^{-Ts})$
단위 램프	t	$\frac{1}{s^2}$
다항식	t^n	$\frac{n!}{s^{n+1}}$
지수	$e^{-\alpha t}$	$\frac{1}{s+\alpha}$
사인파	$\sin\omega t$	$\frac{\omega}{s^2+\omega^2}$
사인파	$\sin(\omega t+\phi)$	$\frac{s\sin\phi+\omega\cos\phi}{s^2+\omega^2}$
코사인파	$\cos\omega t$	$\frac{s}{s^2+\omega^2}$
감쇠 사인파	$e^{-\alpha t}\sin\omega t$	$\frac{\omega}{(s+\alpha)^2+\omega^2}$
감쇠 코사인파	$e^{-\alpha t}\cos\omega t$	$\frac{s+\alpha}{(s+\alpha)^2+\omega^2}$

이 경우, 스텝 입력 X을 주면 $x_i = \dfrac{X}{s}$ 이며, 응답은 다음과 같다.

$$x_0 = \frac{(m/l)X}{s(1+Ts)} = -\frac{(m/l)XT}{(1+Ts)} + \frac{(m/l)X}{s}$$
$$= \left(\frac{m}{l}\right)X\left(\frac{1}{s} - \frac{T}{1+Ts}\right)$$

따라서 라플라스 역변환에 의해

$$X_0 = \left(\frac{m}{l}\right)X\left[1 - e^{-t/T}\right]$$

결국, 앞서 구한 응답과 같다.
최종치 정리(Final value theorem, FVT)는 다음과 같이 정의된다.

$$\lim_{t\to\infty} f(t) = \lim_{s\to 0}\,[sF(s)]$$

$m/l = 1$ 이고 램프입력 βt를 주었을 때, 최종치 정리를 이용하여 정상상태 오차를 구해보자.

$$x_i = \frac{\beta}{s^2} \text{ 이면 } \quad x_0 = \frac{\beta}{s^2(1+Ts)}$$

입출력 간의 오차는 다음과 같다.

$$x_0 - x_{\mathrm{i}} = \frac{-\beta Ts}{s^2(1+Ts)}$$

그런데 정상상태 오차는 $(x_0 - x_{\mathrm{i}})_{t\to\infty}$ 이므로

$$\lim_{s\to 0} s\left(\frac{-\beta Ts}{s^2(1+Ts)}\right) = \lim_{s\to 0}\left(\frac{-\beta T}{1+Ts}\right) = -\beta T$$

이것은 앞서 5.3.3절에서 얻은 결과와 같은 값이다.
이제, 5.3.1절의 전기 위치제어 서보에 대한 운동방정식을 생각해보자.

$$(Js^2 + cs + K)\theta_0 = K\theta_{\mathrm{i}}$$

이 시스템에 램프 입력 $\theta_i = \beta t$를 준다고 가정해보자.

$$\theta_i = \frac{\beta}{s^2} \quad \text{및} \quad \left(\frac{J}{K}s^2 + \frac{c}{K}s + 1\right)\theta_0 = \theta_i$$

따라서 오차는 다음과 같다.

$$\theta_0 - \theta_i = \theta_i \left(\frac{-\frac{J}{K}s^2 - \frac{c}{K}s}{\frac{J}{K}s^2 + \frac{c}{K}s + 1} \right)$$

이 오차에 대해 최종치 정리를 적용하면 다음과 같이 정상상태 오차를 구할 수 있다.

$$\begin{aligned}\theta_{ss} = (\theta_0 - \theta_i)_{t\to\infty} &= \lim_{s\to 0} s\frac{\beta}{s^2} \left(\frac{-\frac{J}{K}s^2 - \frac{c}{K}s}{\frac{J}{K}s^2 + \frac{c}{K}s + 1} \right) \\ &= -\beta\frac{c}{K}\end{aligned}$$

그러므로 앞서 구한 결과와 동일하다.

5.5 시스템 전달함수

단일 입출력의 마이너스 피이드백 선형 폐루프시스템에 대한 블록선도는 일반적으로 그림 5.34와 같은 형태로 표현된다.

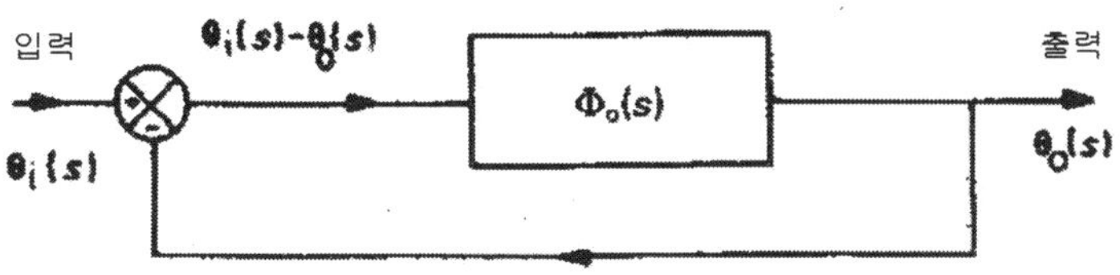

그림 5.34. 폐루프시스템의 블록선도

입력과 출력 변수는 $\theta_i(s)$와 $\theta_0(s)$로 각각 라플라스 변환되었다. 시스템이 갖는 순방향 경로의 전달함수(TF)는 $\Phi_0(s)$로 나타내었다. 이 전달함수를 개루프전달함수(OLTF)라 부르며 피이드백 루프를 열었을 때 시스템이 보이는 거동을 의미한다.

이 루프를 닫으면 $\Phi_0(s)$에 들어가는 입력은 오차 신호 $\theta_i(s)-\theta_0(s)$이 되므로 다음 식이 성립한다.

$$\theta_0(s)=\Phi_0(s)[\theta_i(s)-\theta_0(s)]$$

따라서

$$\theta_0(s)/\theta_i(s)=\Phi_0(s)/[1+\Phi_0(s)]$$

이 식은 시스템의 루프를 닫을 때 전체의 거동을 결정짓는 방정식이므로 $\Phi_0(s)/[1+\Phi_0(s)]$를 폐루프전달함수라고 부르고 $\Phi_c(s)$로 표기한다.

《 예제 58 》

다음 블록선도를 보고 폐루프전달함수를 구하여라.

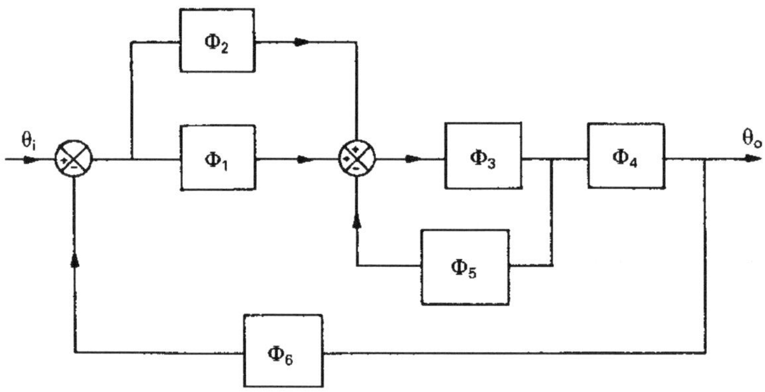

그림에서 첫 번째 접속점을 벗어날 때 신호는 다음과 같다.

$$\theta_i-\phi_6\theta_0$$

또한 두 번째 접속점을 벗어날 때 신호는 다음과 같다.

$$(\theta_i-\Phi_6\theta_0)(\Phi_1+\Phi_2)-\Phi_5\theta_0/\Phi_4$$

그러므로

$$[(\theta_i-\Phi_6\theta_0)(\Phi_1+\Phi_2)-\Phi_5\theta_0/\Phi_4]\Phi_3\Phi_4=\theta_0$$

따라서 폐루프전달함수는 다음과 같다.

$$\frac{\theta_0}{\theta_i} = \frac{(\Phi_1 + \Phi_2)\Phi_3\Phi_4}{1 + \Phi_3\Phi_5 + \Phi_3\Phi_4\Phi_6(\Phi_1 + \Phi_2)}$$

한편, 턴테이블의 각위치를 제어하는 전기 위치서보에 대해 블록선도를 그리면 그림 5.35와 같다.

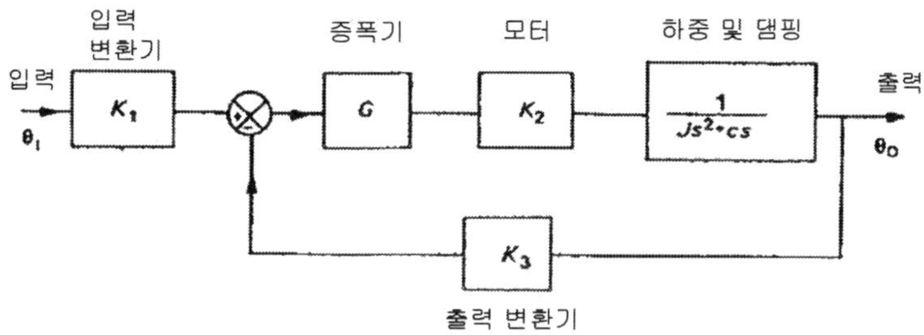

그림 5.35. 전기 위치서보

이 블록선도를 축약시키면 다음과 같다.

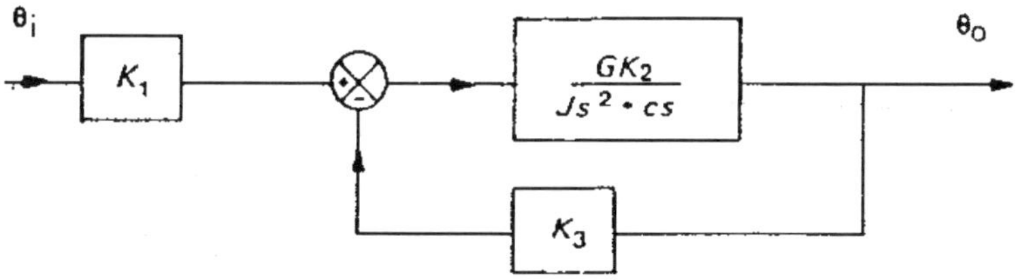

그림 5.36. 블록선도

그림 5.36에 의해 다음 식을 얻을 수 있다.

$$\theta_0 = (K_1\theta_i - K_3\theta_0)\left[GK_2/(Js^2 + cs)\right] \tag{5.10}$$

여기서 개루프 및 폐루프전달함수를 구하려면 그림 5.34의 블록선도 형태를 참고하여 구하면 편리하다. 즉, 개루프전달함수는 다음과 같이 주어진다.

$$\Phi_0(s) = \theta_0/(\theta_i - \theta_0)$$

그리고 폐루프전달함수는 다음과 같다.

$$\Phi_c(s) = \theta_0/\theta_{\mathrm{i}}$$

이제 식 (5.10)을 다음처럼 정리해보자.

$$\left[(Js^2 + cs)/(GK_2) + K_3\right]\theta_0 = K_1\theta_{\mathrm{i}}$$

따라서

$$\Phi_c(s) = \frac{GK_1K_2}{Js^2 + cs + GK_2K_3}$$

그리고 개루프전달함수는 다음과 같다.

$$\Phi_0(s) = \frac{GK_1K_2}{Js^2 + cs + GK_2K_3 - GK_1K_2}$$

주파수방정식은 $\Phi_c(s)$에 의해 다음과 같이 정의된다.

$$Js^2 + cs + GK_2K_3 = 0$$

따라서

$$s^2 + cs/J + GK_2K_3/J = 0$$

이 방정식을 만족시키는 s는 $\Phi_c(s) \to \infty$로 만든다. 이 s값을 p_1, p_2라고 두고 다음과 같이 2차 방정식을 세워보자.

$$(s - p_1)(s - p_2) = 0$$

$$p_1 = a + \mathrm{j}b \quad \text{및} \quad p_2 = a - \mathrm{j}b$$

한편, 주파수방정식의 근을 구하면 다음과 같다.

$$s = -c/2J \pm \mathrm{j}\sqrt{GK_2K_3/J - (c/2J)^2}$$

그러므로

$$a = -c/2J \quad \text{그리고} \quad b = \sqrt{GK_2K_3/J - (c/2J)^2}$$

이제 G값을 제로에서 점차 증가시켜 가면서, 이 근을 s-평면상에 플로팅하면 그림 5.37과 같다. 응답이 진동 형태로 되려면 $b > 0$이므로 다음 식을 얻을 수 있다.

$$GK_2K_3 > \frac{c^2}{4J}$$

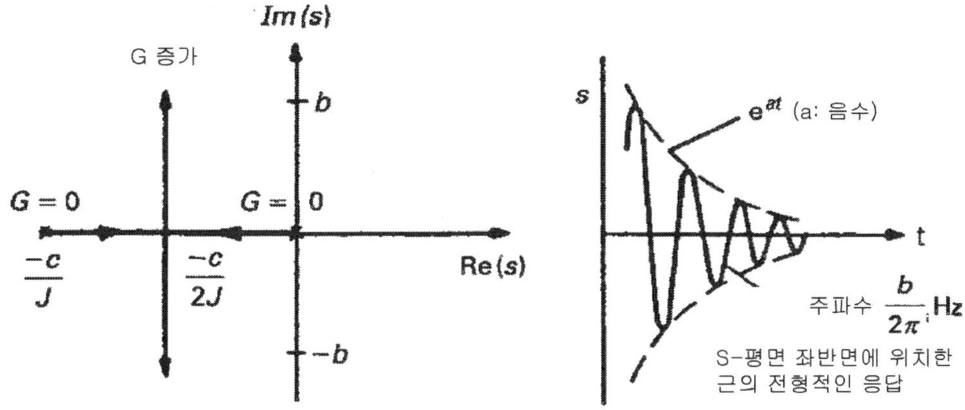

그림 5.37. s-평면

주파수방정식의 근은 시스템의 제차해와 같으므로, 만일에 이 근이 s-평면의 왼편에 위치하면 응답은 시간이 지나면서 곧 소멸되어 안정한 시스템이 된다. 반대로 이 근이 s-평면의 오른편에 위치하면 응답은 점차 커져서 불안정한 시스템이 된다.

전달함수 $\Phi(s)$의 일반적인 형태는 다음과 같다.

$$\Phi(s) = \frac{K(s^m + \alpha_1 s^{m-1} + \alpha_2 s^{m-2} + \cdots \alpha_m)}{(s^n + \beta_1 s^{n-1} + \beta_2 s^{n-2} + \cdots \beta_n)}, \quad n \ge m$$

이 식을 다음과 같이 바꿔 써보자.

$$\Phi(s) = \frac{K(s - z_1)(s - z_2)\cdots(s - z_m)}{(s - p_1)(s - p_2)\cdots(s - p_n)}$$

여기서 $s = p_1, p_2, \cdots, p_n$은 $\Phi(s) = \infty$로 만들기 때문에 극점(pole)이라 하며, $s = z_1, z_2, \cdots, z_m$은 $\Phi(s) = 0$로 만들기 때문에 영점(zero)이라 부른다. 그러므로 $\Phi(s)$의 극점은 그 시스템의 고유주파수를 의미한다.

5.6 근궤적

시스템이 불안정하다는 것은 실제로 큰 문제가 아닐 수 없다. 동적시스템의 대부분이 안전을 위해 어느 정도 감쇠가 필요한 반면, 제어시스템의 경우에는 상당한 안정도 여유가 반드시 확보되어야 한다. 다만 지나치게 감쇠를 부여하는 경우에는 에너지 낭비를 초래할 수 있음을 유념해야 한다.

s-평면에 대한 그림 3.11과 5.37을 생각해보자. 이 평면에서 허수축의 오른편 영역은 불안정한 지역, 허수축 위는 중립 평형인 곳이며 왼편 영역은 안정한 영역이다. 동적시스템과 제어시스템 모두, 특성방정식의 근이 이 평면의 어느 영역에 위치하는 지를 파악하는 일이 무엇보다 중요하며, 어떻게 시스템을 조정해서 이 근들을 움직일 것인지 고민해야 한다.

근궤적 기법은, 시스템 파라메타가 바뀔 때 주파수방정식의 근들이 어떻게 변화하는지 도해적으로 표현하는 방법이다.

휠 떨림(wheel shimmy) 문제를 생각해보자. 이 문제는 휠의 핀 지지부에 대한 불안정 진동 문제로 본다. 그림 5.38처럼 휠 축부가 캐리어(carrier) 안에 지지되어 있으며 이 캐리어 단부는 핀 지지 되어 축부와 직각 방향으로 회전할 수 있게 되어 있다. 그리고 이 캐리어의 횡 방향 거동은 강성이 k인 스프링에 의해 지지되고 있다. 휠은 그림에서 보는 것처럼 속도 V로 움직인다고 한다.

휠과 캐리어를 합한 질량이 m이고, G축에 대한 이들의 관성모멘트가 I_G라고 할 때 작은 변위 x와 ϕ에 대한 운동방정식은 다음과 같이 세워진다.

$$\sum F_x: \qquad m(\ddot{x} + l_2\ddot{\phi}) + kx + F = 0$$

$$\sum M_G: \qquad kxl_2 - Fl_1 = I_G\ddot{\phi}$$

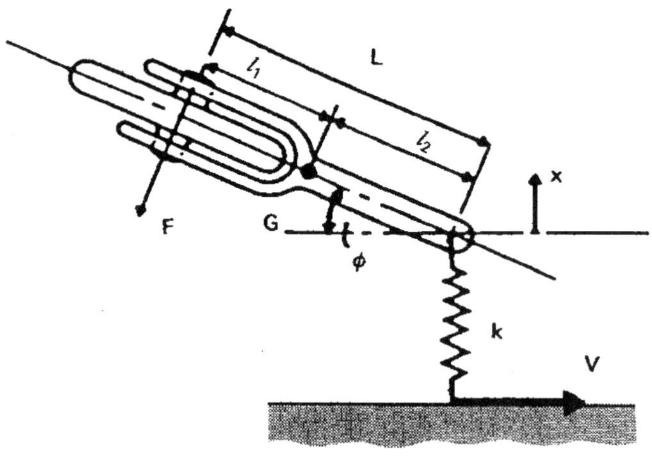

그림 5.38. 휠 시미(shimmy) 모델

휠에 사이드슬립(side slip)이 발생하지 않는다는 전제하에

$$\dot{x}+L\dot{\phi}+V\phi=0$$

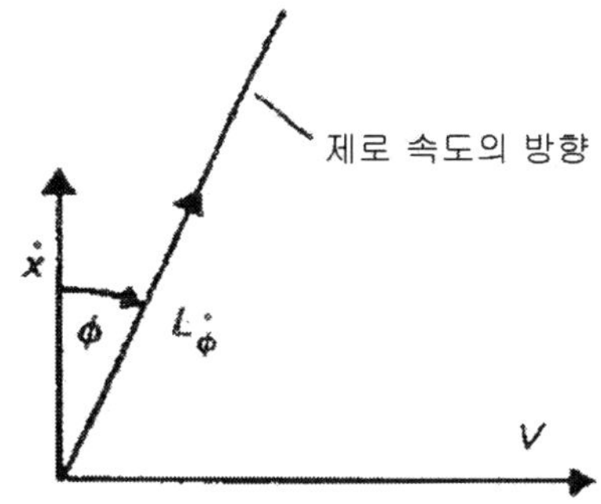

이제 F를 소거하고 변위를 다음과 같이 가정해보자.

$$x = Xe^{st} \quad \text{및} \quad \phi = \Phi e^{st}$$

여기서 s는 $a+jb$인 라플라스 연산자이므로

$$Xs+\Phi(V+Ls)=0$$

그리고

$$X(l_1 ms^2+kL)+\Phi(-I_G s^2+ml_1 l_2 s^2)=0$$

따라서 주파수방정식은 다음과 같이 주어진다.

$$s^3+s^2\left(\frac{l_1 mV}{I_G+ml_1^2}\right)+s\left(\frac{kL^2}{I_G+ml_1^2}\right)+\left(\frac{LkV}{I_G+ml_1^2}\right)=0$$

이 방정식의 근은 세 개이며, 모두 시스템 파라메타 I_G, m, l_1, l_2, L, k 및 속도 V에 관한 함수이다. 그러므로 그림 5.39처럼 속도 V가 변할 때 이 근들이 s-평면상에서 어떻게 플로팅 되는지 확인해 볼 필요가 있다. 세 개의 근 가운데 하나는 실수축 상에 위치하고 나머지 둘은 공액 복소쌍이 된다.

주파수방정식의 근이 s-평면의 오른편에 위치할 때 시스템은 불안정해지므로, 그림 5.39에서 보듯이 이 문제에는 임계속도가 존재하고 있다. 즉, 속도 V_{crit}를 넘어서면 시스템이 교란되어 불안정한 진동을 하게 된다. 이런 현상을 휠 시미(wheel shimmy)라고 부른다.

동적시스템에 대한 주파수방정식을 구하려면 상당한 노력이 필요하다. 특히, 이 방정식 차수가 고차이며 특정 파라메타에 대해 일정 범위를 망라해서 이 방정식을 계속해서 풀어야 하는 경우라면 더욱 많은 노력이 요구된다. 컴퓨터를 사용하면 이런 작업이 어느 정도 수월해지지만, 우리가 필요한 것은 주파수방정식의 근궤적을 스케치한 정도이므로 이 기법에 대해 논의하고자 한다.

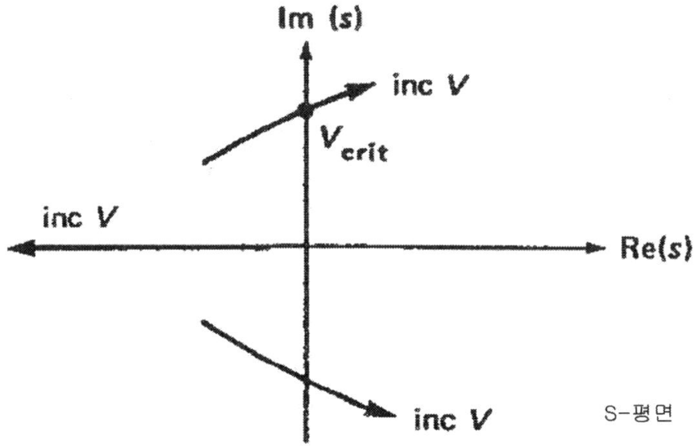

그림 5.39. 주파수방정식의 근궤적

그림 5.34의 시스템을 생각해보자. 이 시스템의 페루프 전달함수는 다음과 같다.

$$\Phi_c(s) = \theta_0/\theta_i = \Phi_0(s)/[1+\Phi_0(s)]$$

시스템이 공진되는 조건은 $\Phi_c(s)=\infty$ 이며, 이 식은 $1+\Phi_0(s)=0$인 조건과 동일하다. 즉, 주파수방정식이 되는 셈이다. 시스템이 안정하려면 이 주파수방정식의 근들이 모두 s-평면 허수축 왼편에 위치해야만 한다.

여기서 $\Phi_0(s) = K\Phi_0^{'}(s)$라 두면, $\Phi_0^{'}(s)$는 다음과 같이 정의되는 값이며 K는 시스템 전체의 이득(gain) 상수이다.

$$\Phi_0^{'}(s) = \frac{(s-z_1)(s-z_2)\cdots(s-z_m)}{(s-p_1)(s-p_2)\cdots(s-p_n)}$$

이제 K값을 0에서 무한대까지 변화시키면서 근궤적을 스케치하면 시스템이 불안정하게 되는 조건을 찾아낼 수 있다.

제어시스템의 근궤적을 그릴 때 다음에 소개하는 몇 가지 규칙을 이용하면 편리하다. 그리고 주파수방정식의 근이 바로 제차해와 같다는 것을 반드시 숙지해야 한다. 제차해는 시스템의 과도응답을 주관하므로 이 근들 s-평면 허수축 왼편에 모두 위치해야만 시스템 응답이 안정하다. 이런 이유 때문에 주파수방정식의 근들이 제어시스템의 응답과 안정도 문제에 중요하다.

5.6.1 근궤적 작성법

RULE 1　　궤적의 지로수

s-평면에 그려지는 근궤적의 지로수는 특성방정식의 차수와 같다.

Proof　　특성방정식의 차수는 이 방정식이 갖는 근의 수와 같으며, 각각 자신의 궤적을 만든다.

RULE 2　　궤적의 대칭

특성방정식의 근궤적은 실수축에 대해 대칭이다.

Proof　　특성방정식의 복소근은 공액복소쌍으로 나타난다.

RULE 3　　$\Phi_0'(s)$의 극점

$\Phi_0'(s)$의 극점은 근궤적 상에 있으며 $K=0$에 상응한다.

Proof　　$1+\Phi_0(s)=0$이며, $\Phi_0(s)=K\Phi_0'(s)$이므로 $\Phi_0'(s)=-1/K$가 된다. 만일 $K=0$라면 $\Phi_0'(s)=\infty$가 되므로 $(s-p_1)(s-p_2)\cdots=0$ 이다. 즉, $K=0$일 때 특성방정식의 근은 $\Phi_0'(s)$의 극점이 된다.

RULE 4　　$\Phi_0'(s)$의 영점

$\Phi_0'(s)$의 영점은 근궤적 상에 있으며 $K=\pm\infty$에 상응한다.

Proof　　$1/K+\Phi_0'(s)=0$에서 $K\rightarrow\pm\infty$이면 $\Phi_0'(s)\rightarrow 0$로 된다. 그러므로, $(s-z_1)(s-z_2)\cdots=0$ 이다.

RULE 5　　근궤적의 점근선

만일 $\Phi_0'(s)$의 극점수가 영점수보다 r개 더 많으면, 근궤적은 실수축과 각 $2N\pi/r$을 이루는 r개의 직선 및 실수축과 각 $(2N+1)\pi/r$을 이루는 r개의 직선에 점근한다. 그리고 근궤적은 $K\rightarrow+\infty$일 때 전자의 점근선에 점근하고 $K\rightarrow-\infty$일 때 후자의 점근선에 점근한다.

Proof

$$\Phi_0'(s)=\frac{s^m+\alpha_1 s^{m-1}+\alpha_2 s^{m-2}+\cdots\alpha_m}{s^n+\beta_1 s^{n-1}+\beta_2 s^{n-2}+\cdots\beta_n}$$

$r=n-m>0$이면 $1+K\Phi_0'(s)=0$이므로 다음 식이 성립한다.

$$1/\Phi_0'(s) = s^r + (\beta_1 - \alpha_1)s^{r-1} \cdots = -K$$

즉, $|s| \rightarrow \infty$ 일 때 $|K| \rightarrow \infty$ 가 된다. 그리고 $|s| \rightarrow \infty$ 일 때 $1/\Phi_0'(s)$ 의 값은 처음 두 항이 지배적이므로 이 방정식은 다음 식으로 근사시킬 수 있다.

$$\begin{aligned}(s-a_0)^r = -K \quad &= |K|\, e^{j(2N+1)\pi} \qquad ,(K>0)\\ &= |K|\, e^{j2N\pi} \qquad ,(K<0)\end{aligned}$$

여기서 $a_0 = -(\beta_1 - \alpha_1)/r$ 이며 N은 정수이다.
이 방정식은 r개의 해를 가지며 다음과 같이 주어진다.

$$\begin{aligned}s - a_0 &= |K|^{1/r}\, e^{j(2N+1)\pi/r} \qquad ,K>0\\ &= |K|^{1/r}\, e^{j2N\pi/r} \qquad ,K<0\end{aligned}$$

이때 $N = 0, 1, 2, \ldots, r-1$ 이다. 여기에 $s = a + jb$를 대입하고 실수부와 허수부를 비교하면 다음 식을 얻는다.

$$\left.\begin{aligned}a - a_0 &= |K|^{1/r}\cos(2N+1)\pi/r\\ b &= |K|^{1/r}\sin(2N+1)\pi/r\end{aligned}\right] \; K>0$$

그리고

$$\left.\begin{aligned}a - a_0 &= |K|^{1/r}\cos 2N\pi/r\\ b &= |K|^{1/r}\sin 2N\pi/r\end{aligned}\right] \; K<0$$

각 식을 서로 나누면

$$b = \begin{matrix}(a-a_0) = \tan(2N+1)\pi/r & \qquad K>0\\ (a-a_0) \;=\; \tan 2N\pi/r & \qquad K<0\end{matrix}$$

이 식이 근궤적의 점근선을 나타내는 방정식이며, s-평면상에서 r개의 직선 군을 이룬다. 그리고 실수축에 대한 이 직선들의 경사각은 $k>0$일 때 $(2N+1)\pi/r$, $k<0$일 때 $2N\pi/r$이 된다.

RULE 6 근궤적과 실수축의 교점

근궤적 두 집합들은 다음 좌표로 주어지는 실수축 위를 지나간다.

$$a_0 = \left(\sum_1^n p_i - \sum_1^m z_i \right) / r$$

이때 p_i와 z_i는 $\Phi_0'(s)$의 극점과 영점을 가리킨다.

Proof 앞의 RULE 5에 대한 증명부분에서, 모든 K에 대해 $b=0$이면 $a = a_0 = -(\beta_1 + \alpha_1)/r$이 성립함을 알 수 있다. 따라서 각 점근선은 모두 실수축 좌표 $(a_0, 0)$를 통과한다. 실수 좌표 a_0는 $\Phi_0'(s)$에 대한 식에 따라 RULE 6와 같다. 즉, $\alpha_1 = -\sum_1^m z_i$ 그리고 $\beta_1 = -\sum_1^m p_i$으로 주어진다.

RULE 7 실수축 상의 근궤적

s-평면의 전체 실수축은 근궤적으로 점유된다. 실수축의 어느 구간에서 그 구간 우측에 있는 $\Phi_0'(s)$의 극점, 영점의 합계가 홀수(odd)라면 $K>0$인 근궤적이 그 구간에 그려진다. 한편, 실수축 어느 구간에서 그 구간 우측에 있는 $\Phi_0'(s)$의 극점과 영점의 합계가 짝수(even)라면 대응 근궤적(complementary root loci: $K<0$일 때 근궤적)이 그 구간에 그려진다.

Proof $\Phi_0'(s)$의 복소공액극점과 영점으로부터 실수축 상의 임의의 한점 s_1에 그은 벡터의 합은 제로가 된다. 따라서 $\Phi_0'(s)$의 실수 극점과 실수 영점만 각도관계에 영향을 준다. 실수축상의 한점의 좌측에 위치한 영점 및 극점에서 그은 벡터의 각은 제로인 반면, 우측에 위치한 영점 및 극점에서 그은 벡터의 각은 π가 된다.

여기서 $\Phi_0'(s)$을 생각해보자.

$$\Phi_0'(s) = \frac{(s-z_1)(s-z_2)\cdots(s-z_m)}{(s-p_1)(s-p_2)\cdots(s-p_n)}$$

그리고

$$K\,\Phi_0'(s) = -1 = e^{j(2N+1)\pi}, \quad K>0$$

그러므로

$$\arg K\,\Phi_0'(s) = (2N+1)\pi, \quad K>0$$

따라서

$$\sum_{1}^{m}\arg(s-z_i)-\sum_{1}^{n}\arg(s-p_i)=\begin{matrix}(2N+1)\pi, & K>0\\ 2N\pi, & K<0\end{matrix}$$

여기서 처음 식은 실수축에서 자신의 우측에 위치하는 극점과 영점의 수가 홀수인 경우에 해당하고, 두 번째 식은 짝수인 경우에 해당한다. 단, 제로는 짝수로 간주한다.

RULE 8 이탈점(breakaway point)

근궤적은 실수축에서 복소평면으로 이동하거나 복소평면에서 실수축으로 도달한다. 이러한 이탈점은 $\mathrm{d}K/\mathrm{ds}=0$를 만족하는 s값에서 발생하며, 특성방정식에 중근이 존재함을 나타낸다.

$K=K_0$일 때 $s=s_0$에서 근의 중복도가 $q(\geq 2)$인 특성방정식을 생각해보자. 이러한 방정식에 대한 근궤적을 그릴 때 q 궤적은 K가 K_0로 증가함에 따라 점 $s=s_0$로 수렴하게 되며, K가 K_0를 넘어서면서 이 공통점(common point)으로부터 이탈한다. 이탈점의 일반적 형태는 그림 5.40과 같다.

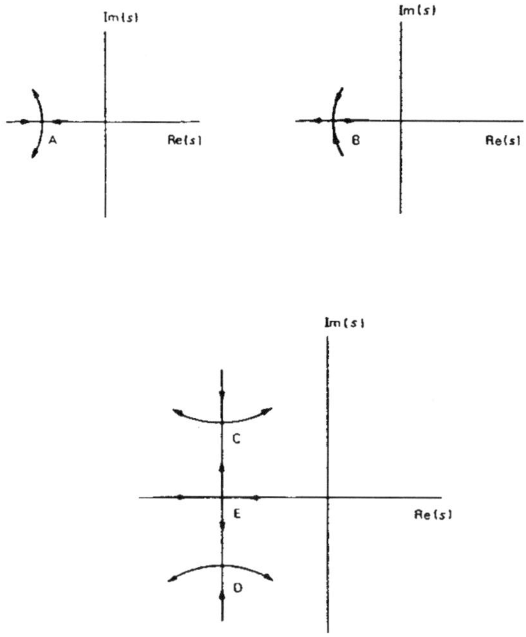

그림 5.40. 이탈점

A와 B는 두 개의 실중근(equal real root)을 나타내며, C와 D는 두 개의 복소중근을 가리킨다. 마찬가지로 E도 두 개의 실중근을 의미한다.

Proof 특성방정식을 다음 형태로 나타내보자.

$$f(s,K)=P(s)+KQ(s)=0$$

그러므로

$$\mathrm{d}f/\mathrm{d}s=\partial f/\partial s+\partial f/\partial K\times \mathrm{d}K/\mathrm{d}s=0$$

따라서

$$\frac{\mathrm{d}K}{\mathrm{d}s}=-\frac{\partial f/\partial s}{Q(s)}$$

이 식을 정리하면

$$\partial f/\partial K=Q(s)$$

그리고 이탈점 $s=s_0$에서 $g(s_0)\neq 0$이 아닌 임의의 함수 $g(s)$가 주어지면 다음 식이 성립한다.

$$f(s,K_0)=(s-s_0)^q g(s)$$

이 식을 s로 편미분해 보자.

$$\partial f(s,K_0)/\partial s=q(s-s_0)^{q-1}g(s)+q(s-s_0)^q g'(s)$$

그러므로 $s=s_0$에서 $\partial f(s,K_0)/\partial s=0$가 되며, $Q(s_0)\neq 0$을 만족하면 $(\mathrm{d}K/\mathrm{d}s)_{s=s_0}=0$ 가 된다.

RULE 9 허수축과 지나는 점

근궤적이 허수축을 통과하는 점을 구할 경우에는 특성방정식이 허근을 갖게 되는 K를 계산해야 한다. 이 K값 및 대응되는 허근을 계산하려면 $s=\mathrm{j}\omega$를 특성방정식에 대입하고 실수부와 허수부를 각각 제로로 놓고 풀면 된다. 다음과 같은 특성방정식의 예를 들어보자.

$$F(s)=s^3+2s^2+3s+K+2=0$$

이제 $s=\mathrm{j}\omega$를 대입해보자.

$$-\mathrm{j}\omega^3-2\omega^2+3\mathrm{j}\omega+K+2=0$$

먼저, 실수부를 등치시킨다.

$$-2\omega^2 + K + 2 = 0 \qquad \therefore\ K = 2\omega^2 - 2$$

허수부를 등치시켜보자.

$$-\omega^3 + 3\omega = 0 \qquad \therefore\ \omega = 0 \quad \text{또는} \quad \omega^2 = 3$$

따라서 $\omega^2 = 3$이며 $K = 4$일 때 근궤적이 허수축을 통과한다.

RULE 10 $\Phi_0'(s)$의 복소극점과 영점에서 근궤적의 기울기

$\Phi_0'(s)$의 복소극점과 영점에서 근궤적의 기울기를 구하려면 다음 방정식을 극점과 영점 근방의 한점에 적용해보면 된다.

$$\sum_1^m \arg(s - z_i) - \sum_1^n \arg(s - p_i) = \begin{matrix} (2N+1)\pi, & K > 0 \\ 2N\pi, & K < 0 \end{matrix}$$

그림 5.41과 같은 복소극점 P_1을 예로 들어보자. 여기서 γ는 P_1에서 근궤적이 갖는 미지의 기울기라 한다.

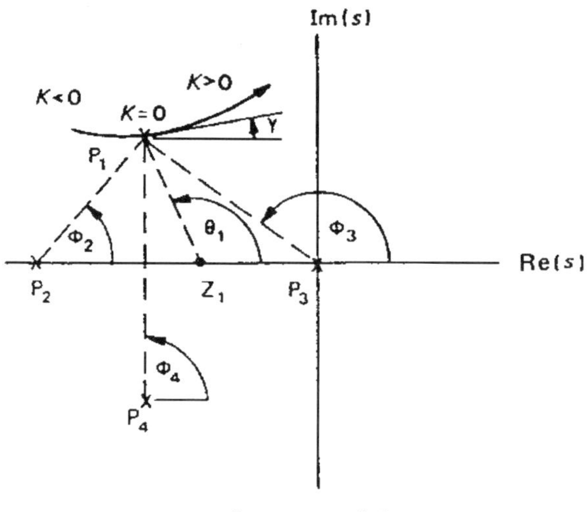

그림 5.41. s-평면

또 다른 극점 P_2, P_3와 P_4 및 제로 Z_1에서 P_1의 근방에 위치하고 있는 근궤적 상의 한점까지 그은 벡터들이 이루는 각을 ϕ_2, ϕ_3, ϕ_4 및 θ_1이라고 하자.

만일, $K>0$에 대해서 위의 방정식 중에 처음 식을 P_1의 근방에 위치하고 있는 근궤적 상의 한점에 적용한다면 다음 식을 얻을 수 있다.

$$\theta_1 - \phi_2 - \phi_3 - \phi_4 - \gamma = (2N+1)\pi$$

그러므로 γ이 된다. $K<0$에 대해서는 위의 방정식 중에 두 번째 식을 P_1의 근방에 위치하고 있는 근궤적 상의 한점에 동일한 방법으로 적용하면 된다.

RULE 11 근궤적 상에서 K의 계산

근궤적 상의 임의의 한점 s_r에 대응되는 K의 절대값을 구하려면, $\Phi_0'(s)$의 극점과 영점에서 s_r까지 그은 벡터의 길이를 구하고 다음 식을 계산한다.

$$|K| = \frac{(s_r - p_1)(s_r - p_2)\cdots}{(s_r - z_1)(s_r - z_2)\cdots}$$

SUMMARY

근궤적을 그릴 때 따라야 할 규칙을 다음과 같이 정리해보았다.

1. 근궤적의 수
2. 근궤적의 대칭성
3. 극점
4. 영점
5. 점근선
6. 점근선의 교차점
7. 실수축 상의 근궤적
8. 이탈점
9. 허수축과의 교점
10. 복소극점과 영점에서 근궤적의 기울기
11. K에 대한 계산

근궤적을 스케치할 때 일반적으로 극점은 x, 영점은 o로 구분해서 표현하며, 상기에 요약한 규칙들을 모두 적용할 필요는 없다.

《 예제 59 》

개루프전달함수가 다음과 같이 주어질 때 폐루프제어시스템의 근궤적을 스케치해보아라.

$$\frac{K}{s(s+1)(s^2+s+1)}$$

단, K는 $-\infty$에서 ∞로 증가한다. 그리고 시스템이 안정하기 위한 K의 범위를 산정하라.

근궤적을 그리는 규칙을 적용하면 다음과 같다.

1. 근궤적의 수는 4개
2. 실수 K에 대해 근궤적은 실수축에 대해 대칭이 된다.
3. $s(s+1)(s^2+s+1)=0$를 풀어서 구한 극점은 $s=0,\ -1,\ -\frac{1}{2}\pm \mathrm{j}\sqrt{3/2}$ 이다.
   이 시스템의 근궤적은 $K=0$일 때 극점들을 통과한다.
4. 영점은 하나도 존재하지 않는다.
5. 점근선은 r개의 직선이 된다. 그리고 이 직선들이 실수축과 이루는 각은:
   $K\to\infty$일 때 $\frac{\pi}{4},\ \frac{3\pi}{4},\ \frac{5\pi}{4},\ \frac{7\pi}{4}$
   $K\to-\infty$일 때 $\frac{\pi}{4},\ \frac{3\pi}{4},\ \frac{5\pi}{4},\ \frac{7\pi}{4}$
6. 점근선의 서로 교차하는 지점은 다음과 같다.
   $$\frac{0-\frac{1}{2}+\mathrm{j}\sqrt{3/2}-\frac{1}{2}-\mathrm{j}\sqrt{3/2}-0}{4}=-\frac{1}{2}$$
7. 실수축은 근궤적으로 점유된다.
8. $\mathrm{d}K/\mathrm{d}s=0$를 구하면 $4s^3+6s^2+4s+1=0$이 된다.
   이탈점은 $-\frac{1}{2},-\frac{1}{2}\pm \mathrm{j}\frac{1}{2}$으로 산정된다. 그리고 $s=-\frac{1}{2}$일 때 $K=\frac{3}{16}$,
   $s=-\frac{1}{2}\pm \mathrm{j}\frac{1}{2}$일 때 $K=\frac{1}{4}$이 된다.
9. $1+\Phi_0(s)=0$이므로 $s(s+1)(s^2+s+1)+K=0$가 된다. 이 식에 $s=\mathrm{j}\omega$를 대입하고 정리하면 $\omega^4-2\mathrm{j}\omega^3-2\omega^2+\mathrm{j}\omega+K=0$이 된다.

   실수부: $\omega^4-2\omega^2+K=0$
   허수부: $-2\omega^3+\omega=0$

그러므로 $\omega=0$ 및 $K=0$ 또는 $\omega^2=\dfrac{1}{2}$ 및 $K=\dfrac{3}{4}$가 된다.

이상, 근궤적을 그리기에 충분한 정보를 얻었으며 이 정보를 근거로 스케치하면 아래의 그림과 같다.

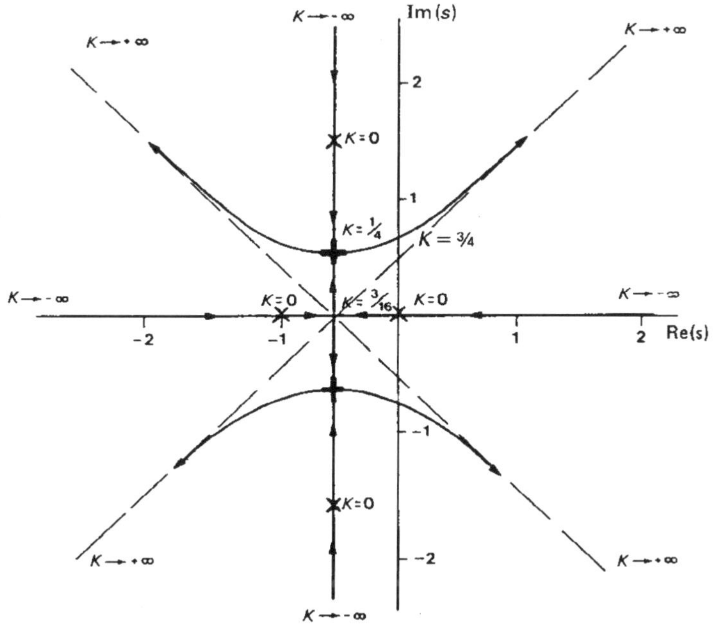

그림을 보면, K가 $-\infty$에서 제로로 증가할 때 네 개의 근들이 $0,\ \pi/2,\ \pi,\ 3\pi/2$를 따라 극점으로 접근한다. K가 제로에서 증가할 때는 실수축상의 근궤적들이 이탈점($K=3/16$)에서 만나며, 이탈점($K=1/4$)에서 또 다른 두 개의 근궤적과 만나기 위해 이동한다. K를 더 증가시키면 네 개의 근궤적이 점근선 $\pi/4, 3\pi/4, 5\pi/4, 7\pi/4$로 벗어나게 된다. 한편, 근궤적은 $K=3/4$일 때 허수축을 교차한다. 그러므로 시스템이 안정하기 위한 K의 범위는 $0<K<3/4$가 된다.

K를 $1/4$에서 $3/4$로 증가시키면 응답주파수가 다소 상승하며 감쇠율이 감소하는 것을 알 수 있다. 일반적으로 근궤적에 대한 스케치를 할 때는, 실용적인 이유 때문에 양수값의 K에 대해서만 한다.

《 예제 60 》

다음과 같은 특성방정식의 근궤적을 스케치해보아라.

$$s^4+5s^3+8s^2+(6+K)s+2K=0$$

K가 양의 실수라면 이 방정식을 다음과 같이 쓸 수 있다.

$$1+\frac{K(s+2)}{s(s+3)(s^2+2s+2)}=0$$

그러므로

$$\Phi_0'(s)=\frac{(s+2)}{s(s+3)(s^2+2s+2)}$$

근궤적을 그리는 규칙을 적용하면 다음과 같다.

1. 근궤적의 수는 4개
2. 실수 K에 대해 근궤적은 실수축에 대해 대칭이 된다.
3. $s(s+3)(s^2+2s+2)=0$를 풀어서 구한 극점은 $s=0,\ -3,\ -1\pm j$ 이다.
   이 시스템의 근궤적은 $K=0$일 때 극점들을 통과한다.
4. 영점은 $s+2=0$로 주어지므로 $s=-2$가 된다.
   이 시스템의 근궤적은 $K=\infty$ 일 때 이 영점을 통과한다.
5. 점근선은 $r=3$개의 직선이 된다. 그리고 이 직선들이 실수축과 이루는 각은:

   $K\to\infty$ 일 때 $\quad \frac{\pi}{3},\ \pi,\ \frac{5\pi}{3}$
6. 점근선이 교차하는 지점은 다음과 같다.

   $$\frac{(0-3-1+j-1-j)-(-2)}{3}=-1$$
7. 실수축은 다음 그림처럼 근궤적으로 점유된다.

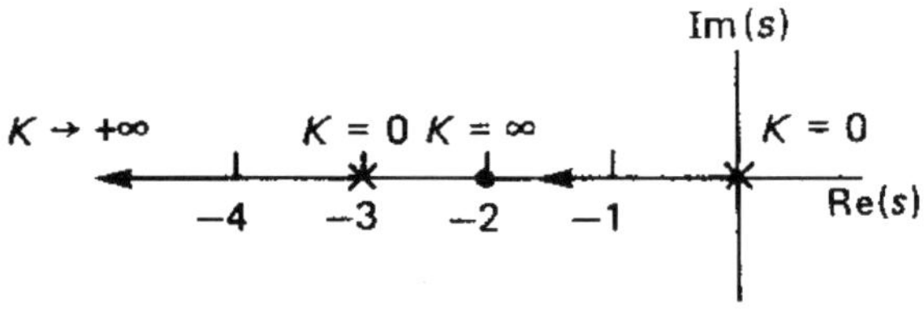

8. 이탈점은 존재하지 않는다.
9. 식 $s^4+5s^3+8s^2+(6+K)s+2K=0$에 $s=j\omega$를 대입하면 $K=5\sqrt{13}-11=7$ 이 된다.
10. 극점 $1+j$ 에서 근궤적의 접선각 γ는 다음과 같이 주어진다.

    $45^\circ-30^\circ-90^\circ-135^\circ-\gamma=(2N+1)180^\circ \qquad \therefore\ \gamma=-30^\circ$

이 정보를 이용하여 근궤적을 스케치하면 다음과 같다.

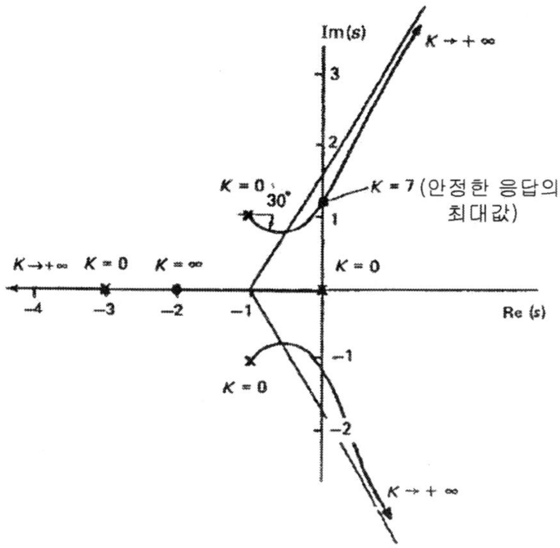

《 예제 61 》

물건을 프로덕션라인으로 이동시키기 위한 전기위치제어서보를 설계하려 한다. 물건이 올바른 위치에 놓이면 전기스위치로 스텝입력을 서보에 가하게 된다. 이 서보시스템에서 유일한 가변파라메타는 이득 K이다. 이 서보를 해석한 결과, 전달함수를 찾을 수 있었으며 아래의 그림처럼 근궤적도 스케치했다.

물건을 위치시키는 작업을 2sec 이내로 제한한다는 전제하에, 적절한 K값을 구하고 스텝입력을 가했을 때 서보의 응답을 스케치해 보아라.

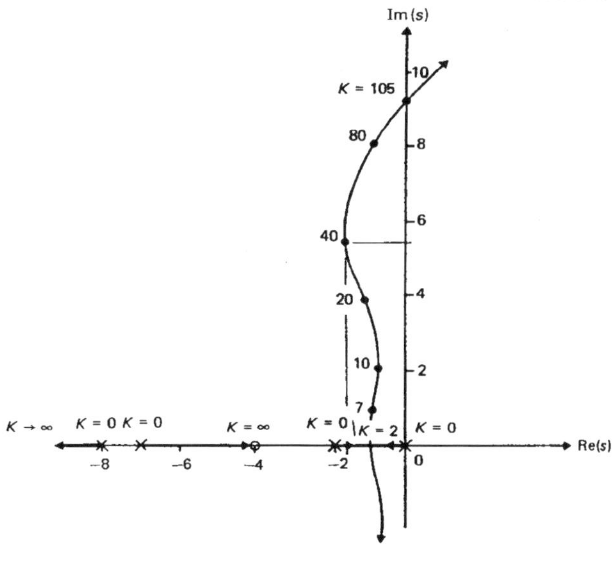

그림을 보면 4개의 근궤적이 존재하므로 주파수방정식의 근도 4개임을 알 수 있으며, 4개의 지수감쇠(exponential decay)를 모두 합한 응답을 갖는다. 그 가운데 두 근은 $K=2$인 경우에 e^{-t}, 또 다른 두 근은 대략 e^{-6t}와 e^{-8t}로서 더욱 신속히 감쇠되며 안정적인 응답이다. 그러므로 성능을 제한하게 되는 응답은 e^{-t}가 된다. 한편 2sec 후에 위치는, $e^{-2}=0.13$이므로 스텝 입력의 87% 수준에 머물러서 설계 사양을 충족시키지 못한다. 따라서 K를 증가시켜 더 빠른 응답을 만들어야 하는데, 이렇게 하면 진동응답을 하게 된다. 예를 들어, $K=40$으로 증가시키면 근궤적은 $e^{-1.7t}$로 빠르게 감쇠하지만 주파수 5.5rad/s로 진동하게 된다. 이 경우, $t=2$sec에서 $e^{-3.4}=0.03$이므로 스텝 입력의 97% 위치까지 도달한다. 더욱이 진동하는 응답으로 말미암아 위치도달에 더 도움을 받는다. 즉, $t=2$sec에서 $\cos 5.5t=0.004$가 되므로, 2sec 후의 응답은 스텝 입력의 거의 99%까지 다다른다. 이런 상황을 다음 그림을 보면 이해하기 쉬울 것이다.

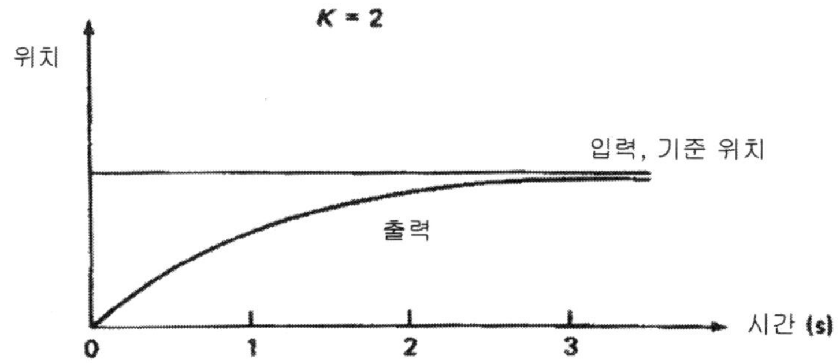

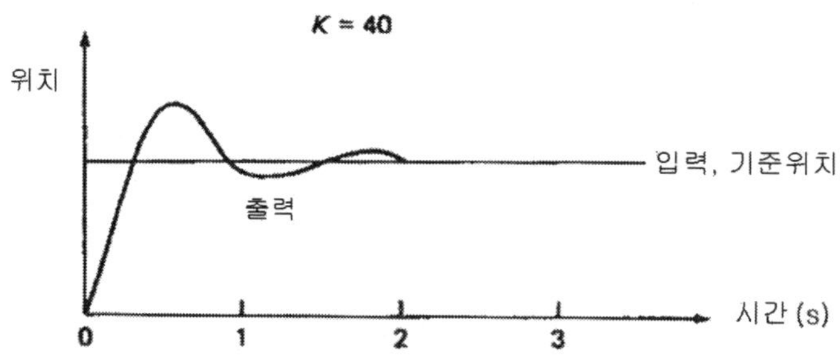

감쇠비(damping ratio)의 결정

다음과 같이 주어진 주파수방정식을 생각해보자.

$$s^2+2\zeta\omega s+\omega^2=0$$
$$s=-\zeta\omega\pm j\omega\sqrt{1-\zeta^2}$$

이 공액복소근을 s-평면에 플로팅하면 그림 5.42와 같다.

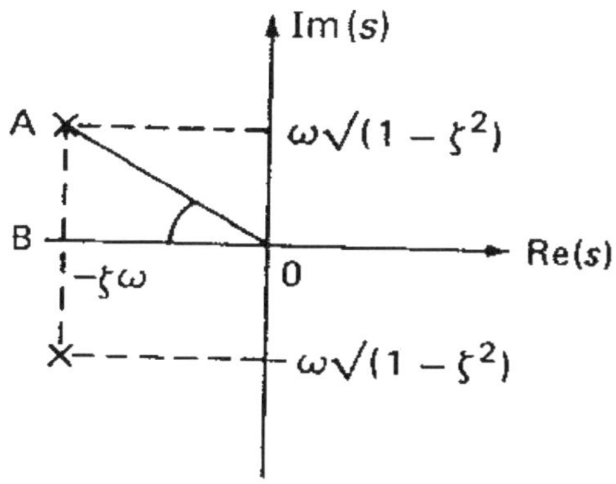

그림 5.42. s-평면

그러므로 OA $= \omega$이고 cos BOA$= \zeta$가 됨을 알 수 있다. 즉, 특정 근에 대한 감쇠비를 근궤적으로부터 구할 수 있다.

5.6.2 루쓰-후르비쯔 판별법

루쓰-후르비쯔 판별법은 동적시스템에 대한 주파수방정식이 실수부가 양인 근을 갖는지 조사하는 방법이다. 실수부가 양인 어떠한 근이라도 존재하면, 시간이 지남에 따라 응답이 점점 증대되므로 그 시스템은 불안정하다.
임의의 동적시스템에 대한 주파수방정식을 다음과 같이 가정해보자.

$$a_m s^m + a_{m-1}s^{m-1} + a_{m-2}s^{m-2} + \cdots + a_2 s^2 + a_1 s + a_0 = 0$$

이 시스템이 안정하기 위해 실수부가 양인 근을 갖지 않으려면 다음 두 조건이 만족되어야 한다.

1. 주파수방정식의 모든 계수가 모두 동일한 부호를 가져야 한다.
2. 다음과 같이 정의되는 행렬식 $R_1, R_2, \ldots, R_{m-1}$이 양의 값을 가져야 한다.

$$R_1 = a_1$$

$$R_2 = \begin{vmatrix} a_1 & a_0 \\ a_3 & a_2 \end{vmatrix}$$

$$R_3 = \begin{vmatrix} a_1 & a_0 & 0 \\ a_3 & a_2 & a_1 \\ a_5 & a_4 & a_3 \end{vmatrix} \quad \ldots$$

Note: 각 계수들은 다음 방식을 따라 배열되었다.

R_1	a_1	a_0	0	0	0	0	0	0 ⋯
R_2	a_3	a_2	a_1	a_0	0	0	0	0 ⋯
R_3	a_5	a_4	a_3	a_2	a_1	a_0	0	0 ⋯
	a_7	a_6	a_5	a_4	a_3	a_2	a_1	a_0 ⋯
	⋮	⋮	⋮	⋮	⋮	⋮	⋮	⋮

a_{m-1}이 대각선상에 처음 나타나면 이 작업을 멈추며, 나머지는 모두 제로로 채워서 배열한다. 그러므로 마지막은 언제나 $(m-1)$차 정방 행렬식이 된다.

《 예제 62 》

다음과 같이 주어진 주파수방정식을 생각해보자.

$$7s^4 + 3s^3 + 8s^2 + 5s + 9 = 0$$

루쓰-후르비쯔 판별법을 이용해서 이 시스템이 안정한지 조사해보아라.

일단, 모든 계수들이 양수이므로 (1)번 조건을 만족시키고 있다. (2)번 조건을 검토하기 위해 행렬식을 구하면 다음과 같다.

$$R_1 = +5$$

$$R_2 = \begin{vmatrix} 5 & 9 \\ 3 & 8 \end{vmatrix} = 40 - 27 = +13$$

$$R_3 = \begin{vmatrix} 5 & 9 & 0 \\ 3 & 8 & 5 \\ 0 & 7 & 3 \end{vmatrix} = -136$$

R_1, R_2는 양수이지만 R_3는 음수이므로 (2)번 조건을 만족시키지 못해서 이 시스템은 불안정하다.

루쓰-후르비쯔 판별법에 의해 얻을 수 있는 시스템 정보는 전부 이것밖엔 없다. 그러나 근궤적 해석을 수행하기에 앞서 신속하고 쉽게 시스템을 판별해 볼 수 있는 방법이라는 이점이 있다.

《 예제 63 》

예제 59의 시스템에 대해 루쓰-후르비쯔 판별법을 적용하고 시스템이 안정하기 위한 K값을 결정하라.

예제 59의 개루프전달함수를 다시 적어보자.

$$\text{OLTF} = \frac{K}{s(s+1)(s^2+s+1)}$$

따라서 주파수방정식은 다음과 같이 정의된다.

$$s^4 + 2s^3 + 2s^2 + s + K = 0$$

루쓰-후르비쯔 판별법에 의한 (1)번 조건을 만족시키려면 $K > 0$이어야 한다. (2)번 조건을 검토하기 위해 다음과 같이 행렬식을 계산한다.

$$R_1 = +1$$

$$R_2 = \begin{vmatrix} 1 & K \\ 2 & 2 \end{vmatrix} = 2 - 2K$$

$$R_3 = \begin{vmatrix} 1 & K & 0 \\ 2 & 2 & 1 \\ 0 & 1 & 2 \end{vmatrix} = 3 - 4K$$

그러므로 R_2가 양수로 되려면 $K < 1$ 그리고 R_3가 양수가 되려면 $K < \frac{3}{4}$이어야 한다. 결론적으로 $0 < K < \frac{3}{4}$면 시스템이 안정하다.

《 예제 64 》

이득이 K이고 다음과 같이 주어진 개루프전달함수를 가진 제어시스템을 생각해보자.

$$\frac{K}{(s+1)(s+3)(s+6)}$$

(i) K를 무한대로 증가시켜 가며 근궤적을 스케치해보아라.
(ii) 이 시스템이 안정하기 위한 K의 범위 및 주파수를 산정하라.
(iii) 루쓰-후르비쯔 판별법으로 앞서 구한 K의 범위를 확인하라.
(iv) K를 100으로 줄 경우에 시스템 응답의 감쇠비를 구하라.

(i) 근궤적을 스케치하기 위한 규칙들을 다음과 같이 적용한다.

1. 전체 궤적의 수는 3개이다.
2. 근궤적은 실수축에 대칭이 된다.

3. $K=0$일 때 극점은 $s=-1, -3, -6$으로 주어진다.

4. 영점은 존재하지 않는다.

5. $r=3$이므로 점근선의 기울기는 다음과 같다.

$$\frac{\pi}{3}, \frac{3\pi}{3}, \frac{5\pi}{3} \cdots \qquad K \to \infty$$

$$0, \frac{2\pi}{3}, \frac{4\pi}{3} \cdots \qquad K \to -\infty$$

6. 점근선이 교차하는 점은

$$\left(\frac{0-1-3-6}{3}, 0\right) \qquad \therefore \left(-\frac{10}{3}, 0\right)$$

7. 다음과 같이 위치한 극점에 의해 실수축은 근궤적으로 모두 점유된다.

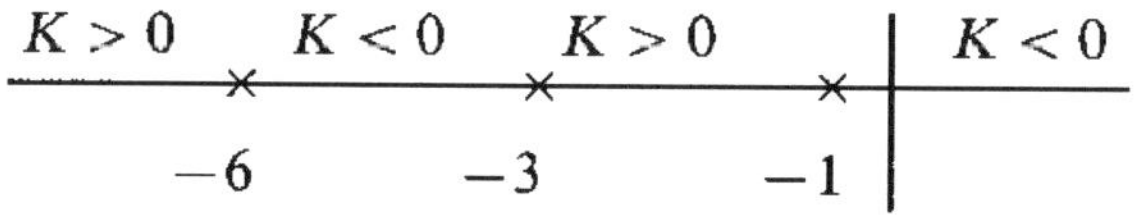

8. 이탈점에서 $\frac{\mathrm{d}K}{\mathrm{d}s}=0$이 되므로

$$-K=(s+1)(s+3)(s+6)=s^3+10s^2+27s+18=0$$

$$\frac{\mathrm{d}K}{\mathrm{d}s}=3s^2+20s+27=0$$

그러므로

$$s=-\frac{20 \pm \sqrt{400-27\times4\times3}}{6}=-4.75 \quad \text{또는} \ -1.85$$

이에 대응하는 K는 -8과 4.1이 된다.

9. 허수축과 교차하는 점에서 $s=j\omega$이므로

$$-j\omega^3-10\omega^2+27j\omega+18+K=0$$

이 식을 실수부와 허수부에 대해 풀면 $-10\omega^2+18+K=0$ 및 $-\omega^3+27\omega=0$가 되므로 $\omega=0$, $\omega^2=27$이다. 그리고 $\omega=0$일 때 $K=-18$이며 $\omega^2=27$일 때 $K=252$가 된다.

이제 근궤적을 스케치하면 다음과 같다.

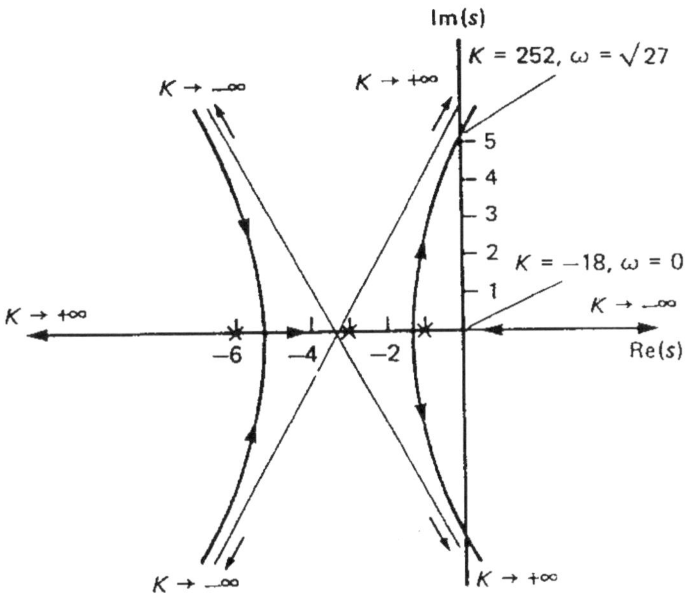

(ii) 스케치한 근궤적을 보면 $-18 < K < 252$일 때 극점이 모두 s-평면 좌측에 위치하므로 이 영역에서 시스템이 안정하다는 것을 알 수 있다.

한편, $K = 252$일 때 $\omega = \sqrt{27} = 5.2\text{rad/s}$ 그리고 $K = -18$일 때 $\omega = 0$이다.

(iii) 다음 식에 루쓰-후르비쯔 판별법을 적용해보자.

$$s^3 + 10s^2 + 27s + 18 + K = 0$$

(1)번 조건을 만족시키려면 $K > -18$이어야 한다.
(2)번 조건을 검토하기 위해 다음과 같이 행렬식을 계산한다.

$$R_1 = +27$$

$$R_2 = \begin{vmatrix} 27 & 18+K \\ 1 & 10 \end{vmatrix} = 270 - (18+K)$$

그러므로 $K < 252$일 때 R_2가 양수 값을 갖는다. 즉, $-18 < K < 252$의 범위에 있어야 한다.

(iv) $K = 100$일 때 주파수방정식은 다음과 같다.

$$s^3 + 10s^2 + 27s + 118 = 0$$

시행착오법을 써서 s를 구하면 대략 -8.5(-6보다 훨씬 작은 값)가 된다. 이 근을 가질 때 시스템은 진동 없이 지수감쇠하는 응답을 한다. 이 주파수방정식을 $(s+8.5)$로 나누어보자.

$$s^2 + 1.5s + 14.25 = 0$$

이 식의 근을 구하면 $s = -0.75 \pm 3.7j$가 된다. 이 두 허근을 가질 때 시스템은 주파수 3.7rad/s로 진동 응답하게 된다.

또한, 감쇠비 $\zeta = \cos\theta = \dfrac{0.75}{\sqrt{0.75^2 + 3.7^2}} = 0.2$가 된다.

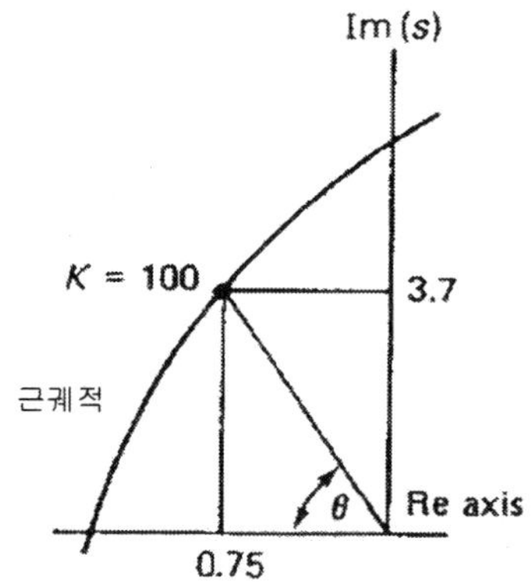

《 예제 65 》

다음 그림과 같이 주어진 단위피이드백 제어시스템을 생각해보자.

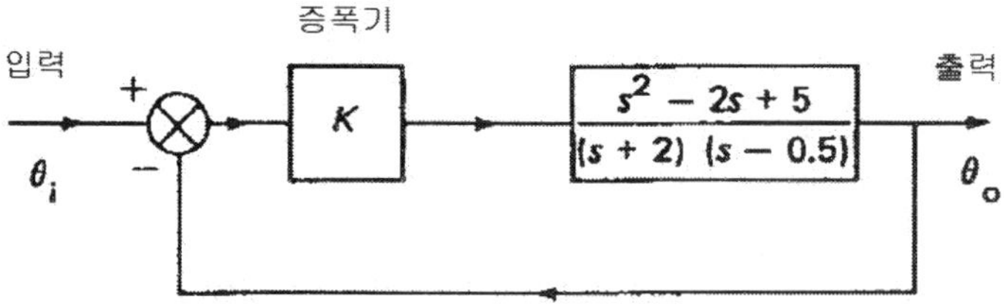

(i) 이득의 범위 $0 < K < \infty$에 대하여, 이 시스템의 근궤적을 스케치해보아라. 그리고 시스템이 안정하기 위한 K의 범위를 구하라.

(ii) 루쓰-후르비쯔 판별법을 써서 (i)번 문제의 결과에 대해 확인해보아라.

(iii) $K = 0.3$일 때 시스템 응답의 감쇠비를 구하라.

(i) OLTF$= \dfrac{K(s^2-2s+5)}{(s+2)(s-0.5)}$

근궤적을 스케치하기 위해 다음 규칙을 적용한다.

1. 전체 궤적의 수는 두 개다.

2. 근궤적은 실수축에 대칭이 된다.

3. $K=0$일 때 극점은 $s=-2,\ 0.5$가 된다.

4. $K=\pm\infty$일 때 영점은 $s=\dfrac{2\pm\sqrt{4-20}}{2}=1\pm 2\mathrm{j}$로 주어진다.

8. 이탈점에서 $\dfrac{\mathrm{d}K}{\mathrm{d}s}=0$이 되므로

$$K=-\frac{(s+2)(s-0.5)}{(s^2-2s+5)}$$

$$\frac{\mathrm{d}K}{\mathrm{d}s}=0 \qquad \therefore\ (s^2+1.5s-1)(2s-2)=(s^2-2s+5)(2s+1.5)$$

따라서

$$3.5s^2-12s-5.5=0$$

그러므로

$$s=3.84 \quad \text{또는} \quad -0.41$$

그리고 $s=3.84$일 때 $K=-9.44$, $s=-0.41$일 때 $K=0.24$가 된다.

9. 허수축과 교차하는 점에서 $\mathrm{s}=\mathrm{j}\omega$이므로

$$K(-\omega^2-2\mathrm{j}\omega+5)=-(-\omega^2+1.5\mathrm{j}\omega-1)$$

이 식을 실수부와 허수부에 대해 풀면 $-\omega^2K+5K=\omega^2+1$ 및 $-2K\omega=-1.5\omega$가 되므로 $\omega=0$, $\omega^2=11/7$이다. 그리고 $\omega=0$일 때 $K=0.2$이며 $\omega^2=11/7$일 때 $K=0.75$가 된다.
이제 근궤적을 스케치하면 다음과 같다. 이 시스템은 $0.2<K<0.75$에서 안정한 것을 알 수 있다.

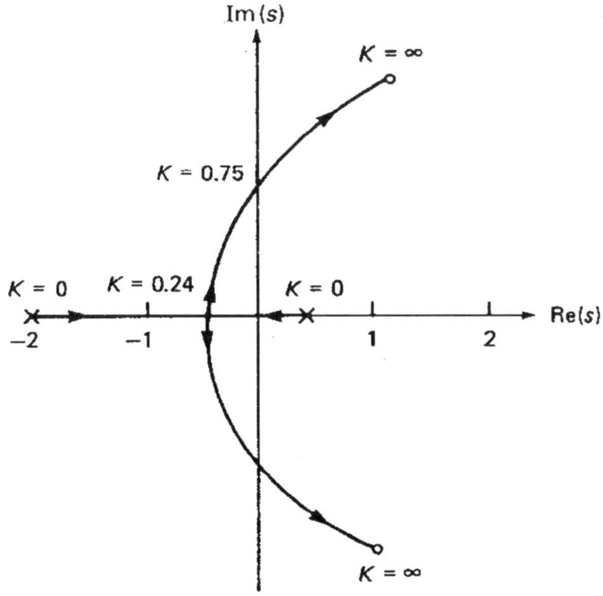

(ii) $K(s^2-2s+5)=-(s+1.5s-1)$
이 식을 다음과 같이 정리해보자.

$$(K+1)s^2+(1.5-2K)s+(5K-1)=0$$

모든 계수가 양수이어야 하므로

$$K>-1,\quad 2K<1.5 \quad \text{및} \quad 5K>1 \qquad \therefore K<0.75 \text{ 및 } K>0.2$$

행렬식 조건을 검토하면

$$R_1=1.5-2K>0 \qquad \therefore K<0.75$$

그리고

$$R_2=(1.5-2K)(K+1)>0 \qquad \therefore K<0.75 \text{ 또는 } K>-1$$

그러므로 시스템이 안정하기 위한 K의 범위는 $0.2<K<0.75$임을 재확인 할 수 있다.

(iii) $K\left[\dfrac{s^2-2s+5}{(s+2)(s-0.5)}\right]=-1$
만일, $K=0.3$이면

$$1.3s^2+0.9s+0.5=0 \qquad \therefore s=-0.346\pm j0.515$$

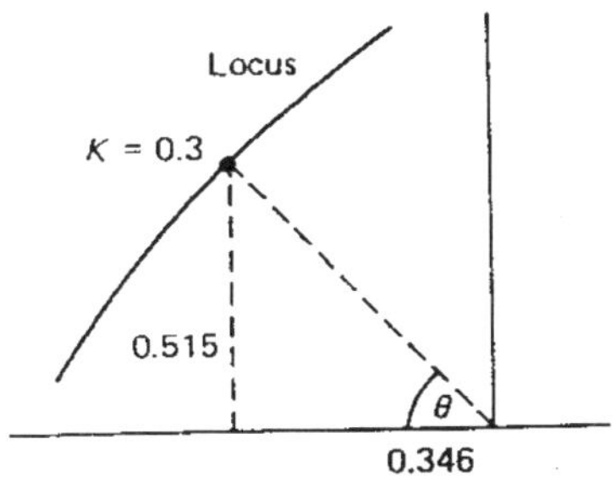

$$\theta = \tan^{-1}\frac{0.515}{0.346} = 56^\circ$$

감쇠비 $\zeta = \cos 56^\circ = 0.558$

《 예제 66 》

다음과 같은 개루프전달함수를 갖는 제어시스템을 생각해보자.

$$\Phi_0(s) = \frac{K}{s(s+1)(2s+1)}$$

(i) K를 무한대로 증가시켜 가며 근궤적을 스케치해보아라.

(ii) 이 시스템이 안정하기 위한 K의 최대값 $K_{\max}$를 구하고, 이때의 주파수를 계산해라.

(iii) 루쓰-후르비쯔 판별법으로 앞서 구한 $K_{\max}$를 확인하라.

(iv) 이 시스템을 변경하여 시정수 3.75sec인 개루프 미분 기능을 추가시킨다면, 전체 개루프 전달함수는 어떻게 바뀌는지 구해보고 시스템 안정도에 대해 검토해보아라. 그리고 $K = K_{\max}$일 때 진동 주파수를 구하고 감쇠계수도 산정해라.

(i) 근궤적을 스케치하기 위해 다음 규칙을 적용한다.

1. 전체 궤적의 수는 세 개다.
2. 근궤적은 실수축에 대칭이 된다.
3. 극점은 $K=0$일 때 $s = 0, -1, -\frac{1}{2}$가 된다.
4. 영점은 존재하지 않는다.
5. $r = 3$, 따라서 점근선의 기울기는 다음과 같다.

$$\frac{\pi}{3}, \frac{3\pi}{3}, \frac{5\pi}{3}\cdots \qquad K \to \infty$$

$$0, \frac{2\pi}{3}, \frac{4\pi}{3}\cdots \qquad K \to -\infty$$

6. 점근선이 교차하는 점은

$$\left(\frac{0-\frac{1}{2}-1-0}{3}, 0\right) \qquad \therefore \left(-\frac{1}{2}, 0\right)$$

7. 다음과 같이 위치한 극점에 의해 실수축은 근궤적으로 모두 점유된다.

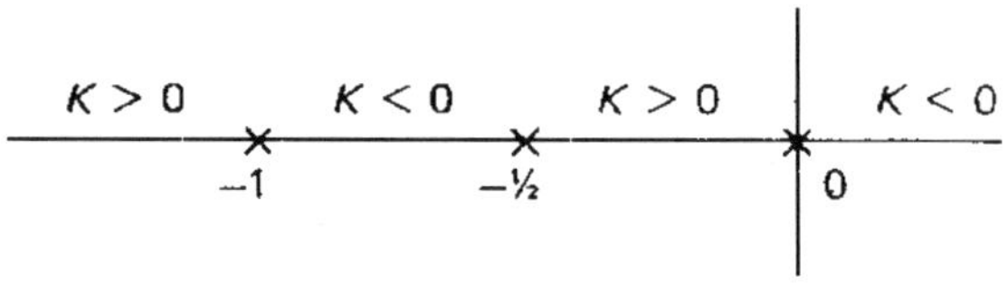

8. 이탈점에서 $\frac{dK}{ds}=0$이 되므로

$$-K=2s^3+3s^2+s$$

$$\frac{dK}{ds}=6s^2+6s+1=0$$

$s=-0.2$ 또는 -0.8

그리고 $s=-0.2$일 때 $K=-0.1$, $s=-0.8$일 때 $K=-0.12$가 된다.

9. 허수축과 교차하는 점에서 $s=j\omega$이므로

$$-2j\omega^3-3\omega^2+j\omega+K=0$$

이 식을 실수부와 허수부에 대해 풀면 $-3\omega^2+K=0$ 및 $-2\omega^3+\omega=0$가 되므로 $\omega=0$, $\omega^2=1/2$이다. 그리고 $\omega=0$일 때 $K=0$이며 $\omega^2=1/2$일 때 $K=3/2$가 된다. 이제 근궤적을 스케치하면 다음과 같다.

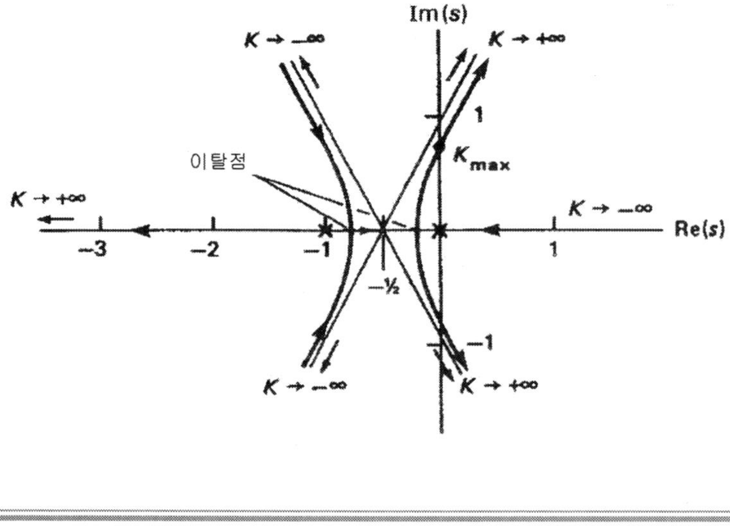

(ii) 시스템이 안정하기 위한 K의 최대값 K_{max}는 $s=j\omega$일 때 이므로

$$K_{max} = \frac{3}{2} \quad 그리고 \ \omega^2 = \frac{1}{2}$$

그러므로 진동 주파수는 0.707rad/s (0.11Hz)가 된다.

(iii) 루쓰-후르비쯔 판별법을 적용해보자.

$$2s^3 + 3s^2 + s + K = 0$$

(1)번 조건을 만족시키려면 $K > 0$이어야 한다.
(2)번 조건을 검토하기 위해 다음과 같이 행렬식을 계산한다.

$$R_1 = 1$$

$$R_2 = \begin{vmatrix} 1 & K \\ 2 & 3 \end{vmatrix} = 3 - 2K \qquad \therefore K < \frac{3}{2}$$

$$R_3 = \begin{vmatrix} 1 & K & 0 \\ 2 & 3 & 1 \\ 0 & 0 & 2 \end{vmatrix} = 6 - 4K \qquad \therefore K < \frac{6}{4}$$

그러므로 $0 < K < \dfrac{3}{2}$의 범위에서 시스템은 안정하다.

(iv) 변경시킨 시스템의 OLTF는 다음과 같다.

$$\Phi_0(s) = \frac{K(1 + 3\frac{3}{4}s)}{s(1+s)(s+2s)}$$

영점을 추가시켜 이 시스템은 모든 K에 대해 안정하다.

$K = K_{max} = \dfrac{3}{2}$일 때 OLTF는 다음과 같다.

$$\Phi_0(s) = \frac{K(1 + \frac{15}{4}s)}{2s(1+s)(s+2s)}$$

따라서 주파수방정식은 다음과 같이 주어진다.

$$2s(1+s)(1+2s) + 3(1 + \frac{15}{4}s) = 0 \qquad \therefore 4s^3 + 6s^2 + \frac{53}{4}s + 3 = 0$$

시행착오법을 사용해서 근 하나를 구하면 $s = -\dfrac{1}{4}$이 된다.

주파수방정식을 $\left(s+\frac{1}{4}\right)$로 나누면 $(4s^2+5s+12)$가 남게 되며 이에 대한 해는 다음과 같이 계산된다.

$$s=\frac{-5\pm\sqrt{25-4\times4\times12}}{8}=-\frac{5}{8}\pm j1.62$$

따라서 진동 주파수는 1.62rad/sec (0.26Hz)이며 감쇠계수는 $\frac{5}{8}$가 된다.

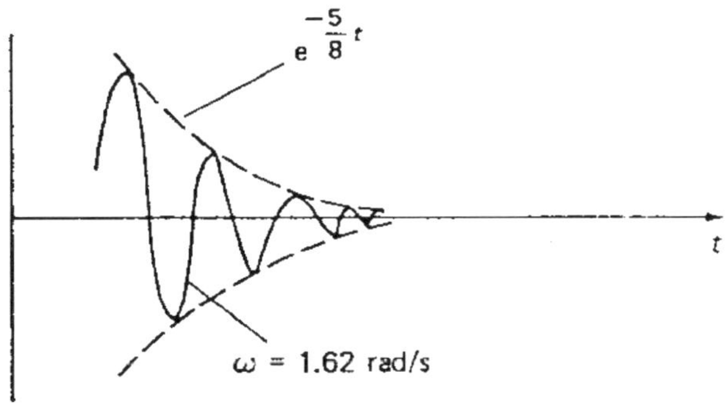

《 예제 67 》

다음 블록선도와 같은 위치제어시스템에 대해 생각해보자.

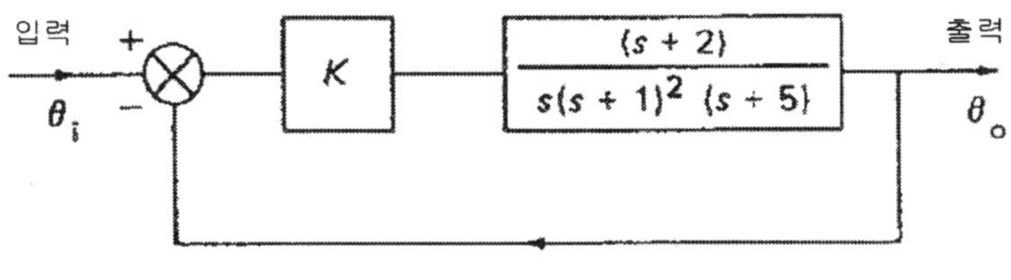

(i) 루쓰-후르비쯔 판별법을 이용하여 이 시스템이 안정하기 위한 K_{max}를 구하여라.

(ii) 주어진 K가 너무 작은 값이므로 $(s+1)/(s+10)$을 시스템의 앞먹임으로 추가 변경시킨다고 하자. 이렇게 변경된 시스템에 대해서 근궤적을 K 전체 영역으로 스케치해보아라. 그리고 감쇠고유주파수를 1rad/sec라 보고 감쇠비를 산정해보아라.

(i) 주파수방정식은 다음과 같다.

$$1+\frac{K(s+2)}{s(s+1)^2(s+5)}=0$$

이 식을 다음과 같이 정리해보자.

$$s^4 + 7s^3 + 11s + (5+k)s + 2K = 0$$

따라서 루쓰–후르비쯔 판별법의 (1)번 조건을 만족시키려면 $K > 0$이어야 함을 알 수 있다.
(2)번 조건은 다음과 같이 적용한다.

$$R_1 = 5 + K$$

$$R_2 = \begin{vmatrix} 5+K & 2K \\ 7 & 11 \end{vmatrix} = 55 - 3K \qquad \therefore K < \frac{55}{3}$$

$$R_3 = \begin{vmatrix} 5+K & 2K & 0 \\ 7 & 11 & 5+K \\ 0 & 1 & 7 \end{vmatrix} = (5+K)(77-5-K) - 7(14K)$$

$$= 360 - 5K + 72K - K^2 - 98K$$

그러므로 한계점은 R_3가 제로가 될 때까지다. 즉, $K^2 + 31K - 360 = 0$가 성립해야 한다. 이 식을 풀어 K를 구하면 $K = 9$ 또는 -40이 된다. 따라서 K_{max}는 9이다.

(ii) 변경 후의 시스템 블록선도는 다음과 같다.

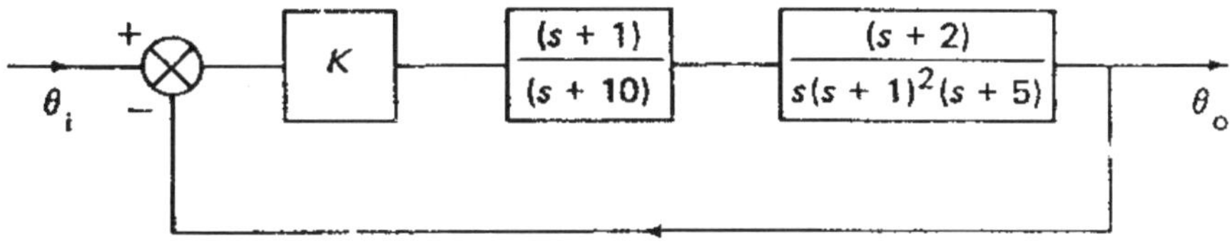

이 블록선도는 다음과 같이 간결하게 정리할 수 있다.

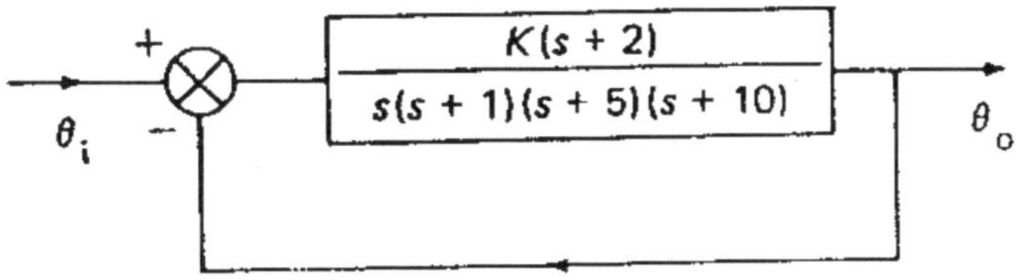

근궤적을 스케치하기 위해 다음 규칙을 적용한다.

1. 전체 궤적의 수는 네 개다.
2. 근궤적은 실수축에 대칭이 된다.
3. $K=0$일 때 극점은 $s=0, -1, -5, -10$이 된다.
4. $K=\pm\infty$일 때 영점은 $s=-2$로 주어진다.
5. $r=3$이며 이 점근선이 실수축과 이루는 각은:

$$K\to\infty \text{ 일 때} \quad \frac{\pi}{3}, \frac{3\pi}{3}, \frac{5\pi}{3}, \cdots$$

$$K\to-\infty \text{ 일 때 } 0, \frac{2\pi}{3}, \frac{4\pi}{3}, \cdots$$

6. 점근선의 교차점은 다음과 같다.

$$\left(\frac{0-1-5-10-(-2)}{3}, 0\right)=\left(-\frac{14}{3}, 0\right)$$

7. 실수축은 다음처럼 근궤적으로 점유된다.

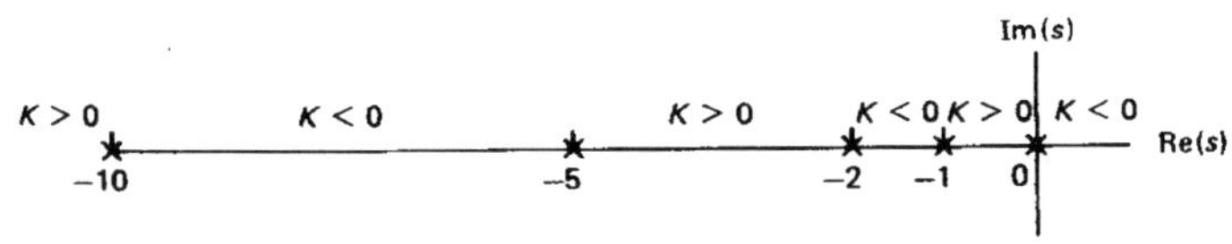

8. 이탈점을 구하려면 $dK/ds=0$를 계산해야 한다.

$$1+\frac{K(s+2)}{s(s+1)(s+5)(s+10)}=0$$

$$K=-\frac{s^4+16s^2+65s^2+50s}{s+2}$$

$dK/ds=0 \qquad \therefore\ 3s^4+40s^3+161s^2+260s+100=0$

시행착오법으로 구한 근은 $s=-0.55$이며, 이때 $K=4$이다. 그리고 $s=-7.5$이다.

9. 허수축과 교점을 찾기 위해 $s=j\omega$를 대입하고 정리하면 다음과 같다.

$$\omega^4-16j\omega^3-65\omega^2+50j\omega+Kj\omega+2K=0$$

실수부: $\omega^4-65\omega^2+2K=0$

허수부: $-16\omega^3+50\omega+K\omega=0$

그러므로 $\omega=0$ 및 $K=0$ 또는 $\omega=6$ 및 $K=526$이 된다. 즉, $K_{max}=526$이다.

이상, 근궤적을 그리기에 충분한 정보를 얻었으며 이 정보를 근거로 스케치하면 아래 그림과 같다.

시스템이 안정한 K의 범위는 $0 < K < 526$임을 알 수 있다. 진동 주파수가 1 rad/sec일때 감쇠비는 다음과 같이 계산된다.

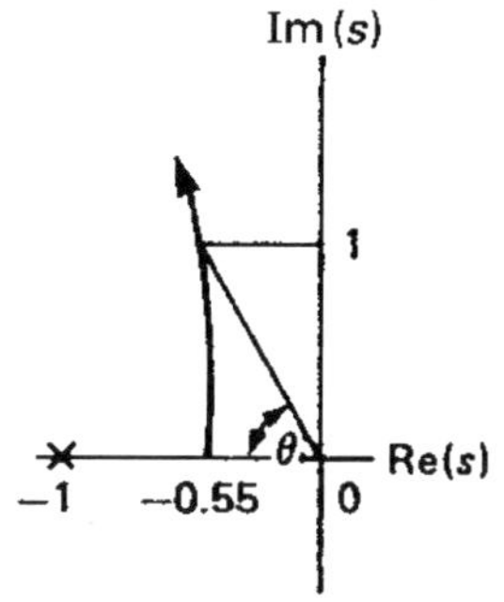

$$\zeta = \cos\theta \simeq \frac{0.55}{\sqrt{1^2 + 0.55^2}} \simeq 0.48$$

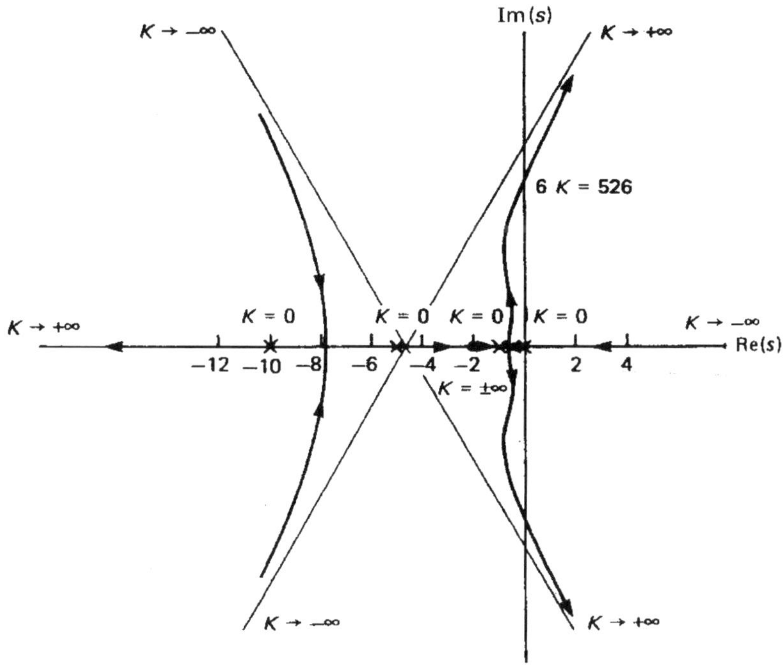

5.7 제어시스템의 주파수 응답

제어시스템의 동적 거동을 파악하기 위해 쓰는 편리한 방법으로 주파수 응답법이 있다. 이 방법은 시스템에 조화가진력 $x_i = X_i \cos \omega t$을 가하고 응답 특성을 조사하는 기법이다.

5.7.1 나이퀴스트(Nyquist) 판별법

시스템의 안정 한계에 해당하는 K는 $\mathrm{s}=\mathrm{j}\omega$를 $1+\Phi_0(s)=0$에 대입하고 근궤적을 스케치하여 구할 수 있음을 알았다. 이 방법을 대신할 수 있는 또 다른 방법으로, 나이퀴스트 판별법이 있다. 이 방법은 개루프 주파수응답과 개루프 극점의 위치로부터 폐루프시스템의 안정도를 판별하는 기법이다. 즉, 개루프시스템의 주파수응답을 알면 폐루프시스템의 안정도에 관한 정보를 얻을 수 있다. 복소평면의 허수축을 포함하여 우반면 전체를 둘러싸는 컨투어(contour)를 개루프전달함수, $\Phi_0(s)$를 통해 사상시킨 그림을 개루프전달함수의 나이퀴스트 선도라고 부른다. 이 방법이 주파수응답 기법으로 분류되는 이유는 전체 우반면 컨투어의 일부분인 허수축상의 점들을 $\Phi_0(s)$로 사상시키는 것이 $\mathrm{s}=\mathrm{j}\omega$를 $\Phi_0(s)$에 대입하는 것과 같기 때문이다. 즉, 양의 허수축 부분 컨투어에 대한 사상으로부터 $\Phi_0(s)$의 주파수응답을 구할 수 있다.

그림 5.43은 $\Phi_0(s)$에 대한 나이퀴스트 선도를 보여주는 일례다. 주파수를 $-\infty$에서 ∞로 변화시킬 때, 개루프전달함수가 그리는 루프(loop)가 실수축 상의 한점 $\Phi_0(s)=(-1,0)$를 둘러싸면 그 시스템은 불안정하다. 그리고 루프와 이 점과의 이격 거리 정도에 따라 얼마큼 시스템이 안정 여유를 갖는지를 보여준다.

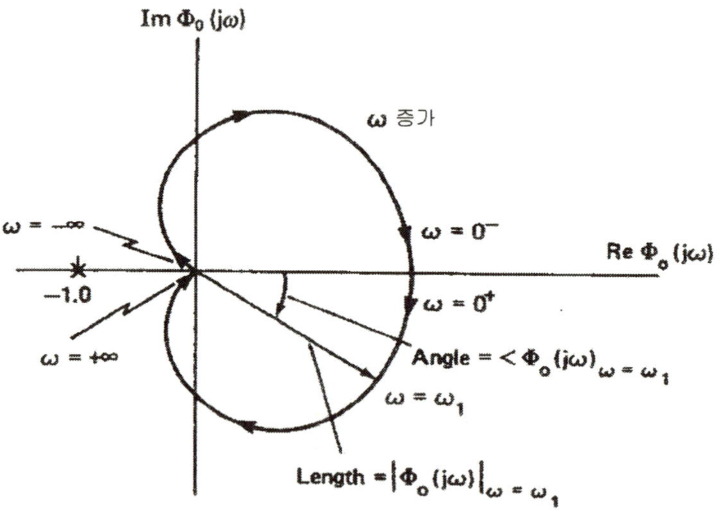

그림 5.43. 안정한 시스템을 보여주는 나이퀴스트 선도

그림 5.44처럼 나이퀴스트 선도를 따라 시계방향으로 이동할 때 오른편에 위치하는 모든 점을 나이퀴스트 선도에 의해 둘러싸인(enclosed) 영역이라 한다. 이 선도를 작성할 때 실수축에 대칭되므로 주파수, ω를 $-\infty$에서 0까지만 바꿔서 계산하면 된다.

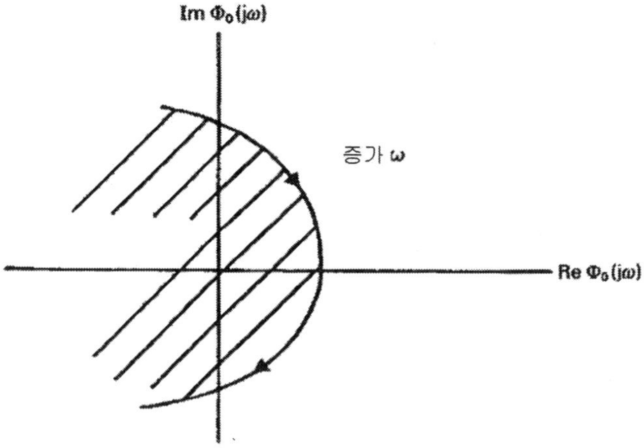

5.44. 나이퀴스트 루프에 둘러싸인 영역

《 예제 68 》

다음과 같은 개루프전달함수를 가진 시스템의 나이퀴스트선도를 그려라.

$$\frac{K}{(s+a)(s+b)}$$

그리고 폐루프시스템이 안정한지 판별해보아라.

$$\Phi_0(s) = \frac{K}{(s+a)(s+b)}$$

그러므로

$$\Phi_0(\mathrm{j}\,\omega) = \frac{K}{(\mathrm{j}\,\omega+a)(\mathrm{j}\,\omega+b)} = \frac{K}{(ab-\omega^2)+\mathrm{j}\,\omega(a+b)}$$

이 식의 분모를 유리화시켜 다음과 같이 정리해보자.

$$\Phi_0(\mathrm{j}\,\omega) = \frac{K\left[(ab-\omega^2)-\mathrm{j}\,\omega(a+b)\right]}{(ab-\omega^2)^2+\omega^2(a+b)^2}$$

따라서

$$\mathrm{Re}\,\Phi_0(\mathrm{j}\,\omega) = \frac{K(ab-\omega^2)\left[(a-\omega^2)^2+\omega^2(a+b)^2\right]}{(ab-\omega^2)^2+\omega^2(a+b)^2}$$

$$\mathrm{Im}\,\Phi_0(\mathrm{j}\,\omega) = \frac{-K\omega(a+b)}{(ab-\omega^2)^2+\omega^2(a+b)^2}$$

이제 다음과 같은 표를 작성해보자.

ω	$\mathrm{Re}\,\Phi_0(\mathrm{j}\,\omega)$	$\mathrm{Im}\,\Phi_0(\mathrm{j}\,\omega)$
$-\infty$	0	0
- ve large	- ve	+ ve
- ve small	+ ve	+ ve
0^-	+ ve	0

한편, 나이퀴스트 루프는 양의 ω에 대해 대칭된다. 위의 표에 따라 나이퀴스트 선도를 스케치하면 다음과 같다.

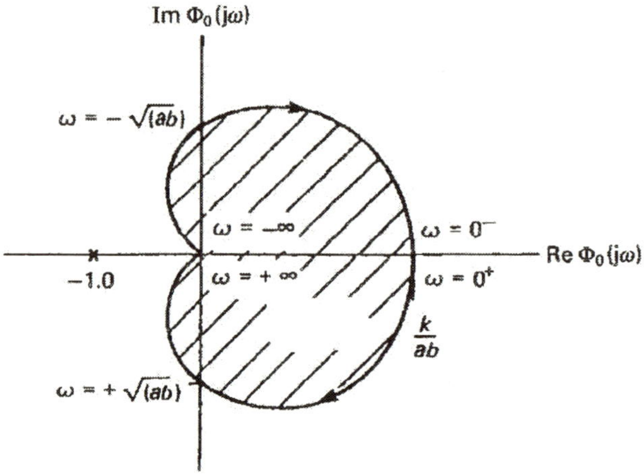

이 그림에서 알 수 있듯이 K를 증가시키면 단지 나이퀴스트 선도의 루프만 확대될 뿐, 점 $(-1, 0)$를 절대로 통과하지 않는다. 그러므로 시스템은 항상 안정하다.

《 예제 69 》

개루프전달함수가 다음과 같이 주어진 폐루프시스템을 생각해보자.

$$\frac{K}{s^3+6s^2+11s+6}$$

이 시스템이 안정하기 위한 $K_{\max}$를 구하여라.

먼저, 주어진 개루프전달함수에 $s = j\omega$를 대입하면

$$\Phi_0(j\omega) = \frac{K}{(6-6\omega^2)+j\omega(11-\omega^2)}$$

이 식의 분모를 유리화시켜 실수부와 허수부를 분리하면

$$\mathrm{Re}\,\Phi_0(j\omega) = \frac{6K(1-\omega^2)}{\omega^6+14\omega^4+49\omega^2+36}$$

$$\mathrm{Im}\,\Phi_0(j\omega) = \frac{-K\omega(11-\omega^2)}{\omega^6+14\omega^4+49\omega^2+36}$$

다음과 같은 표를 작성해보자.

ω	$\mathrm{Re}\,\Phi_0(j\omega)$	$\mathrm{Im}\,\Phi_0(j\omega)$
$-\infty$	0	0
- ve large	- ve small	- ve small
$-\sqrt{11}$	- ve	0
- ve small	- ve	+ ve
-1	0	+ ve
0	$K/6$	0

위의 표에 따라 나이퀴스트 선도를 스케치하면 다음과 같다.

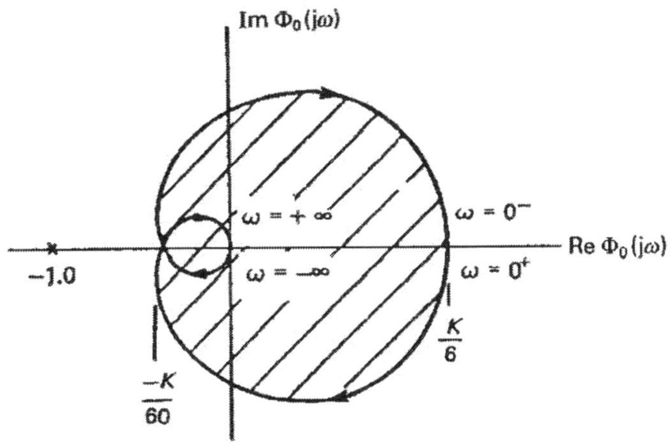

$\omega = -\sqrt{11}$ 일 때 $\text{Im}\,\Phi_0(j\omega) = 0$이며

$$\text{Re}\,\Phi_0(j\omega) = \frac{6K(1-11)}{11^3 + 14.11^2 + 49.11 + 36} = -\frac{K}{60}$$

따라서 K를 60까지 올려도 시스템은 안정을 유지한다.

K_{max}를 구하는 또 다른 방법은, $\text{Im}\,\Phi_0(j\omega) = 0$일 때 $\text{Re}\,\Phi_0(j\omega) = -1$이라고 놓고 풀면 된다. 이 경우, $-1 = -K/60$이므로 $K = 60$이 된다.

$K = 60$일 때 이 컨투어는 점 (-1, 0)을 통과할 뿐, 에워싸지는 않는다. 컨투어와 (-1, 0) 간의 근접 거리에 의해 그림 5.45에 정의한 것처럼 이득여유(gain margin)와 위상여유(phase margin)가 결정된다. 따라서 이 예제의 경우, 이득여유가 $60/K$으로 된다. 나이퀴스트 판별법을 쓰면 상대안정도와 절대안정도에 관한 정보를 모두 얻을 수 있다. 상대안정도는 개루프주파수 응답선도와 (-1, 0) 사이의 떨어진 거리로 파악하며 이득여유 및 위상여유로써 그 정도를 나타낸다.

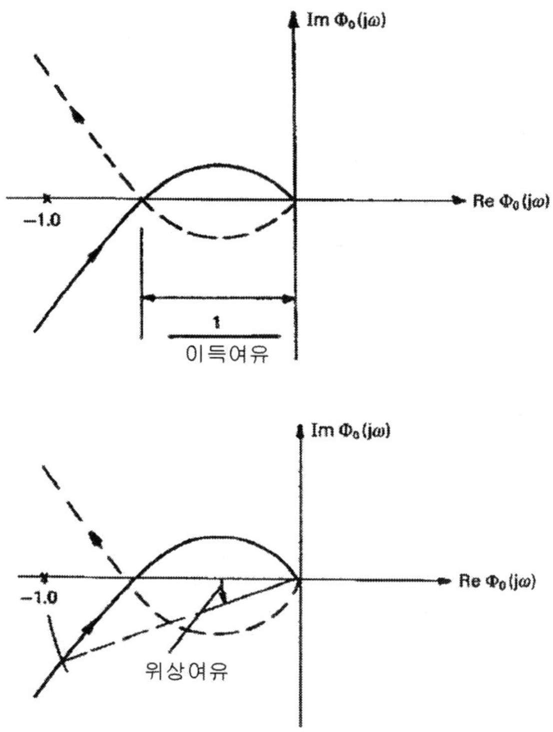

그림 5.45. 이득여유와 위상여유

나이퀴스트 판별법은 실험 계측한 결과에 따른 시스템 성능을 평가하는데 유용하게 쓰일 수 있다. 다음 예제를 생각해보자.

《 예제 70 》

어떤 제어시스템의 개루프 주파수 응답으로부터 다음과 같은 실험 결과를 얻을 수 있었다.

ω rad/s	4	5	6	8	10
이득	0.66	0.48	0.36	0.23	0.15
위상	-134°	-143°	-152°	-167°	-180°

전달함수의 궤적을 그리고 이득여유 및 위상여유를 산정해라.

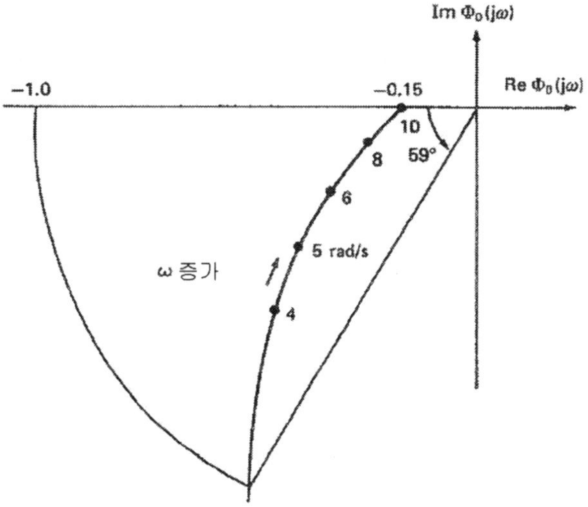

그러므로 이득여유는 $1/0.15 = 6.71/0.15=6.7$이고 위상여유는 59° 가 된다.

이 문제에서 알 수 있듯이 개루프전달함수 부분에 대한 조화 정상상태 응답을 측정만 해도 나이퀴스트 선도를 직접 그릴 수 있다. 그러므로 루프전달함수가 해석적 형태를 띠고 있지 않은 경우에 시스템 안정도를 판단할 때나, 실제 시스템을 테스트하고 실험적으로 평가할 때 이 방법을 유용하게 쓸 수 있다.

나이퀴스트 기법은 단순 조화 입력이 아닌 주기 형태의 입력을 줄 때에도 유용하게 쓰인다. 이 경우에는 후리에 기법처럼 입력을 일련의 조화성분의 합성으로 간주하면 된다.

그림 5.46은 개루프전달함수에 극점이 추가될 때 나이퀴스트 선도에 미치는 영향을 나타낸 것이다. 이 그림에서 알 수 있듯이 극점의 수가 세 개 이상이면 시스템이 불안정해질 수도 있다. 한편, 그림 5.47처럼 개루프전달함수에 영점을 추가(시스템에 미분기 추가)시키면 이와 반대인 효과가 나타난다. 이 경우, 전달함수가 세 개의 극점을 가질 때 시스템이 안정도를 회복하게 된다.

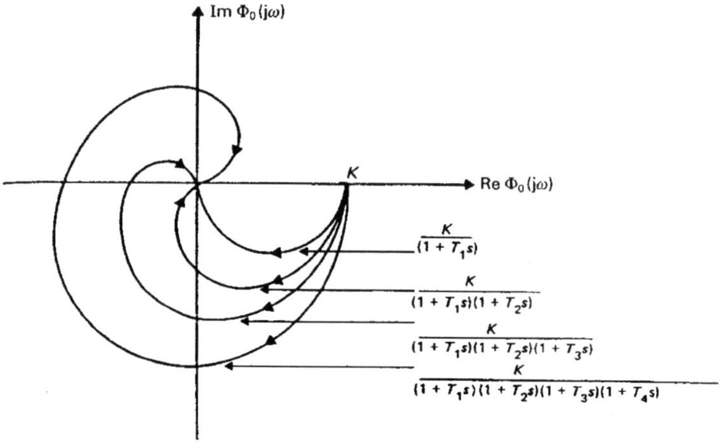

그림 5.46. 나이퀴스트 선도

《 예제 71 》

개루프전달함수가 다음과 같이 주어진 제어시스템을 생각해보자.

$$\Phi_0(s) = \frac{K}{s(s+2)(s+3)}$$

이 경우에 대한 나이퀴스트 선도를 작성하고 $K = 20$일 때 폐루프시스템이 안정한지 판별해라. 이 시스템에 시정수 1sec인 미분기를 추가시킬 때 폐루프시스템의 안정도에는 어떤 영향이 있는지 알아보아라.

$$\Phi_0(s) = \frac{K}{s(s+2)(s+3)} = \frac{K}{s^3 + 5s^2 + 6s}$$

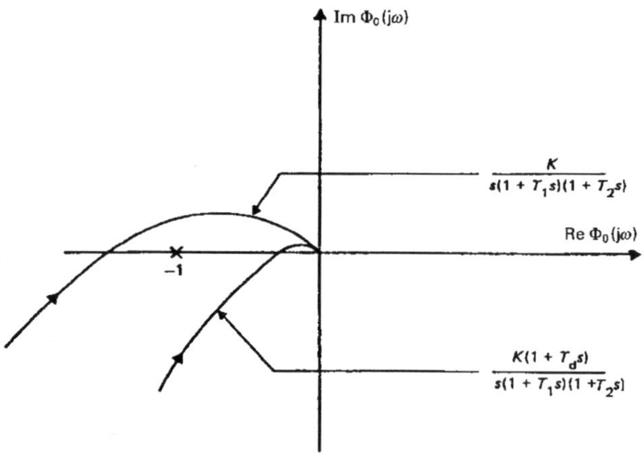

그림 5.47. 미분기의 효과

따라서

$$\Phi_0(j\omega) = \frac{K}{-5\omega^2 + j\omega(6-\omega^2)}$$

이 식의 분모를 유리화시켜 실수부와 허수부를 분리하면

$$\mathrm{Re}\,\Phi_0(j\omega) = \frac{-5\omega^2 K}{(-5\omega^2)^2 + \omega^2(6-\omega^2)^2}$$

$$\mathrm{Im}\,\Phi_0(j\omega) = \frac{-\omega(6-\omega^2)}{(-5\omega^2)^2 + \omega^2(6-\omega^2)^2}$$

다음과 같은 표를 작성해보자.

ω	$\mathrm{Re}\,\Phi_0(j\omega)$	$\mathrm{Im}\,\Phi_0(j\omega)$
$-\infty$	0	0
- ve large	- ve	- ve
- ve small	- ve	+ ve
0^-	$-5K/36$	∞

또한, $\omega^2 = 6$ 혹은 0일 때 $\mathrm{Im}\,\Phi_0(j\omega) = 0$가 된다. $\omega = 0$이면 $\mathrm{Re}\,\Phi_0(j\omega) = 0$ 그리고 $\omega^2 = 6$일 때 $\mathrm{Re}\,\Phi_0(j\omega) = -\dfrac{K}{30}$이다. 나이퀴스트 선도는 다음과 같다.

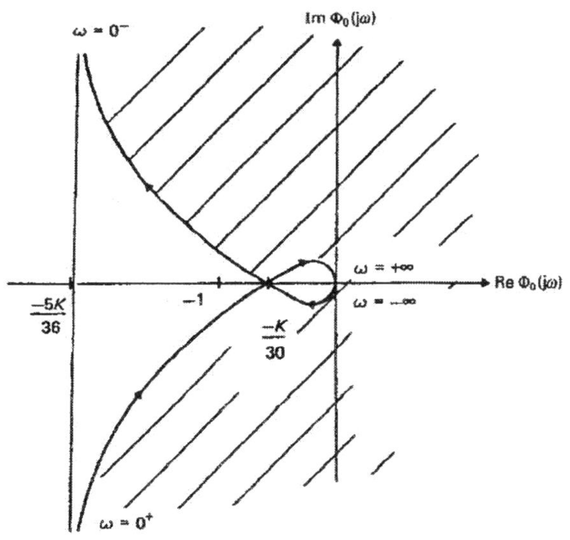

이 나이퀴스트 선도는 $K=20$일 때 (−1, 0)를 에워싸지 않으므로 시스템은 안정하다. 그러나 위상여유가 별로 없기 때문에 미분기를 추가해볼만 하다. 만일 시정수가 1sec인 미분기 하나를 추가시킨다면 OLTF는 다음과 같이 바뀐다.

$$\Phi_0(s)=\frac{K(s+1)}{s(s+2)(s+3)}$$

$$\Phi_0(j\omega)=\frac{K(j\omega+1)}{-5\omega^2+j\omega(6-\omega^2)}$$

이 식의 분모를 유리화시켜 실수부와 허수부를 분리하면

$$\mathrm{Re}\,\Phi_0(j\omega)=\frac{-K(\omega^4-\omega^2)}{\omega^6+13\omega^4+36\omega^2}$$

$$\mathrm{Im}\,\Phi_0(j\omega)=\frac{-K(4\omega^3+6\omega)}{\omega^6+13\omega^4+36\omega^2}$$

다음과 같은 표를 작성해보자.

ω	$\mathrm{Re}\,\Phi_0(j\omega)$	$\mathrm{Im}\,\Phi_0(j\omega)$
$-\infty$	0	0
- ve large	- ve small	+ ve small
- ve small	- ve large	+ ve large
-1	0	$K/5$
0^-	$K/36$	∞

이상의 정보를 이용해서 나이퀴스트 선도를 그리면 다음과 같다.

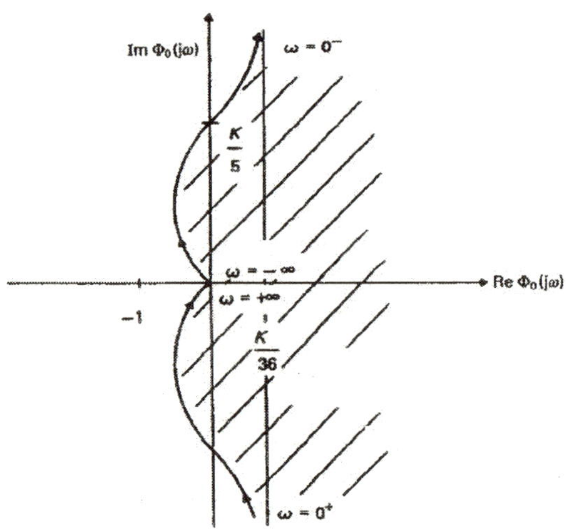

따라서 미분기를 추가시킨 이 시스템은 모든 K에 대해 안정하며, 위상여유도 개선되어 과도응답 성능이 향상되었다.

《 예제 72 》

다음 그림처럼 적분기를 포함하고 있는 피이드백 제어시스템을 생각해보자.

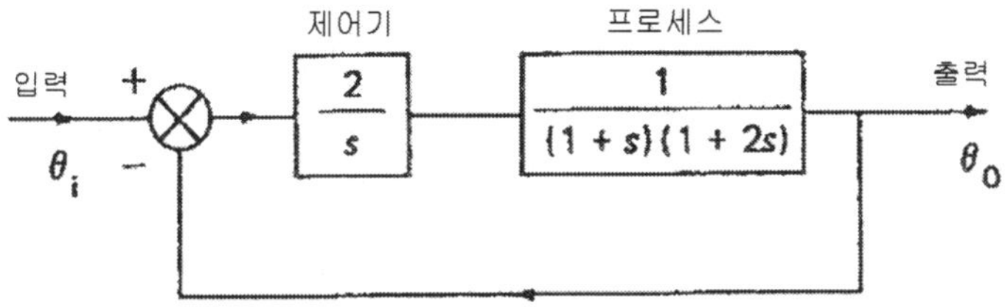

(i) 이 시스템의 개루프전달함수에 대한 나이퀴스트 선도를 작성하고 시스템의 안정도를 판별해라.
(ii) 이 시스템에 미분기를 추가하여 제어기 부분의 전달함수를 다음처럼 변경한다고 가정해보자.

$$\left(\frac{2+s}{s}\right)$$

변경된 시스템의 개루프전달함수를 구하고 이에 대한 나이퀴스트 선도를 그려라. 또한, 이 시스템에 대한 안정도를 판별하고 이득여유를 계산해보아라.

(i) $$\Phi_0(s) = \frac{2}{s(1+s)(1+2s)} = \frac{2}{3s^2+s+2s^3}$$

$s = j\omega$를 대입하면

$$\Phi_0(j\omega) = \frac{2}{-3\omega^2 + j(\omega - 2\omega^3)}\left[\frac{-3\omega^2 - j(\omega-2\omega^3)}{-3\omega^2 - j(\omega - 2\omega^2)}\right]$$

이 식의 분모를 유리화시켜 실수부와 허수부를 분리하면

$$\mathrm{Re}\,\Phi_0(j\omega) = \frac{-6\omega^2}{4\omega^6 + 5\omega^4 + \omega^2}$$

$$\mathrm{Im}\,\Phi_0(j\omega) = \frac{-2(\omega-2\omega^3)}{4\omega^6+5\omega^4+\omega^2}$$

다음과 같은 표를 작성해보자.

ω	$\mathrm{Re}\,\Phi_0(\mathrm{j}\omega)$	$\mathrm{Im}\,\Phi_0(\mathrm{j}\omega)$
$-\infty$	0	0
- ve large	- ve	- ve
- ve small	- ve	+ ve
0^-	-6	∞
$-\sqrt{\frac{1}{2}}$	$-\frac{4}{3}$	0

이상의 정보를 이용해서 나이퀴스트 선도를 그리면 다음과 같다.

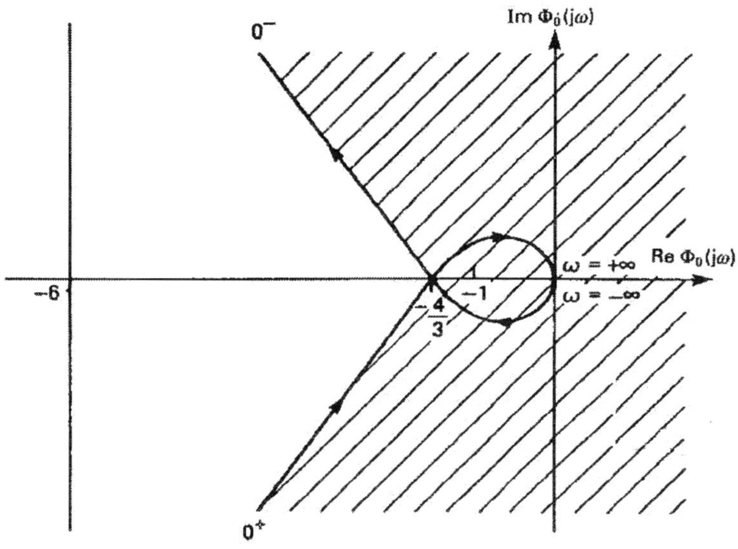

이 그림에서 나이퀴스트 선도가 (−1, 0)를 에워싸고 있으므로 시스템은 불안정하다.

(ii) 미분기를 추가하여 변경시킨 시스템의 개루프전달함수는 다음과 같다.

$$\Phi_0(s) = \frac{2+s}{2s^3+3s^2+s}$$

$\mathrm{s} = \mathrm{j}\omega$를 대입하면

$$\Phi_0(\mathrm{j}\omega) = \frac{2+\mathrm{j}\omega}{-3\omega^2+\mathrm{j}(\omega-2\omega^3)}\left[\frac{-3\omega^2-\mathrm{j}(\omega-2\omega^3)}{-3\omega^2-\mathrm{j}(\omega-2\omega^2)}\right]$$

이 식의 분모를 유리화시켜 실수부와 허수부를 분리하면

$$\mathrm{Re}\,\Phi_0(\mathrm{j}\,\omega) = \frac{-5\omega^2 - 2\omega^4}{4\omega^6 + 5\omega^4 + \omega^2}$$

$$\mathrm{Im}\,\Phi_0(\mathrm{j}\,\omega) = \frac{-2\omega + \omega^3}{4\omega^6 + 5\omega^4 + \omega^2}$$

다음과 같은 표를 작성해보자.

ω	$\mathrm{Re}\,\Phi_0(\mathrm{j}\,\omega)$	$\mathrm{Im}\,\Phi_0(\mathrm{j}\,\omega)$
$-\infty$	0	0
- ve large	- ve	- ve
- ve small	- ve	+ ve
0^-	-5	∞
$-\sqrt{\frac{5}{2}}$	0	+ ve
$-\sqrt{2}$	$-\frac{1}{3}$	0

이상의 정보를 이용해서 나이퀴스트 선도를 그리면 다음과 같다.

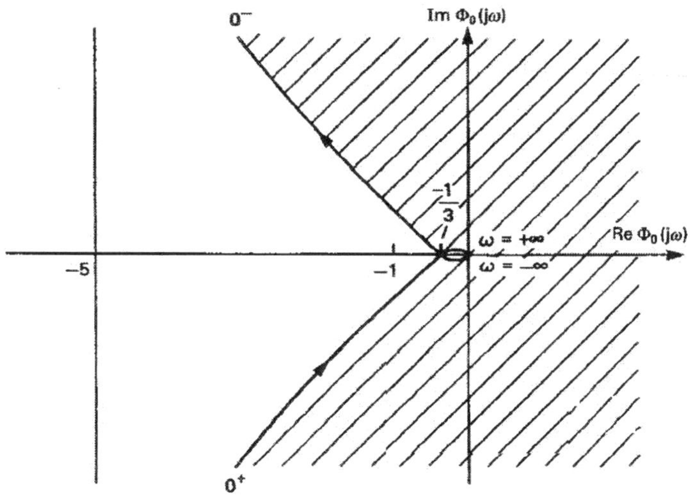

이제 나이퀴스트 선도가 $(-1,\ 0)$를 에워싸지 않으므로 시스템은 안정하다.

한편, 이 나이퀴스트 선도가 실수축을 끊는 점은 $-\frac{1}{3}$이므로 이득여유는 3이 된다.

《 예제 73 》

다음 그림처럼 적분기가 있는 피이드백 제어시스템을 생각해보자.

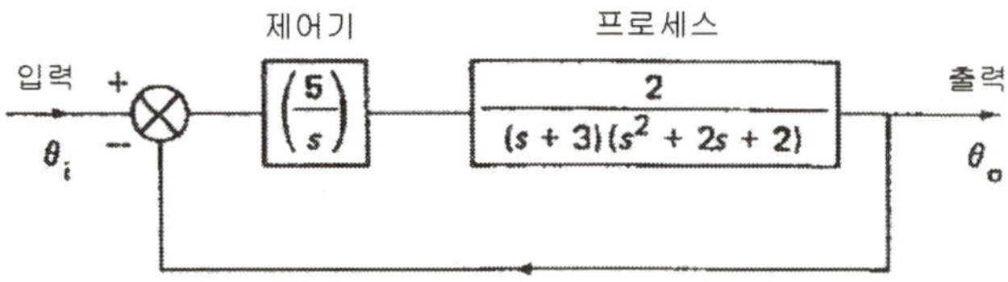

(i) 이 시스템의 개루프전달함수에 대한 나이퀴스트 선도를 작성하고 안정도를 검토해라.

(ii) 이 시스템에 $(s+1)$인 비례제어기를 추가시켰을 때 OLTF의 나이퀴스트 선도를 구해라. 그리고 안정도를 검토하고 이득여유를 산정해라.

(i) $\mathrm{OLTF} = \dfrac{10}{s(s+3)(s^2+2s+2)} = \dfrac{10}{s^4+5s^3+8s^2+6s}$

$\mathrm{s} = \mathrm{j}\omega$를 대입하면

$$\Phi_0(\mathrm{j}\omega) = \frac{10}{\omega^4-5\mathrm{j}\omega^3-8\omega^2+6\mathrm{j}\omega} = \frac{10}{(\omega^4-8\omega^2)+\mathrm{j}(6\omega-5\omega^3)}$$

이 식의 분모를 유리화시켜 실수부와 허수부를 분리하면

$$\mathrm{Re}\,\Phi_0(\mathrm{j}\omega) = \frac{10\omega^2(\omega^2-8)}{\omega^8+9\omega^6+4\omega^4+36\omega^2}$$

$$\mathrm{Im}\,\Phi_0(\mathrm{j}\omega) = \frac{-10\omega(6-5\omega^2)}{\omega^8+9\omega^6+4\omega^4+36\omega^2}$$

다음과 같은 표를 작성해보자.

ω	$\mathrm{Re}\,\Phi_0(\mathrm{j}\omega)$	$\mathrm{Im}\,\Phi_0(\mathrm{j}\omega)$
$-\infty$	0	0
- ve large	+ ve	- ve
$-\sqrt{8}$	0	-0.104
$-\sqrt{\frac{6}{5}}$	-1.23	0
- ve small	- ve	+ ve
0^-	-2.2	∞

이상의 정보를 이용해서 나이퀴스트 선도를 그리면 다음과 같으며, 점 (−1, 0)이 둘러싸여 이 시스템은 불안정하다.

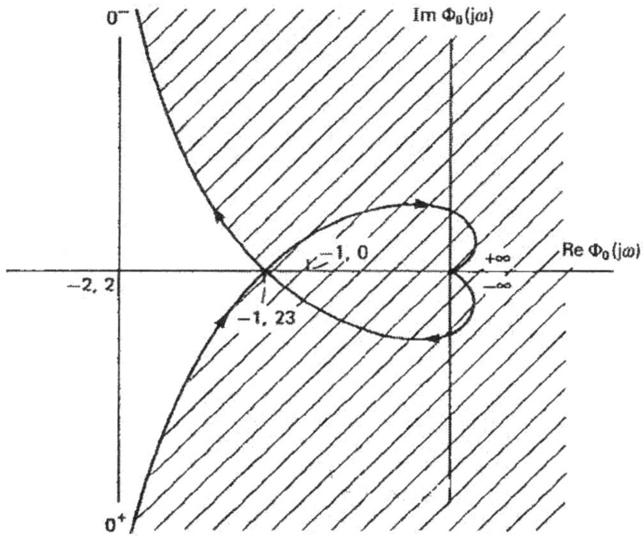

(ii) 비례제어기를 추가시킨 경우, 개루프전달함수는 다음과 같이 주어진다.

$$\text{OLTF}=\frac{10(s+1)}{s(s+3)(s^2+2s+2)}$$

$s=j\omega$를 대입하고 분모를 유리화시켜 실수부와 허수부를 분리하면

$$\text{Re}\,\Phi_0(j\omega)=\frac{-40\omega^4-20\omega^2}{\omega^8+9\omega^6+4\omega^4+36\omega^2}$$

$$\text{Im}\,\Phi_0(j\omega)=\frac{10\omega^5-30\omega^3-60\omega}{\omega^8+9\omega^6+4\omega^4+36\omega^2}$$

다음과 같은 표를 작성해보자.

ω	$\text{Re}\,\Phi_0(j\omega)$	$\text{Im}\,\Phi_0(j\omega)$
$-\infty$	0	0
- ve large	- ve	- ve
-4.37	-0.63	0
- ve small	- ve	+ ve
0^-	-0.56	∞

이상의 정보를 이용해서 나이퀴스트 선도를 그리면 다음과 같다.

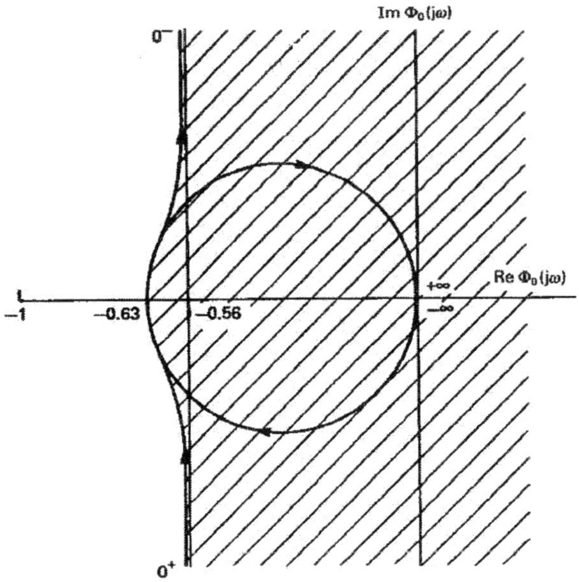

이 시스템의 나이퀴스트 선도는 점(−1, 0)를 에워싸지 않으므로 안정하다. 또한 이득여유는 1/0.63=1.59로 산정되며 충분한 위상여유를 갖고 있다.

5.7.2 보드(Bode) 해석

보드선도는 두 가지로 구성된다. 하나는 $s=j\omega$일 때 $\Phi_0(s)$의 절대값을 나타내는 그림이고, 다른 하나는 $s=j\omega$일 때 $\Phi_0(s)$의 위상각을 표시하는 그림이다. 그리고 두 그림 모두 주파수 ω의 함수로 플로팅한다.

전달함수 $\Phi_0(j\omega)$의 파라메터 $|\Phi_0(j\omega)|$은 로그스케일 상에 데시벨(dB)로 플로팅된다. 이것을 이득이라 부르며, 다음과 같이 정의한다.

$$\text{dB} = 20\log_{10}|\Phi_0(j\omega)|$$

그러므로 여러 항의 곱으로 표현된 주파수응답함수의 절대값을 플로팅을 할 경우, 각 항에 대한 dB 절대값을 플로팅하여 모두 합하면 된다. 다음과 같이 주어진 주파수응답함수를 생각해보자.

$$\Phi_0(j\omega) = \frac{100(1+0.1j\omega)}{(1+j\omega)}$$

이 함수에 대한 보드 절대값을 플로팅(보드이득선도)하려면 100, $(1+0.1j\omega)$ 그리고 $1/(1+j\omega)$의 보드파라메터선도들을 모두 합하면 된다.

보드이득선도는 dB 절대값과 $\log\omega$를 대응시킨 그림이고, 보드위상각선도는 위상각과 $\log\omega$를 대응시킨 그림이다.
간단한 주파수응답함수를 시작으로 보드해석기법에 대해 논의해보자.
이득 상수 k는 파라메터 $|k|$를 가지며 위상각은 k가 양수일 때 0°, k가 음수일 때 −180° 가 된다. 이 사실은 모드 ω에 대해 성립하므로 보드선도는 그림 5.48과 같이 주어진다.
원점을 한 극점으로 갖는 다음 주파수응답함수를 생각해보자.

$$\Phi_0 = \frac{1}{j\omega}$$

이 경우, 보드선도는 그림 5.49처럼 주어진다.

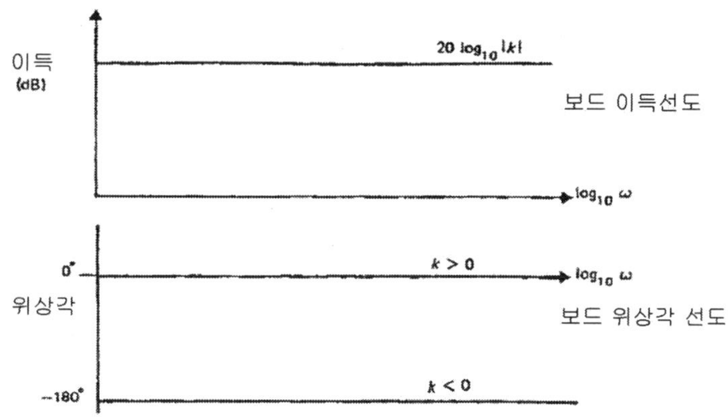

그림 5.48. 보드선도

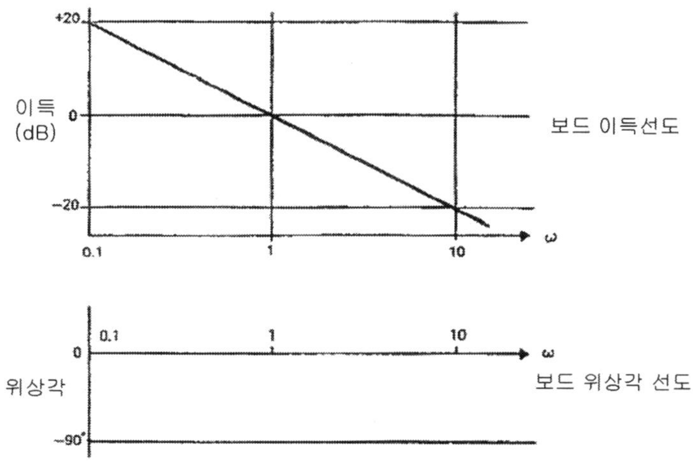

그림 5.49. 보드선도

전달함수의 형태가 $(1+j\omega T)$ 및 $1/(1+j\omega T)$와 같은 경우, 보드선도를 직선형태의 점근선으로 나타내면 편리하다. $1/(1+j\omega T)$를 예로 들어보자.

$$\left|\frac{1}{(1+j\omega T)}\right| = \frac{1}{\sqrt{1+\omega^2 T^2}}$$

따라서 $\omega \to 0$이면 절대값이 1로 수렴하며 $\log_{10}\text{gain} = 0$이다. ω가 큰 값으로 접근하면 절대값은 $1/(\omega T)$으로 수렴하고 $\log_{10}\text{gain} = -\log_{10}\omega T$가 된다.

이 두 직선은 $\omega T = 1$에서 만나며, $\omega = 1/T$를 코너주파수(corner frequency)라 부른다. 이 주파수에서 이득을 구해보자.

$$\text{gain (dB)} = 20\log_{10}\left|\frac{1}{1+j} = 20\log\left(\frac{1}{\sqrt{2}}\right)\right| = -20\log\sqrt{2}$$

$$= -3\ \text{dB}$$

위상각선도를 그리기 위해

$$\arg z\left(\frac{1}{1+j\omega T}\right) = -\tan^{-1}\omega T = 0, \qquad \omega T \ll 1$$

$$= -90^\circ, \qquad \omega T \gg 1$$

이 결과를 이용하여 보드선도를 플로팅하면 그림 5.50과 같다. 이와 같이 제어시스템의 해석에서 보드선도 해석기법은 매우 유용하다. 시스템을 변경할 경우에, 추가된 전달함수를 기존의 선도에 단순히 합하면 된다.

《 예제 74 》

개루프전달함수가 다음과 같이 주어질 때 보드선도를 그리고 이득여유 및 위상여유를 산정해라.

$$\Phi_0(j\omega) = \frac{5}{j\omega(1+0.6j\omega)(1+0.1j\omega)}$$

보드이득선도:

$$20\log_{10}|\Phi_0(j\omega)| = -20\log 5 - 20\log|j\omega| - 20\log|1+0.6\,j\omega|$$

$$-20\log|1+0.1\,j\omega|$$

이제, 이 식의 항들을 각각 고려한다.

$$-20\log 5 = 10 \times 0.698 = 14\,\text{dB}$$

주어진 Φ_0 에 대한 이득선도는 각항에 대한 보드선도를 그린 후, 도해적으로 모두 합하면 된다. 이 작업을 수행하기 전에 위상각선도를 구해서 동일한 좌표축에 플로팅하면 편리하다. 그 다음, 이득과 위상각여유는 쉽게 계산된다.
보드 위상각선도는

$$\text{argz}\ \Phi_0(\text{j}\,\omega) = -90^\circ - \text{arg}z\ \tan^{-1}0.6\omega - \text{arg}z\ \tan^{-1}0.1\omega$$

이 식을 이용하여 주파수에 대한 위상각 변화를 표에 작성해놓았으니 참고하기 바란다.

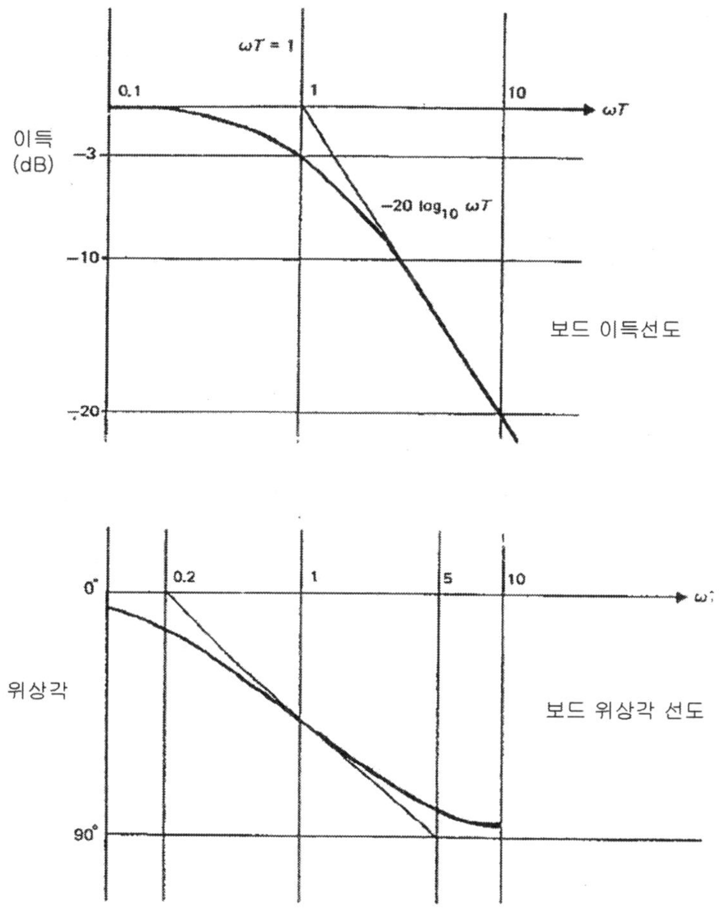

그림 5.50. 보드선도

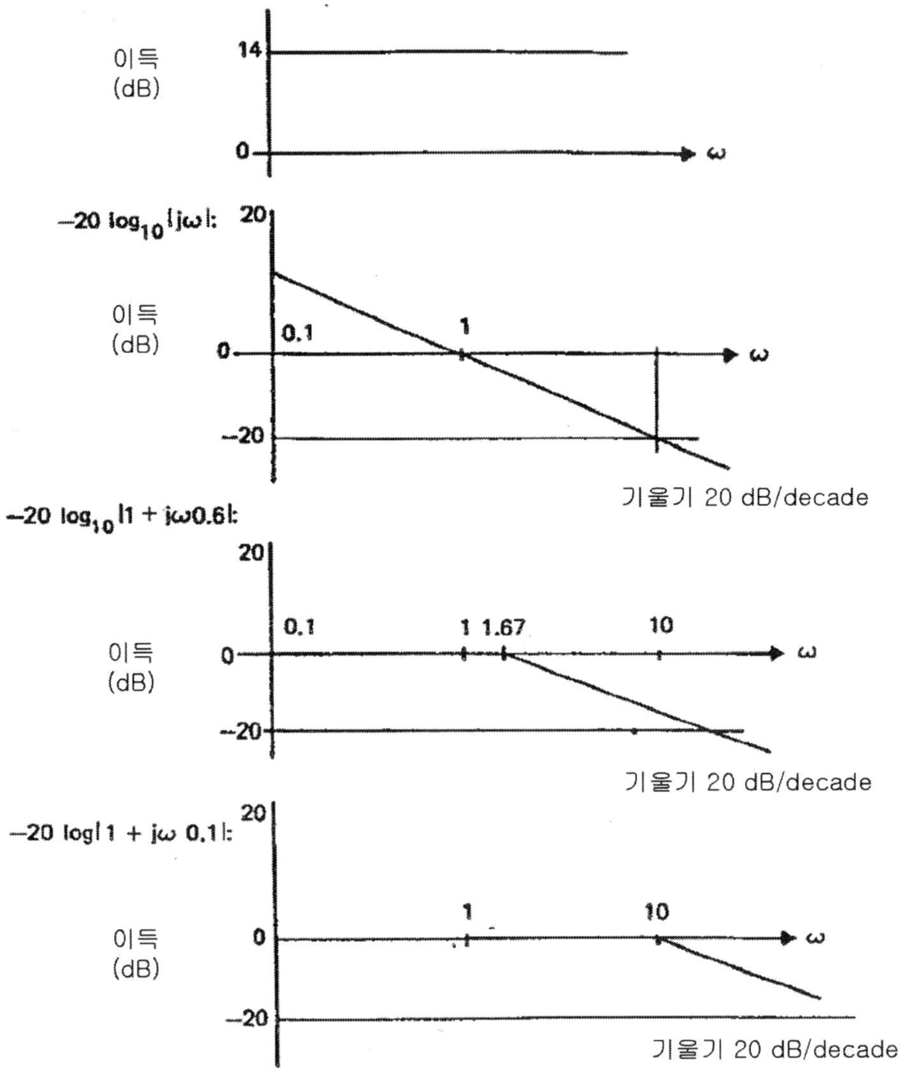

ω rad/s	1	2	3	4	5	6
-90 °	-90 °	-90 °	-90 °	-90 °	-90 °	-90 °
$-\tan^{-1}0.6\omega$	-31 °	-51 °	-61 °	-67 °	-72 °	-81 °
$-\tan^{-1}0.1\omega$	-6 °	-11 °	-17 °	-22 °	-27 °	-45 °
argz $\Phi_0(j\omega)$	-127 °	-152 °	-168 °	-179 °	-189 °	-216 °

이제, 보드위상각선도를 그리면 된다.

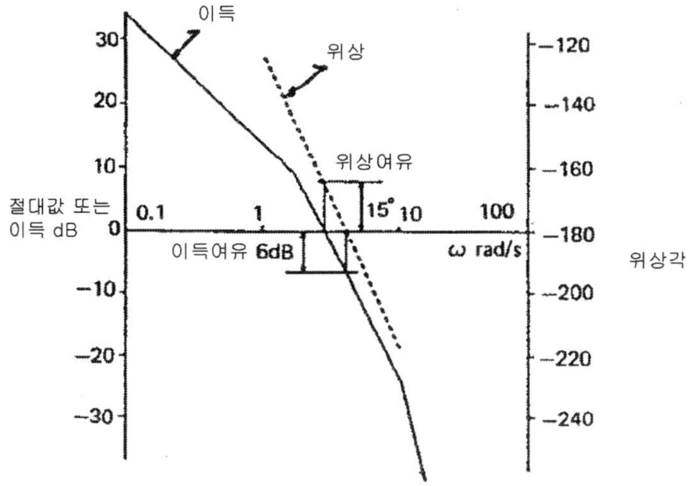

그림에서 이득여유는 위상각이 $-180°$ 일 때 이득이므로 6 dB이고, 위상여유는 이득이 1에서 위상각이므로 $15°$ 가 된다. 그러므로 폐루프시스템은 안정하지만 위상여유가 작아서 과도응답성능이 좋지 않다.

《 예제 75 》

다음과 같은 개루프전달함수를 가진 제어시스템을 생각해보자.

$$\frac{30}{s(1+0.1s)(1+0.25s)}$$

(i) 보드선도를 작성하고 이득여유와 위상여유를 구하여라. 그리고 시스템의 안정도를 판별하여라.

(ii) 이 시스템에 다음과 같은 위상지연요소가 결합된다고 가정해보자.

$$(1+s)/(1+10s)$$

이와 같이 변경시킨 시스템의 보드선도를 작성해보아라. 그리고 이득여유와 위상여유도 산정 해보고 시스템의 안정도에 대해 판별해라.

(i) 보드파라메터선도:

$$20\log_{10}|\Phi_0(j\omega)| = -20\log 30 - 20\log|j\omega| - 20\log|1+0.1j\omega|$$
$$-20\log|1+0.25j\omega|$$

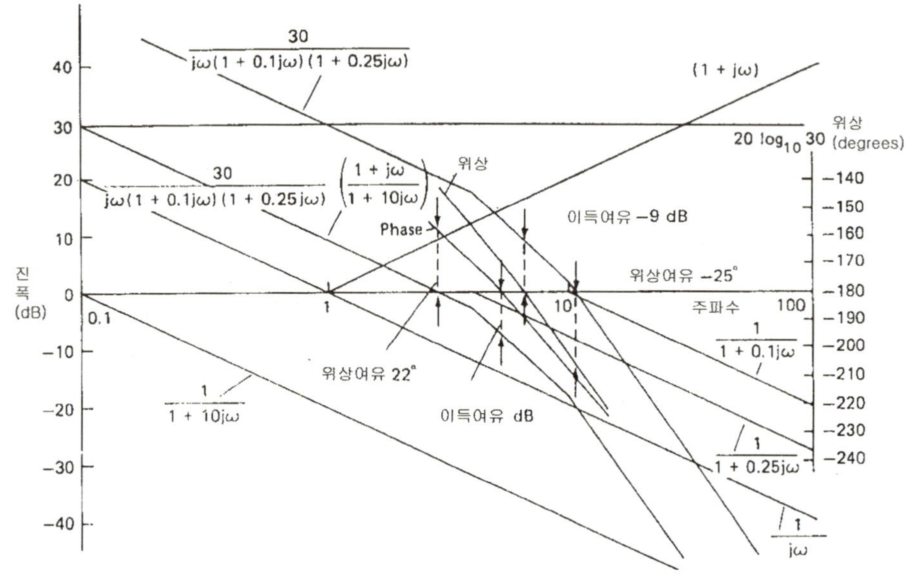

20log 30 = 29.5 및 다른 항들을 각각 그린 후 모두 합하면 보드선도를 작성할 수 있다.

위상 선도는 다음 표에 의한 데이터를 이용하여 작성한다.

$$\arg z\,\Phi_0(j\omega) = -90^\circ - \arg z\ \tan 0.1\omega - \arg z\ \tan 0.25\omega$$

ω rad/s	3	5	10	15
-90°	-90°	-90°	-90°	-90°
$-\tan^{-1}0.1\omega$	-17°	-27°	-45°	-56°
$-\tan^{-1}0.25\omega$	-37°	-51°	-68°	-75°
argz $\Phi_0(j\omega)$	-144°	-168°	-203°	-221°

작성된 보드선도에서 알 수 있듯이 시스템은 불안정하며 이득여유가 −9dB, 위상여유는 −25° 가 된다.

(ii) 위상지연요소를 추가시킨 경우에 파라메터선도는 원래의 다이어그램에 $(1+j\omega)$와 $1/(1+10j\omega)$를 더하면 된다. 다음 표에 작성된 데이터를 참고하라.

ω rad/s	3	5	10	15
$-\tan^{-1}10\omega$	-88°	-89°	-89°	-89°
$\tan^{-1}\omega$	71°	79°	84°	86°
	-17°	-10°	-5°	-3°
변경전 위상각	-144°	-168°	-203°	-221°
argz $\Phi_0(j\omega)$	-161°	-178°	-208°	-224°

변경된 시스템의 보드선도를 작성하면 시스템이 이제 안정되었음을 알 수 있으며, 이득여유는 7dB, 위상여유는 22° 가 된다.

※ 기호설명

a	감쇠계수
	치수
	변위
b	각주파수 (rad/s)
	치수
	포트(port) 계수
c	점성감쇠계수
	응력파의 전파속도
c_c	임계점성감쇠계수 $= 2\sqrt{(mk)}$
c_d	마찰감쇠에 대한 등가 점성감쇠계수 $= 4F_d/\pi\omega X$
c_H	이력감쇠에 대한 등가 점성감쇠계수 $= \eta k/\omega$
d	직경
f	주파수 (Hz)
	가진력
f_s	스트로울(Strouhal) 주파수
g	가속도 상수
h	높이
	두께
j	$\sqrt{-1}$
k	선형스프링강성
	보의 전단상수
	게인상수
k_T	비틀림스프링강성
k^*	복소강성 $= k(1+j\eta)$
l	길이
m	질량
q	일반좌표
r	반경
s	라플라스 연산자 $= a+jb$
t	시간
u	변위
v	속도
	처짐
x	변위
y	변위
z	변위
A	진폭
	상수
	단면적

B	상수
$C_{1,2,3,4}$	상수
D	휨강성 $= Eh^3/12(1-\nu^2)$
	유체역학지름
D	시간에 대한 미분
E	탄성계수
E'	동위상 또는 저장모듈
E''	구상(quadrature) 또는 손실모듈
E^*	복소모듈 $= E' + jE''$
F	가진진폭
F_d	쿨롱 마찰력 (μN)
F_T	전달력
G	질량중심
	전단탄성계수
	게인상수
I	질량관성모멘트
J	2차 면적모멘트
	관성모멘트
K	강성
	게인상수
L	길이
$\mathcal{L}$	라플라스변환
M	질량
	모멘트
	이동도(mobility)
N	법선력(normal force)
	기어비
P	힘(force)
Q	감쇠계수
	유량
Q_i	일반 외력
R	곡률반경
$[S]$	시스템행렬
T	운동에너지
	인장
	시정수
T_R	전달율 $= F_T/F$
V	위치에너지
	속도
X	운동의 진폭
$\{X\}$	열행렬(column matrix)
X_s	정적변위
X/X_s	동적증폭계수
Z	임피던스
α	상수
	영향계수
	위상각
	리셉턴스
β	상수
	리셉턴스
γ	상수
	리셉턴스
δ	처짐
ϵ	단시간
	변형도
ϵ_o	변형도 진폭
ζ	감쇠비 $= c/c_c$
η	손실계수 $= E''/E'$
θ	각변위
	기울기
λ	고유치
	$[\rho A\omega^2/EI]^{1/4}$
μ	마찰계수
	질량비 $= m/M$
ν	포와송비
	가진 각주파수 (rad/s)
ρ	밀도
σ	응력도
σ_o	응력도 진폭
τ	진동주기 $= 1/f$
τ_{d}	마찰감쇠계의 진동 주기
τ_{v}	점성감쇠계의 진동 주기
ϕ	위상각
	시간 함수
	각변위
Ψ	위상각
ω	비감쇠 각주파수 (rad/s)
ω_{d}	마찰감쇠 각주파수 (rad/s)
ω_{v}	점성감쇠 각주파수 (rad/s)
Λ	대수감쇠 $= \ln X_1/X_{11}$
Φ	전달함수
Ω	고유각주파수

◆ 역 자 _ **이 진 호**

· 한양대학교 건축공학과 졸업
· 웨인주립대학교 토목공학과, 공학박사
· 퍼듀대학교 토목공학과, 연구원
· 현재, 동의대학교 건축공학과 정교수

입문자를 위한
진동 및 제어론

발 행 일 | 2011년 3월 15일
역 자 | 이진호
발 행 인 | 박승합
발 행 처 | 노드미디어
등 록 | 제 106-99-21699 (1998년 1월 21일)
주 소 | 서울특별시 용산구 갈월동 11-50
전 화 | 02-754-1867, 0992
팩 스 | 02-753-1867
홈페이지 | http://www.enodemedia.co.kr
http://gold.hompee.com/
I S B N | 978-89-8458-241-5-93550

정가 35,000